博士论丛

珠江三角洲陆路口岸建筑发展研究

A Study on the building of land boundary crossing of Pearl River Delta

涂劲鹏 著

中国建筑工业出版社

图书在版编目(CIP)数据

珠江三角洲陆路口岸建筑发展研究/涂劲鹏著. —北京：中国建筑工业出版社，2011.9

(博士论丛)

ISBN 978-7-112-13518-9

Ⅰ.①珠… Ⅱ.涂… Ⅲ.珠江三角洲-通商口岸-建筑设计 Ⅳ.①TU248.4

中国版本图书馆 CIP 数据核字(2011)第 176688 号

本书以“口岸建筑”为研究对象，按时间线索将口岸建筑的发展历程划分为初始、发展、兴盛三段时期，分别进行了系统的整理、归纳与解析。在每个时期的论述中，运用了社会空间视角分析方法，挖掘口岸建筑发展之现象背后的深层社会原因。文中还结合贯穿了关于口岸建筑的规划选址、场地设计与建筑设计等几方面内容的剖析。

本书适用于从事口岸规划与建筑设计研究的相关人员，也适用于从事口岸城市、口岸建筑发展历史研究的相关人员。

* * *

责任编辑：常 燕

博士论丛

珠江三角洲陆路口岸建筑发展研究

涂劲鹏 著

*

中国建筑工业出版社出版、发行(北京西郊百万庄)

各地新华书店、建筑书店经销

北京红光制版公司制版

北京京丰印刷厂印刷

*

开本：787×1092毫米 1/16 印张：15⅛ 字数：287千字

2012年 3 月第一版 2012年 3 月第一次印刷

定价：**30.00**元

ISBN 978-7-112-13518-9

(21293)

序

珠江三角洲地区是中国改革开放的先行地，是经济繁荣的热土。究其原因，毗邻港澳的地缘条件首当其冲。近年，学界针对珠三角都市圈的研究，已将港澳两地纳入整体考虑。而“口岸”作为设置于最重要联系环节之上的必经孔道，正是珠三角都市圈的独特之处。这些口岸，每天都必须应对汹涌的人流与物流；它们的每一项建筑与规划，都聚焦着各方的关注；而它们作为“国家门户”的特殊意义，更激发着建筑师的强烈使命感。

由于政治与历史原因形成的珠三角口岸，“曾经”、“正在”和“将要”起到哪些作用？发生哪些变化？都非常引人思考。

《珠江三角洲陆路口岸建筑发展研究》这本册子，以时间为线索，对研究对象各阶段的发展历程进行了纵向细致梳理，每阶段又结合政治、经济、行为、物质等社会空间要素进行了横向的深度剖析。它的出现，是很有现实意义，而且适逢其时的。

本文作者涂劲鹏是我的博士研究生，在学期间跟随我完成了大量的建筑创作实践。在工程创作实践中，他对“口岸建筑”研究产生了兴趣。在他博士论文选题之初，我既赞同研究的创新，又预见了调研等方面的难度。让人欣喜的是，历经数年努力，作者终于克服困难顺利完成了论文，并取得了良好的成绩与反响。这体现了作者踏实细致的研究精神，以及深度思考的研究态度。

本书作为作者在博士研究生阶段的成果得以发表，既是对学术空白的填补，又希望籍此能够抛砖引玉，引发各建筑同仁的思考。最后，希望作者能够继续探索，不断进步！

2011年9月

（何镜堂　中国工程院院士，中国建筑学会副理事长，华南理工大学建筑学院院长、建筑设计院院长）

前　言

当前之际，正值我国改革开放三十周年与港澳回归十周年。三十年激荡岁月，中国取得的建设成就举世瞩目；回归祖国十年，港、澳与内地共同创建着空前繁荣。珠江三角洲得改革开放之天时，拥毗邻港澳之地利，成为中国经济建设、城镇建设以及外向型经济发展最为突出的地区。在随之兴起的开放往来需求下，珠三角陆路口岸成为粤港澳之间的主要联系通道，发展越来越迅猛、重要性越来越凸现。但是由于之前对此尚无从建筑学专业角度出发的系统研究，因此从理论和实践角度都非常需要有系统的研究来作为参考和支持。

本文正是从建筑设计专业角度出发来研究珠江三角洲的陆路口岸建筑，旨在系统考察口岸建筑的发展历程，并加以归纳和展望、同时提出见解。

本文将珠三角陆路口岸建筑的发展历程划分为三个阶段：第一阶段从新中国成立后至改革开放前，是为“初始时期”；第二阶段从改革开放后至港澳回归前，是其“发展时期”；第三阶段从港澳回归后至今，进入“兴盛时期”。

本文分析了不同时期的社会空间要素及其影响之下的口岸建筑发展特征。在第一阶段，由于政治局势紧张，珠三角陆路口岸成为屏蔽边界，仅个别口岸维持少量人员物资流通，口岸建筑的规模小、设施简陋，呈边境要塞特点。在第二阶段，以毗邻港澳的珠三角为先行地，开始逐步实行改革开放，内地与港澳的巨大经济级差使口岸成为港澳影响拉动作用的辐射孔道，口岸建筑的发展建设随之迅速膨胀，但受限于设计建造的意识与水平而显粗放，不断暴露问题、不断面临整改。到第三阶段，随着港澳回归与中国加入世贸组织，粤港澳之间的开放程度全面提升、开放需求进一步增长，口岸成为双赢互动的联系纽带，在口岸建筑的整改和新建工程中，设计建造的意识与水平已大有提升。

此后论文更进一步分析了当前口岸建筑发展之下的设计难点以及针对这些难点的设计应对策略，进而探索性地建构了口岸建筑设计的方法与策略。随后又具体展望了口岸建筑的发展前景，并从建筑设计专业角度提出了针对性的观点与建议。

目　　录

第1章 绪 论

1.1 研究的缘起与背景

1978 年中共十一届三中全会之后，中国开始实行改革开放，并确定以经济建设为中心的基本国策，国运从此开始走向昌盛；2001 年 12 月 11 日，初迎港澳回归的中国又正式加入了世界贸易组织（World Trade Organa-tion，简称 WTO)，成为其第 143 个成员，中国得以更多地参与到世界经济体系之中，并扮演越来越重要的角色。在和平与发展的时代主题下，中国正朝着越来越开放的方向迈进，与世界各国之间的合作、分工与交流必然会随之越来越多，商品和生产要素的跨境流通也越来越频繁。这种发展趋势的具体体现之一是中国与世界各国或地区之间的口岸通关需求日渐扩大，其结果就是一批批口岸工程的纷纷涌现与规模扩张。

因为滨临南海、毗邻港澳的地缘格局，珠江三角洲地区成为广东省乃至整个中国的改革开放前沿地和外向型经济中心地[1]，各类口岸工程在作用、规模和影响力上，都有着非常突出的地位。这其中，尤以粤港和粤澳之间的连接口岸最为引人瞩目，它们是新中国最早批准开放的口岸，并一直是全国口岸工程设计、建设、管理以及运行的试点、重点与热点。

2004 年，笔者参与到广西中越边境友谊关口岸工程中，首次接触到这种兼具“国门”政治意义和“通关”交通功能的口岸建筑。在为之进行资料查阅过程中，发现仅有一些零散的个案介绍，竟然没有从建筑学领域出发的系统研究。出于设计需要，笔者赴实地观摩了联系深圳一香港的罗湖、皇岗两处口岸，真切体会到了口岸建筑的作用与影响，由此确定了论文的选题，启动了研究工作。

此后数年，笔者进行了大量的文献资料收集与案例调研取证。恰在这几年，又适逢港澳回归十周年庆典，粤港澳经济合作与融合再上新台阶，各类口岸工程建设进入新的高峰。这丰富了研究的素材，增强了研究的信心。在这期间，笔者参与的友谊关口岸工程也终于竣工启用，理论与实践的结合，得到了一些切实体会。

---

[1] 根据国家统计局公布数据：作为南粤核心的珠江三角洲，其外向型经济发展自改革开放以后一直独领全国风骚，占全国外贸出口的 1/3。以 2004 年为例，珠三角进出口贸易总额占到全国的 33.3%，远远高于排名第二的长三角的 18.9%。

1.2 研究的概念与范畴

1.2.1 概念解析

首先要解析与廓清几个相关概念。

一、口岸

1. 口岸的定义。

“口岸”，顾名思义地理解，“口”即口子，是出入境的通道，“岸”即江河湖海等水边的陆地。

《现代汉语词典》中将“口岸”定义为“港口”；《辞海》对口岸的定义则是“对外通商的港埠，具有对外通商的作用与功能”。这两个定义都没有与时俱进，就水运为主的时代而言，口岸的概念大致等同于（沿海沿江）港口，但随着历史演进的进程，口岸的内涵不断丰富、外延不断扩展，现代口岸已经进入到了海、陆、空全面发展的阶段。

中国口岸协会给予“口岸”的官方定义如下：

“口岸，是人员、货物、交通工具合法出入国境、关境的地方，是开展国际经贸、国际交往和国际旅游的必经通道，是国家对外开放的门户。口岸通常设在港口、机场、车站等处。口岸开放须经政府批准，须具备基础设施和查验、监管机构，为人员、货物和交通根据合法出入国境、关境提供服务。通过口岸管理，可以维护国家权益，保障国家安全，保持国家门户监管有效，方便进出”。

“通过口岸，中国可以走向世界，世界可以了解中国。通过口岸，中国经济可以与世界经济衔接，……口岸的开放程度可以反映国家对外开放的程度”[1]。

2. 口岸的分类。

1）按交通方式的分类。当今口岸作为交通疏导与管制的枢纽，根据交通方式不同可划分为海、陆、空口岸三类[2]。而伴随着科技进步，世界口岸发生了空前的革命：首先是航空客货运输的广泛应用，促成了内陆型区域航空口岸的诞生；随后是非边境的内陆型公路和铁路口岸（即内陆直通式口岸）的产生，使口岸进一步摆脱了传统设置的自然地域局限。口岸直接在需求集散中心设立，使口岸的服务密度增加、服务半径缩小，由此形成了轮船、飞机、汽车、火车、孔道等多种运输方式的组合连接，并形成海陆空多层面立体化运输空间为网络的当代口岸体系。

---

[1] 中国口岸协会．《中国口岸与改革开放》．中国海关出版社．2002. p221。

[2] 截至2005年底，全国共批准开放口岸253个，其中水运口岸133个，铁路口岸17个，公路口岸47个，航空口岸56个。

2）按开放等级的分类。按照开放等级，口岸有“一类口岸”和“二类口岸”之分。“一类口岸”是指由国务院批准开放的口岸，有中央管理的口岸，也有由省、市、自治区管理的部分口岸，它包括对外国籍船舶、车辆等交通工具开放的水路客货运口岸，只允许中国籍船舶、车辆出入境的客货运口岸；“二类口岸”一般经省（自治区）政府批准，它包括同毗邻国家地方政府之间进行小额贸易的人员往来的口岸，只限边境居民通行的出入境口岸。❶ 本论文中主要研究一类口岸。

3）按照口岸通关内容的分类。口岸按照其通关内容有客运、货运和客货运综合口岸之分。

3. 当前我国口岸管理机构的构成及其工作机制。

“外事无小事”，我国口岸开放的最终决定权在于中央国务院。而在具体管理上，由国务院口岸办公室统管全国口岸工作，各级地方政府口岸办公室则分管各地口岸具体事务。具体主要有：1）负责管理和协调处理本地区水陆空口岸工作；2）组织口岸的集疏运工作。组织运输部门、港口和外经贸部门的协作配合，加强车船货的衔接，加速车船周转和货物集散，保证口岸畅通；3）督促检查口岸检查检验单位按各自的职责和规定，对出入境人员、交通工具、货物和行李物品进行监督管理以及检查、检验、检疫等工作；4）检查、监督本地区的口岸规划、建设和技术改造配套工作的组织实施……❷。

我国各口岸的检查检验机构包括了海关、边检、检验检疫三个行政管理部门。海关行使征收关税和缉查走私的权力；边防检查机构行使治安行政管理权和有关刑事案件侦查权；检验检疫则有国境卫生检疫和进口食品检验、动植物检验检疫、商品检验等。在这三个部门中，海关直接代表国家在口岸行使监督管理职权，边检则是军队编制，检验检疫也有自己的独立隶属关系，三者的关系各自平行。直属地方政府的口岸办公室只有从中统筹与协调的管理权利。这种体制格局既是实际功能的需求，又有权力制衡的考虑。

归纳口岸通关查验的基本功能原理，可一语概之，即：海关、边检、检验检疫几大部门（在口岸办公室的统筹协调之下）行使各自职能，对口岸通关交通流实行一道道的“闸口式”查验（图 1-1）。

二、口岸建筑

在本文的标题之中，已明确以“口岸建筑”为研究对象，并以其“发展”为研究内容。因此首先需要对“口岸建筑”这个概念进行解析。

现代口岸，从根本上说就是设置在出入国境交通体系当中的一个环节，

❶ 于国政.《中国边境贸易地理》.中国商务出版社.2005.p41。

❷ 王任祥.《现代港口物流管理》.同济大学出版社.2007.p182。

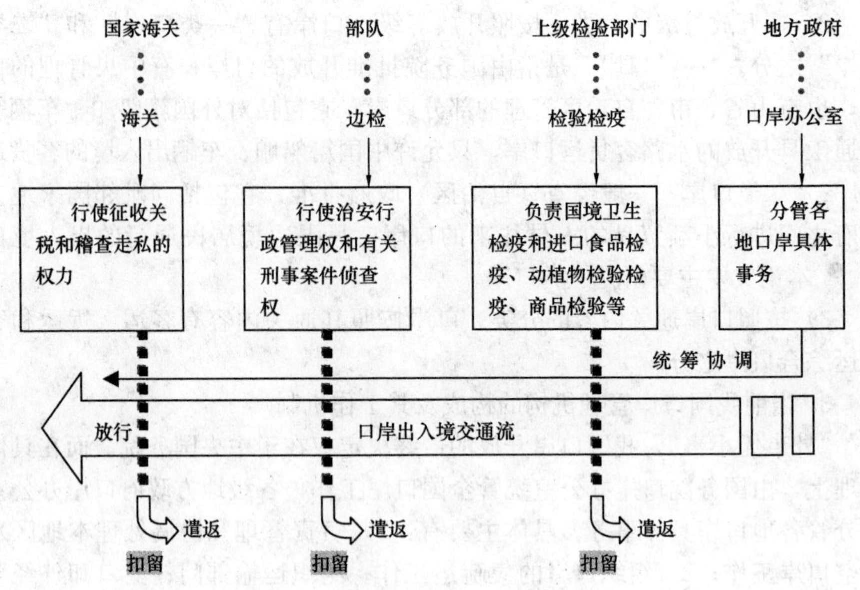

图 1-1　我国口岸现行机制及通关查验流程分析图
资料来源：作者自绘

对于出入境的交通流（包含人流、物流、信息流、资金流等）而言，口岸既是连接与疏导的纽带，又是限制与管理的屏障。在所有具备出入国境通行功能的机场、港口码头、车站之中都必然设有口岸实行通关查验。

一般情况下，口岸是作为“设施”附属在这些交通站场建筑之中。

但是在特定情况下（比如口岸政治意义重大、通关功能需求量大、通关行为复杂等），口岸会从这些交通站场之中脱离分化而出，经策划、立项、审批后，在国境边界划定专属的用地，设计并建造口岸专用的建筑及配套场地设施供通关查验之用，此时就形成了“口岸建筑”。

或许“口岸建筑”还不构成一个独立的建筑类型，但肯定已经构成了一类值得关注的建筑事物与现象。对于“口岸建筑”的具体内容所指，笔者认为可以从广义、狭义两个层面来理解：

1）狭义的口岸建筑，是指口岸管制区域以内，专供口岸通关、查验及管理的建筑。旅客联检楼在口岸建筑中是最显著重要的元素，这是因为在口岸通关的人流、物流、资金流、信息流之中，人的流动最为重要——人最具能动性，是资金、信息、技术、文化等的载体，是交流与发展的重要动力；此外还包括货物查验场地、通道以及其他的配套建筑，如海关办公楼、报关楼等。

2）广义的口岸建筑，则在狭义口岸建筑的基础之上，包含了口岸管制区域外围的人、车流交通转换接驳的站场及通道，以及相关的商业、服务、景观等方面的建筑或设施（图 1-2）。

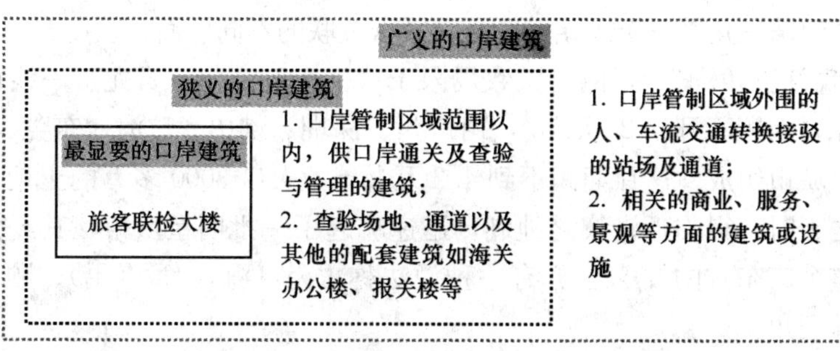

图 1-2 “口岸建筑”在广义与狭义层面的具体内容

资料来源：作者自绘

1.2.2 研究的范畴

（一）时间范畴

自从人类社会有了国界边境和国际交往的行为，“口岸”就登上了历史舞台。口岸的概念伴随着人类文明的进步、社会生产力的发展（特别是劳动分工引发的异地产品贸易规模的扩大）而不断发展丰富。在这一过程中，交通运输方式和通信技术的革命，对口岸的发展变革影响尤巨。因此，我们可以将口岸的演进历程大致划分为以下三个历史阶段：❶

1）1494 年地理大发现❷以前的边境军事要塞阶段；

2）地理大发现以后至二战前通商口岸码头阶段；

3）二战后海陆空立体口岸发展阶段。

上述三个历史阶段中，二战结束后这半个多世纪以来的口岸变革对于当代社会经济发展的影响最广泛、最深刻。大致与此对应，本文研究的时间范畴大致选定为从中华人民共和国建国后直至当前这样一个时间段——即以“当代”作为研究的主要时间段。同时略有兼顾“历史回顾”与“未来展望”。

另外补充说明：近年（尤以 2003 年以后），珠江三角洲的口岸建设与发展迅猛，可以用日新月异来形容。鉴于论文写作时间周期的考虑，本文以 2008 年底作为案例和数据分析的最后更新时限。

（二）地域范畴

本文标题中的“珠江三角洲”一词指出了论文研究的地域范畴。

作为一个地域概念，现实中“珠江三角洲”涵括了“小珠三角”、“大珠

---

❶ 李庚．连红．《世界口岸历史演变与当代发展特征》．《北京经济辽望》．1996.4。

❷ “地理大发现”是指 15～17 世纪（又称大航海时代），欧洲航海者开辟新航路和“发现”新大陆的通称，它是地理学发展史中的重大事件。“地理大发现”是社会生产发展的产物，是应封建社会日趋衰落、资本主义开始兴起的时代要求，是欧洲资本主义经济产生与发展对于扩大原料产地、市场以及交换手段的必然需要。它促进了资本主义的原始积累过程，对世界生产力分布也有重大影响。

三角”、“泛珠三角”三个既相互区分又紧密关联的不同层面。

“小珠江三角洲”，指的是大致局限于“三水－广州－石龙”一线以南的冲积平原，面积不到4.2万km^2，由广州、深圳、佛山、珠海、东莞、中山、惠州七个城市组成。这片面积不到4.2万km^2，人口3000多万的土地，依改革开放之天时、得临近港澳之地利，迅速崛起了一批明星城市，其经济总量占到了整个广东省的80％。亦有一种说法称“南（海）、番（禺）、顺（德）”即为小珠三角。

“大珠江三角洲”，包括广州、深圳、珠海、佛山等市区，以及番禺、增城、花都等一共28个市县，并包括了地理上属于珠江三角洲的香港、澳门两地；大珠三角所形成的“珠江口湾区”，是整个中国经济体总量最高的地区。亦有一种说法称粤港澳即是大珠三角。

“泛珠江三角洲”，其概念缘起于珠江流域，包括了珠江流域地域相邻、经贸关系密切的福建、江西、广西、海南、湖南、四川、云南、贵州和广东9省区，以及香港、澳门2个特别行政区，简称“9＋2”。❶ 其面积199.45万平方公里，人口4.46亿人，占全国面积的20.78％，人口的34.76％。

在辨析了上述关联概念之后，本文结合多方面资料对“珠江三角洲”的地域范围作出如下界定：珠江三角洲位于广东省东南部、珠江下游，是中国内地第二大三角洲。它北起广州，呈扇形向西南和东南方向放射。整个区域包括了广州、深圳、珠海、佛山、江门、东莞、中山、惠州市区、惠东县、博罗县、肇庆市区、高要市、四会市共13个市县，总人口4230万，土地总面积41698$km^2$❷（图1-3）。

在珠江三角洲的口岸发展中，联系港澳两地❸的口岸占据着很大的比重。自古以来，粤港澳地区就是一个在地理、历史和文化等各方面完整的自然经济区。在大陆改革开放后，特别是港澳回归以来，粤港澳三地跨越边境和制度，已建立起一种互利互补、共同发展的紧密关系。这种关系由民间交流和市场力量推动，现在又有一国两制作保障，已经初步形成了区域的一体化，推动着“粤－港”和“粤－澳”的口岸事业发展。

另外补充一点：本文研究以“珠江三角洲”为地域界线，因此，文中对各个口岸的研究主要是限于大陆行政界划以内，即主要研究口岸双边中的一

---

❶ 广东省计划委员会珠江三角洲经济区规划办公室.《珠江三角洲经济区规划研究》. 广东经济出版社，1995。

❷ 本书编委会.《珠江三角洲城镇群协调发展规划（2004—2020）》. 中国建筑工业出版社，2005。

❸ 香港、澳门分别位于珠江入海口东西两侧的南端，自近代起各为英、葡占踞，直至1997年、1999年相继回归祖国，成立中华人民共和国香港、澳门特别行政区。目前香港的土地面积逾1000km，人口近700万；澳门的土地面积约29km，人口约55万。

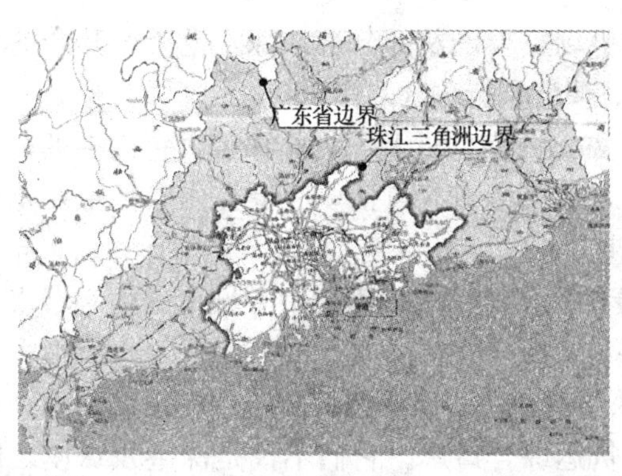

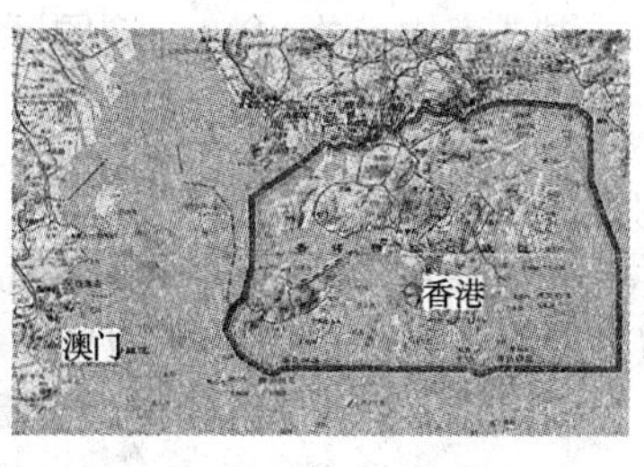

图 1-3　珠江三角洲及港澳的地域区位关系图

资料来源：广东省地图出版社.《珠江三角洲交通图》.2007

方（港澳境内对应的口岸建筑不作深入研究）。

（三）类型范畴

前文介绍“口岸”的概念时，已指出口岸按交通方式、开放等级、通关内容的不同分类方法。在表 1-1 中归类整理了当前珠江三角洲各主要城市中不同类型口岸分布的全局概况。

当前珠江三角洲各类口岸分布全局概况　　**表 1-1**

		广　州	深　圳	珠　海	其　他
海	集装箱货运港	●黄埔新港 ●新沙港 ●南沙港	●蛇口港 ●赤湾港 ●妈湾港 ●东角头港 ●大铲湾港 ●盐田港 ●大亚湾港	●九洲港 ●高栏港 ●万山港	●东莞虎门港 ●中山港 ●江门港 ●惠州港
海	近海水路客运	●番禺莲花山港 ●南沙客运港	●蛇口客运码头 ●福永客运码头	●九洲港 ●湾仔轮渡码头 ●斗门港	●东莞太平港 ●中山港 ●南海平洲港 ●顺德港 ●江门港 ●肇庆港……
陆	陆路边界口岸		●罗湖口岸 ●文锦渡口岸 ●沙头角口岸 ●沙头角中英街口岸(2) ●皇岗口岸 ●福田口岸 ●深圳湾口岸	●拱北口岸 ●横琴口岸 ●珠澳跨境工业区口岸(2)	
陆	内陆直通口岸	●广九铁路天河铁路客运口岸	●深圳火车北站货运口岸（三趟快车）		●广九铁路佛山、肇庆起点站 ●广九铁路东莞（常平、樟木头）站
空		广州白云国际机场	深圳宝安国际机场	珠海（三灶）机场	

（注：表中加角注“2”的表示为二类口岸外，其余均为一类口岸。）

资料来源：作者编制

根据表中分类可知，除国际机场空港以及部分远洋深水港外，其余的口岸都是起到联系珠三角城市与港、澳特别行政区的作用：

1）在集装箱货运港口岸中，除广州南沙港及深圳盐田、大铲湾港拥有一定比重的集装箱远洋航运业务外，其余港口（包括澳门港在内）都主要是作为香港这个国际自由大港的喂给港；

2）近海水路客运口岸，负责珠三角城镇（多为非中心城市或中心城市郊区）与港澳之间的水上旅运联系；

3）陆路边界口岸，位于“深一港”及“珠一澳”陆路边界沿线的系列口岸，有的是客运口岸，有的是客货运综合口岸。它们不仅是深港及珠澳之间最重要的联系纽带，也是珠三角其他城市与港澳陆路联系的必经之处；

4）内陆直通式口岸，目前主要有承担穗港两城之间铁路客运联系的广九直通车口岸（又称穗港直通车），其连接的铁路干线为广九（广深）铁路。

本文关于“口岸建筑”发展与设计的研究，从类型范畴上来说是针对联系粤港澳的“陆路”口岸，即上述后两类口岸——陆路边界口岸及内陆直通口岸（表中深色区域）。这一点在论文标题中就已予以注明。

1.3 研究现状及理论背景概述

本文的研究具有一定的跨学科特点，在建筑学科本身以外，“口岸”所关联到的政治、经济、贸易、管理、旅游、交通、地理等学科，本文都有涉及。

而在建筑学科以内，根据笔者检索查阅，目前针对“口岸建筑”尚无从建筑学专业视角出发的完整系统研究。论文选定珠江三角洲地区陆路口岸为对象，研究口岸建筑的当代发展历程，并结合分析口岸建筑设计。本文针对口岸建筑的研究，涵盖着大到规划选址、中到建筑及场地布局、小到建筑单体的空间形象设计及流线组织这三个不同的层面。至于再深入一步关于口岸内部管理功能用房排布以及设施、设备安装等方面的具体问题，因考虑到相关部门提出的保密需要而不予涉及。所以，本文研究所涉及建筑学专业领域内的学科有：城市历史、城市规划、城市设计、建筑设计、场地设计、建筑历史等。

下面分不同学科领域，介绍与本文研究相关联的研究著述概况。

1. 一些相关学科的著述为本文研究提供了各个方面的背景知识。

口岸发展相关地理背景方面的著述有：周一星的《城市地理学》，顾朝林的《中国城市地理》，曾昭璇的《广东自然地理》，于国政的《中国边境贸易地理》以及许自力的《流域水系景观规划研究》，……。这些著述有助于理解口岸及口岸城市发展的地缘格局。

口岸发展相关历史背景方面的著述有：邓开颂等的《粤港澳近代关系史》，张洪祥的《近代中国通商口岸与租界》，邓端本等的《广州港史》（古代部分），……；另外，由香港市政局出版的《十八及十九世纪中国沿海商埠风貌》等图册中的精美图片更是形象地描绘了口岸发展的历史图景。

口岸发展相关交通背景方面的著述有：朱照宏等的《城市群交通规划》，张天怀的《中国外贸港口与航线》，……。这些著述中的相关内容，有助于分析作为跨国交通节点的口岸在交通体系当中的位置与作用。

口岸发展相关经济背景方面的著述有：王荣武等的《广东海洋经济》，徐德志等的《广东对外经济贸易史》，陈广汉的《粤港澳经济关系走向研究》、胡振国的《深港合作新趋势》，……。口岸功能之根本是商品及生产要素的跨国流通节点，从这些著述中的相关内容，有助于分析珠三角口岸对于粤港澳经济联系的重要作用。

2. 本文针对口岸建筑发展与设计的研究，都是建立在对珠三角口岸工程实例的充分掌握之上。因此，实证案例资料是论文研究最根本的支撑。笔者获取实证案例资料的来源主要有三方面：

其一是口岸管理部门编写一些专刊文献，具体如中国口岸协会编制的《中国口岸与改革开放》、深圳市口岸办公室编制的《深圳口岸》、《深圳口岸百年沧桑 1900～ 2000》以及珠海市口岸局编制的《珠海市口岸概览》等。在这些成果著述之中，记录了各口岸发展与建设过程中的重大事件，并提供了大量的图片与数据的素材。而这些著述之中关系到法律、法规及条例的口岸组织管理、运作程序等，并非建筑学专业领域内的研究问题，论文不作涉及。

其二是散见于各类建筑期刊、新闻报导之中的口岸工程项目个案报导。这方面的文献多为各口岸工程的设计者（单位）所发表，文中对于案例的设计记录都成为本论文的重要素材。

其三，笔者对这方面的信息获取不止是停留在纸面上，对于一些重要的口岸工程项目，笔者都进行了实地调研与观摩，并且与各项目的建设单位及设计单位的主要负责人进行了交流与访谈，获得了较为直观深入的认识。为论文的论证与分析打下了较为坚实的基础。

3. 本文的主要目的乃是从建筑设计及其理论的专业角度来研究口岸建筑。这样的研究过程，必然离不开建筑学专业领域内研究著述的重要支撑，而这些理论参考来源主要来自于三个方面：

其一是建立建筑理论研究系统思想所参考的著述。

在吴良镛院士编著的《广义建筑学》中，详细讲述了“生态观、经济观、科技观、社会观和文化观”这五项原则之于建筑设计科学的统一，并以“时间—空间—人间”的建筑作为回归点，在观念和理论基础上把建筑学、地景学和城市规划学的要点整合为一。

何镜堂院士提出了“两观”、“三性”的建筑创作观——认为要从“整体观、可持续发展观”来看待建筑设计，建筑创作要体现“地域性、时代性、文化性”。地域性体现建筑赖以生存的根基，时代性体现建筑的精神和发展，文化性体现建筑的内涵和品味，三者相辅相成、不可分割。

其二是关于口岸的规划及建筑设计研究所参考的设计理论著述。

如：韩冬青、冯金龙的《城市·建筑一体化设计》，王建国的《城市设计》，田银生、刘韶军的《建筑设计与城市空间》，王文卿的《城市地下空间规划与设计》，华南理工大学王扬的博士论文《当代岭南建筑创作趋势研究——模式分析与适应性设计探索》，东南大学吕爱民的博士论文《应变建筑观的建构》，东南大学钟华颖的硕士论文《城市建筑一体化设计中的交通换乘体系》，……。这些研究成果成为本文研究、分析及评判珠江三角洲口岸建筑设计的理论基础与依据。

论文最后还提出，口岸建筑设计应当基于系统整体的观念，向建筑策划与建筑运营这两个环节延伸的观点。这部分的研究主要参考了华南理工大学郭卫宏的博士论文《基于系统观的建筑创作实践研究》，庄惟敏的《建筑策划导论》和华南理工大学朱小雷的博士论文《建成环境主观评价方法研究》。

其三是关于口岸与其所属城市之间发展关联的背景研究所参考的一些城市形态理论著述。

如：熊国平的《当代中国城市形态演变》，段进的《城市空间发展论》，东南大学张勇强的博士论文《城市空间发展自组织研究——深圳为例》，华南理工大学周毅刚的博士论文《明清时期珠江三角洲的城镇发展及其形态研究》以及周霞的博士论文《广州城市形态演进》，……。

1.4 研究的线索、方法以及内容框架

本文综合运用了历史归纳与演绎法、系统复合法、图形原型法、哲学思辨法、实证研究法等。不过贯穿全文最主要的还是时间与空间这两条主线索。

恩格斯曾经说过：“一切存在的基本形式是空间与时间”。[1] 从时间和空间这两个不同层面观察世界，统一的事物就表现为过程与系统这两种基本形态。过程，以时间为主线，体现了事物发展的前后联系以及变化的方式；而系统，则以空间为主线，体现了事物内外的有机联系以及保持其实质的状态特征。纵横两条线决定了事物的发展。

何镜堂院士指出：“建筑是一个系统工程，其中包含着整体的、系统的思维方法。从纵的方向来看，建筑要考虑过去、现在和未来；从横的方向看，它与社会、经济、文化、哲学，还有科学技术都有密切的关联。”[2]

---

[1] 恩格斯．《反杜林论》．人民出版社．1970. p79。

[2] 《当代中国建筑师——何镜堂》．中国建筑工业出版社．2000。

1.4.1 时间线索

“时间”，是一个抽象的概念。《现代汉语词典》中对其定义是“物质存在的一种客观形式，由过去、现在、将来构成的连绵不断的系统。是物质的运动、变化的持续性、顺序性的表现。”

本文有意识地按照时间顺序来叙述与分析珠江三角洲口岸的当代发展。选择“改革开放”和“港澳回归”这两个重要事件作为时间划分节点。就“建国后－改革开放”、“改革开放－港澳回归”、“港澳回归－当前”这样三个时间阶段，在第三、四、五章分别展开论述。

此外，在本文第二章中回顾了古代与近代的珠三角口岸发展，第六章则展望了珠三角口岸的发展前景。

1.4.2 空间线索

“空间”，则是一个抽象的范畴。《现代汉语词典》中对空间的定义是“物质存在的一种客观形式，由长度、宽度、高度表现出来。是物质存在的广延性和伸张性的表现”。现实世界中的“空间”是一个外延十分广泛的概念，一般意义上的空间是指数学上的三维立体空间，或者具有明显界限的两维平面空间。更多情况下是指具有一定客观要素、占据一定地理位置的实物空间。

现代口岸在社会发展与经济发展中的特殊地位与作用，决定了对于口岸建筑的研究应该超越实物空间的层面，提高到社会空间的视角来进行分析。图 1-4 是吴良镛院士在《广义建筑学》一书中的插图，它反映了政治、经济、社会、人文等外围学科与建筑学科之间的相互渗透关系。

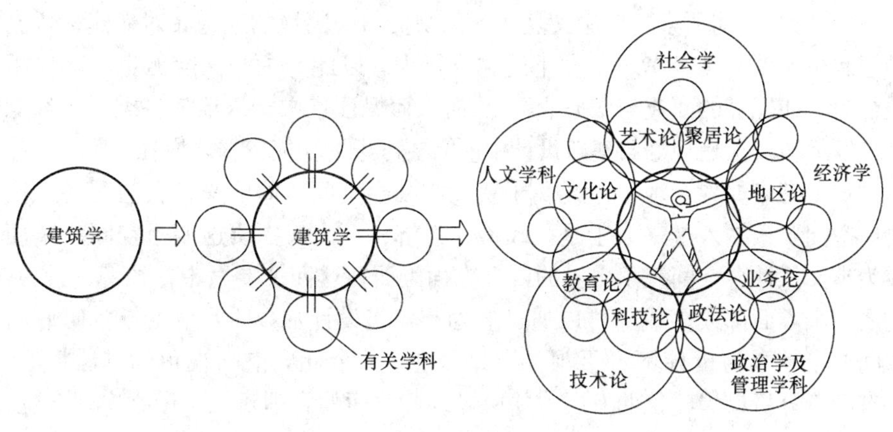

图 1-4 建筑学——广义建筑学

资料来源：吴良镛．《广义建筑学》．清华大学出版社，1989

1995 年，美国学者 M. Gottdiener 和 R. Hutchison 出版了《新城市社会学(The NewUrban Sociology)》一书，首次提出了城市研究的“社会空间视角”(Social Spatial Perspective) 的概念，指出社会空间是以社会、经济、文化因素为背景，以人们的交往联系和社会组织结构为纽带的不同尺度的城市空间。引起了城市学、地理学、建筑学、规划学等诸多学科的关注与讨论。2000年该书第二版出版，其中更加强调了环境是有意义的空间，空间的象征意义在城市中应与政治、经济、文化因素同等看待。❶

此前，在1973年，英国学者D. Harvey曾在《Social Justice and the City》一书中指出城市社会空间研究的核心领域是“空间形式（spatial form）”和作为其内在机制的“社会过程（social process）”之间的相互关系，并通过两条主线展开：其一是社会过程的空间属性；其二是城市空间的社会属性。两者相辅相成，社会建构空间，空间诠释社会。❷

在这些著述之中，主要从强调空间的社会意义、社会因素与空间因素的相互作用来定义社会空间。借鉴上述内容，同时结合研究对象的特点，笔者尝试从社会空间视角的三个方面来提炼口岸发展的要素：

1）政治空间要素。口岸首先是国境、国门的象征，意味着国家的领土与关税等主权。口岸的开放毫无疑问属于国家政治决策的范畴，必然受到政治时势风云的影响。只有在和平、开放、发展的政治局势下，口岸才能获得发展空间。

2）经济空间要素。口岸是国际贸易的通道，是商品和生产要素跨境流通的必经渠道。在现代经济全球化背景之下，国家（或地区）之间必须要进行经济上的分工与合作，口岸的经济流通功能显然是不可或缺的。同时，各地区开放程度与经济发展水平程度的差异也会体现在口岸发展之中。

3）行为空间要素。口岸又是人员和物资出入国境的通道，对人流、货流的管制与疏导，是口岸之中发生的主要行为。以此为中心又会派生出其他相关行为（如配套的商业与服务业等）。而如何保证集中于一地的各类行为都能够良好运转，正是规划与建筑设计中所需要考虑的功能依据之所在。

以上三个要素，严格来说属于狭义的社会空间。而广义社会空间还应把物质空间要素纳入进来。于是，政治、经济、行为、物质这四个空间要素便成为本文从社会空间视角出发的四个方面。而在这四个要素中，经济、行为、物质三个方面都或多或少可以通过规划与建筑设计加以干预和影响，唯政治空间要素基本为设计不可干预。因此，建立一个社会空间视角的方法模型，将有助于分析口岸建筑的发展，并探寻设计方面的合理对策，最终实现合理、和谐的社会空间（图1-5）。

同时我们还应看到，这四个方面的要素并非独立，而是相互联系相互依存的，只有对四方面要素统筹协调考虑，才有可能实现合理、和谐的社会空

---

❶ Mark. Gottdiener，Ray. Hutchison. The New Urban Sociology. McGraw-Hill Companies. 2000。

❷ Harvey. David. Social Justice and the City. Oxford. 1973。

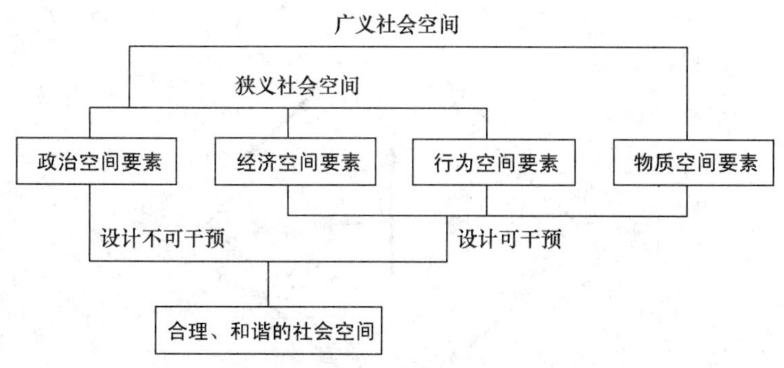

图 1-5　社会空间视角的模型

资源来源：作者整理绘制

间。为更加形象化、更方便理解，笔者借鉴管理学与经济学领域著名的“波特钻石理论模型”（图 1-6）[1]，尝试建构一个针对口岸建筑及其地段的社会空间钻石模型图（图 1-7）。

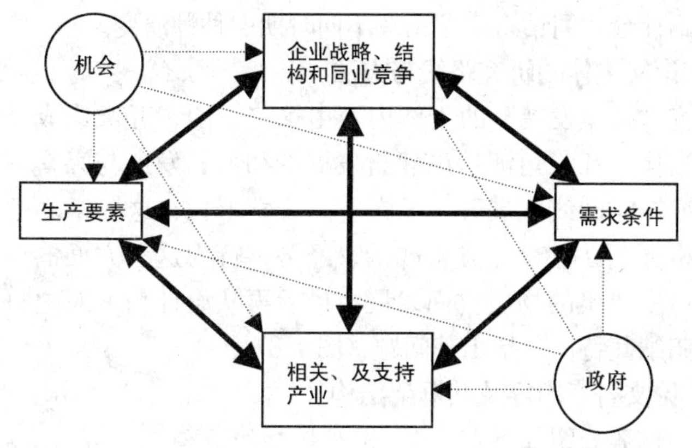

图 1-6　波特钻石理论模型图

资料来源：参考 http://baike.baidu.com/view/1506007.htm 绘制

如图 1-7 所示，在这个社会空间钻石模型图中，四个坐标维度分别坐落着社会空间视角的下的四大要素，它们彼此之间具有双向作用，形成钻石体系。

[1] “波特钻石理论模型”（Michael Porter diamond Model）是由美国哈佛商学院著名的战略管理学家迈克尔·波特提出的。用于分析一个国家某种产业为什么会在国际上有较强的竞争力。波特认为，决定一个国家的某种产业竞争力的有四个因素：1）生产要素——包括人力资源、天然资源、知识资源、资本资源、基础设施；2）需求条件——主要是本国市场的需求；3）相关产业和支持产业的表现——这些产业和相关上游产业是否有国际竞争力；4）企业的战略、结构、竞争对手的表现。波特认为，这四个要素具有双向作用，形成钻石体系。在四大要素之外还存在两大变数：政府与机会。机会是无法控制的，政府政策的影响是不可漠视的。

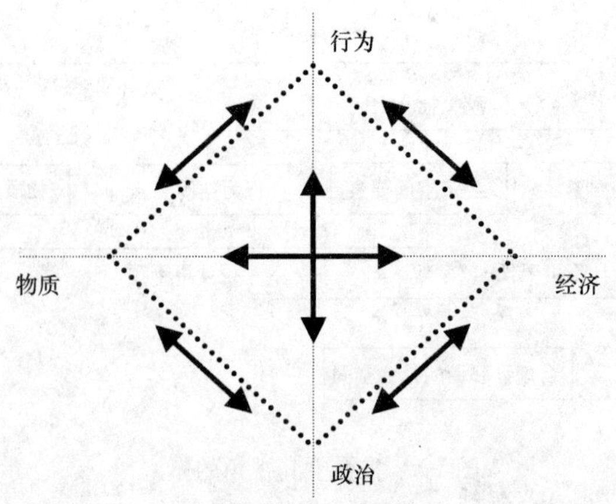

图 1-7　借鉴“波特钻石理论模型”建构的社会空间钻石模型示意图

资料来源：作者绘制

而图中的正方形虚线框，是对四大社会空间要素合理、和谐并存的理想状态的抽象概括。在实际中，这种理想化的图形是不存在的。在本文主体部分中，我们将会看到社会空间钻石模型图在不同时期的种种演变。

1.4.3　论文主体的研究路线与方法

论文研究“口岸发展”的主体内容由第三、四、五章构成，这三章内容分别对应着当代珠江三角洲口岸建筑发展的初始、发展与兴盛三个时期。各章内容的研究按时间线索展开，而在空间线索上，在这三章之中运用了社会空间视角分析方法——首先分析政治、经济、行为这三方面的要素发展；然后详细解析口岸建筑的物质空间发展；最后再从设计角度对之进行分析，并从理论层面归纳其特征、指出其问题（图 1-8）。

1.4.4　论文各章内容及其框架结构

本文各章内容介绍如下：

1. 第一章为提出问题部分。

在第一章“绪论”之中，首先指出对于口岸建筑发展的研究与实践而言，可供参考的既有研究成果的稀缺，这是问题的提出、也是本文选题的动机。此外还解析了论文研究对象的概念，界定了研究的范畴，阐明了研究的目的与方法，展望了研究的意义。

2. 第二章为分析问题之前的铺垫。

在第二章之中，分析了珠三角口岸发展的几方面背景知识。其中，地理背景是珠三角口岸发展地缘格局形成的根源，历史背景是对口岸（当代以前）发展历史的追溯，交通格局背景则反映了各类口岸在交通体系中的位置与作用。

3. 第三、四、五三章为分析问题部分。

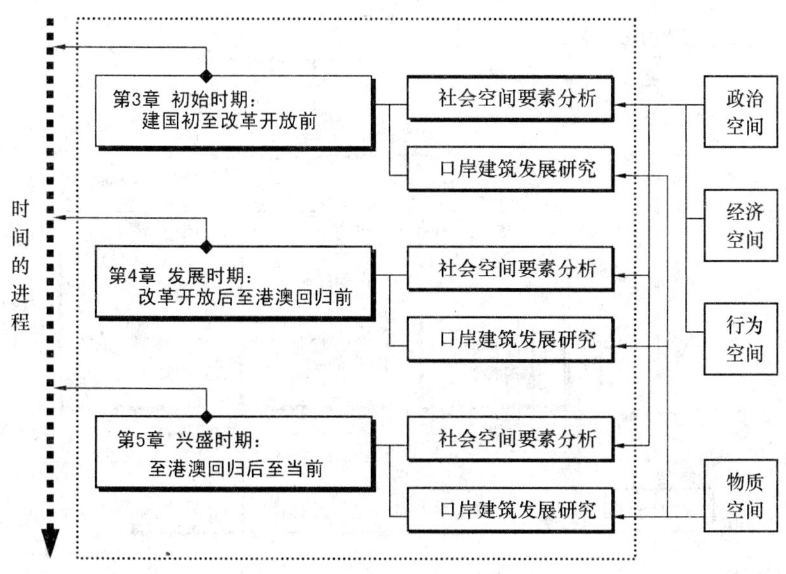

图 1-8 论文主体的研究路线与方法示意图
资料来源：作者自绘

第三章研究“初始时期”珠三角口岸建筑发展。首先分析建国至改革开放期间的政治、经济、行为三方面空间要素；随即分析在这些要素作用下，口岸建筑的物质空间发展。

第四章研究“发展时期”珠三角口岸建筑发展。首先分析改革开放至港澳回归期间的政治、经济、行为三方面空间要素；接着介绍了广深珠这三个中心城市的口岸发展概况；进而选取重点实例详细分析了口岸建筑的具体发展情况；最后回归社会空间视角，从设计的专业角度来归纳与评价社会空间要素作用之下的口岸建筑的物质空间发展。

第五章研究了兴盛时期珠三角口岸建筑发展。研究内容的展开顺序与基本第四章相同，不过在重点实例的分析上，更细分为“改造型”与“新建型”两个部分各自进行详细分析。

4. 第六章为解决问题。

继完成对珠三角陆路口岸建筑整个当代发展历程的分析之后，到第六章进而展望了口岸建筑的发展前景及应对设计策略。首先指出了当前口岸建筑发展之下的设计难点及与之应对的具体策略，并顺势建构了口岸建筑设计的方法策略；然后展望了珠三角口岸建筑发展前景的具体内容，并从设计角度逐一对应提出了针对建议。

论文全文的框架结构如图 1-9 所示。

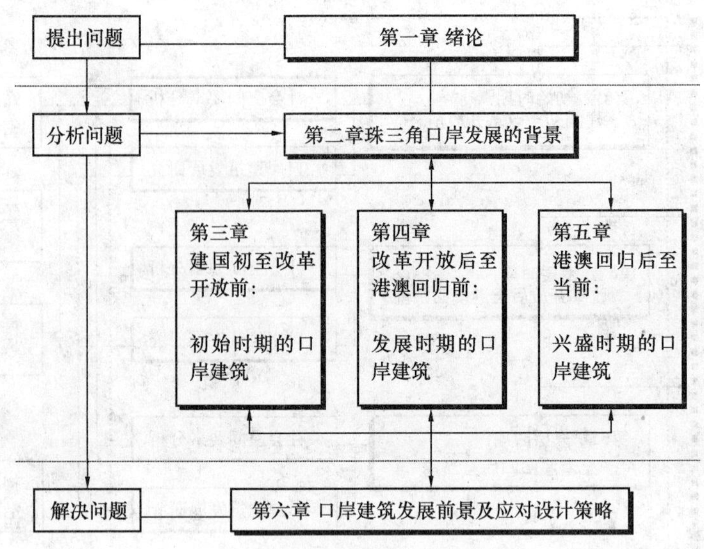

图 1-9 论文研究框架图

资料来源：作者自绘

1.5 研究的意义

论文研究的意义首先来自“口岸”这个研究对象本身具有的意义：

其一，是口岸在政治方面的意义。口岸是国家对外开放的门户，口岸的开放程度反映了国家对外开放的程度。口岸作为“国门”的涵义决定了它在政治方面的影响力与受到关注的程度。

其二，是口岸在经济方面的意义。进入 21 世纪的地缘经济时代，在经济全球化的背景之下，口岸作为物资流、人流、资金流、信息流的跨国通道，是一个开放国家参与世界经济体系的必备硬件与必经之途，往往能够使其成为一个城市、甚至一个地区取得经济发展优势与先机的条件。

其三，是口岸在文化方面的意义。口岸象征着国家的门户与主权的权威，它是展示对外形象、展示建设水平和管理水平的窗口。在“开放”与“非平衡”这双重条件下，口岸的两侧之间会因为梯度差异而产生知识、信息、潮流、观念意识等方面的影响与渗透效应。

“口岸”的上述意义，决定了从建筑学专业角度对口岸的物质空间载体——“口岸建筑”进行研究的价值与意义，而现实中，此前尚无关于此类对象的系统研究。本文的研究，首先填补了这方面的学术空白，具有一定开创意义。

而论文选择以“珠江三角洲陆路口岸建筑”为研究对象，更是具有明确的针对意义。因为毗邻香港、澳门的位置优势，珠江三角洲地区成为我国改革开放的先行之地与首善之区，改革开放30年来，在经济建设与城市建设上都取得了相当大的成就，已成为当前中国经济外向型程度最强和城市化水平最高的地区之一。与这种发展局势相对应的，是整个珠江三角洲口岸建设事业的蓬勃发展。20世纪末香港、澳门相继回归祖国并成立特别行政区之后，在“一国两制”基础之下，与内地、尤其是与珠江三角洲地区的合作与融合一步步加深，呈现出合作双赢、共同繁荣的局势。此间，联系“穗港”、“深港”、“珠澳”的一系列口岸起到了极为重要的作用，而它们本身也经历了一次次的剧变，成为全国规模最宏大、运行最繁忙的口岸。回顾几十年来的历程，口岸通关的设施设备在更新，口岸建设的规模在扩大，一系列新建或改建口岸工程纷纷上马……。它们的数量之多、投入之大、影响之深远，已使之成为一大热点、同时也是一大试点。

除开创意义与针对意义以外，本文的研究还具有如下意义：

1）本文从建筑学专业领域的角度出发来研究珠江三角洲口岸发展的这种建筑现象，并从政治、经济、行为、文化等角度分析建筑现象背后的深层社会空间要素，深度的挖掘与思考，对于学术理论研究具有一定参考意义；

2）论文在文献、信息、资料的调研、收集、分析、归纳方面作出了大量的翔实工作，这些成果将为后续的相关学术研究提供资料支持；

3）论文在掌握珠三角口岸建筑发展过程的基础上，进一步展望其发展前景，并从设计专业角度归纳了方法，并提出了相应的观点与建议。这对于今后口岸的新建或改建的实际工程操作，具有一定的参考价值。

第2章 珠江三角洲口岸发展的背景

口岸是城市、地区乃至国家的门户。珠江三角洲地区历来是对外交流的前沿地，其口岸发展经历了特殊的历史，也形成了当前独特的格局。本章将通过分析自然地理背景、追溯历史背景以及概括当前城市群交通格局背景，为此后各章主体内容的展开做足铺垫。

2.1 地 理 背 景

自古，口岸就是贸易与交流的必经地，因此通常是交通聚集、人口密集的地区。口岸的出现与兴衰往往与自然地理背景有着密切的联系。具体而言，有地理位置、地形地貌、地理变迁三方面的因素影响了珠三角口岸的历史发展，也影响了珠三角口岸的格局形成。

2.1.1 地理位置

珠江三角洲位于我国广东省中南部，濒临南海、毗邻港澳、坐拥珠江入海口。古往今来一直是中国南部与世界来往的重要海路孔道。近代梁启超曾撰文描述道："要认识广东地理位置的重要性，需要进行中国地图与世界地图的转换。在中国地图上，广东是边缘。但在世界地图上，广东却是中西交通之重要孔道。"❶ 梁启超所指"广东"，应该主要是指今广东省境内最得海河交通之便利、且平原面积最大的珠江三角洲地区。俯瞰整个中国地图形势，整体上山地多、平原少，从高程上看西北高、东南低，整个中国版图呈一把巨大的"躺椅"形状。❷ 这种先天的地形地貌造成了一种封闭的、与外界隔绝独立的地理单元（中国古代传统文化的封闭与自成一体的特点也正是来自于此）。而地处中国版图东南角地势低平之处的珠江三角洲，正是以其外可远通世界各国、内有广阔经济腹地的自然地理条件，成为中国这个封闭地理单元走向海洋联系世界的主要门户（图2-1）。可以说地理位置的优势，决定了珠江三角洲发展口岸的先天条件。

2.1.2 地形地貌

珠江的主流全长2197km，是中国第五大长河，珠江的流量仅次于长江，居全国第二位。珠江发源于云南东北部乌蒙山地，经贵州、广西进入广东，称为西江，与源于江西、湖北的北江、东江以及潭江、流溪河、高明河、沙

---

❶ 梁启超.《世界史上广东之位置》.《经典大家为广东说了什么》. 广东人民出版社. 2006. p31。

❷ 陆元鼎.《岭南人文.性格.建筑》. 中国建筑工业出版社. 2005. p41。

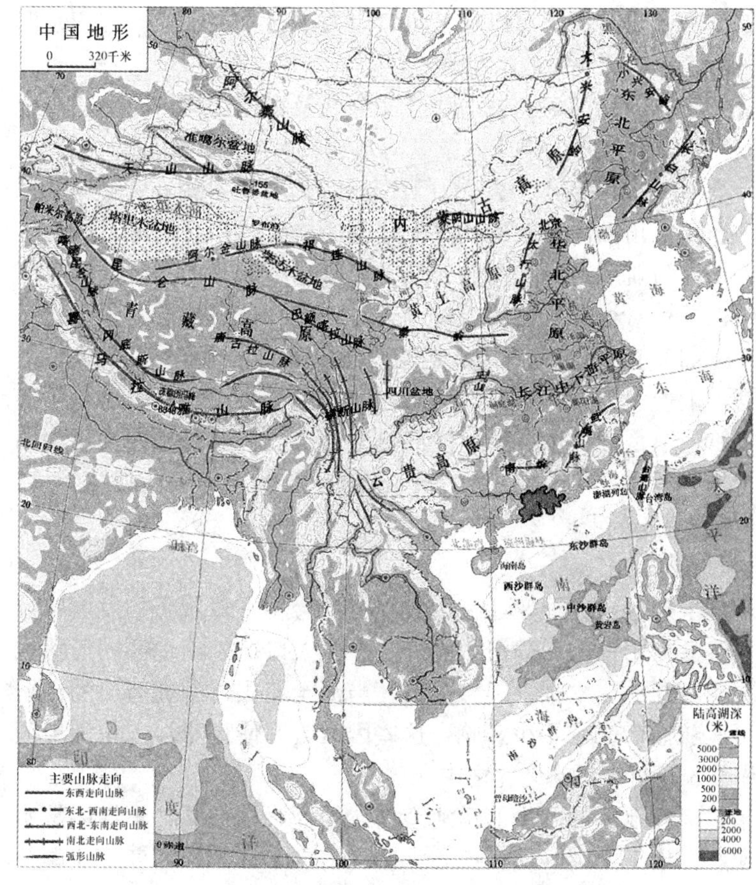

地处中国版图东南角地势低平之处的珠江三角洲，正是以其外可远通世界各国、内有广阔经济腹地的自然地理条件，成为中国这个封闭地理单元走向海洋联系世界的主要门户。

图 2-1　珠江三角洲的地理位置图
（深色区域表示珠江三角洲范围）
资料来源：作者自绘（底图来自 google 网站。）

河、增江等江河冲积形成了许多大小不等的三角洲，并复合而成珠江三角洲平原。❶

珠江三角洲平原地处北回归线以南，属于南亚热带海洋性季风气候，全年平均气温 21～23℃，终年湿润，降雨充沛，年平均降水 1500mm 以上。在这片土地上，山丘散布、土壤肥沃、河道纵横、阳光充沛，自然条件优越，是非常适宜农业生产的地方。

这样的地形地貌与受之影响的气候条件，正好满足了上文提出的与腹地产销区密切联系的条件，而事实上珠三角也确实起到了交通西南、中南、华南地区的物产中枢作用。如广西等地有民谚“无东不成市”等语，大量的广

❶ 燕果．《珠江三角洲建筑二十年》．华南理工大学博士论文．1999. p11。

东商人深入腹地产区收集货源，再以珠三角口岸为平台集中出口。这正是仰赖着珠三角地区与腹地之间便捷的水运条件。

东江、西江、北江等江河，经过不断分叉合并及纵横交错，在珠三角地区形成了稠密的水系，并最终汇集成八条纵向水道，经虎门、蕉门、洪奇门、横门、磨刀门、鸡啼门、虎跳门、崖门八门注入南海。[1] 这种密布、交错的河网状况，使整个珠江三角洲内河航运和海上运输衔接成一体，构成了较为发达的水运网络体系，为航运交通和商业贸易发展创造了有利的条件。以广州为例，根据中山大学针对当时所做的人口调查，近代以舟楫为生的水上蛋家人口[2]几乎与陆地人口持平。蛋家人应该是流动性最强的，这样惊人的人口数量从事水运贸易，正说明港口口岸对水运服务的需求量很大。蛋家小艇可接驳货船与陆地货舱，于是近代珠三角地区最典型的历史景观便是往来不绝的大小船只充斥河道。这使整个珠江三角洲内河航运和海上运输衔接成一体，为口岸的创建奠定了基础（图 2-2）。

2.1.3 地理变迁

时间在地表刻下痕迹，地理变迁在很大程度上会左右着城市的发展与口岸的发展。除自然力作用下的泥砂淤积之外，中原人口向岭南地区的迁移也带来了巨大的影响。开垦伐木带来了植被破坏与泥土流失，围堤造田的传统耕作方式也给河道航运带来了不少影响。这些因素，都使得珠江三角洲地区的海陆域及海岸线长期处于动态变化之中。

自唐宋以来，南粤地区的不少航运河道的淤积便日渐严重，早期的深水良港很多不敷使用。唐宋时期，珠江三角洲多浅海、多岛屿，西江干流顺德甘竹滩以下即是出海口。但自唐宋起，泥砂的淤积速度加快了，西江、北江下游两岸在围堤造田的参与作用下，渐成大量良田（陆地）；东江方面，今东莞石龙以下至出海口处，不断淤浅成陆，向西南面的海洋推移。[3] 今珠江三角洲大片沿海区域都为泥砂冲积成陆（图 2-3）。不断扩大的冲积平原提供了耕作的土地资源，加之便利的水陆交通条件，在古代吸收了大量的中原移民，也为近代及至现代的城市与城镇发展提供了平台与空间资源。

在华夏构造体系和纬向构造体系的控制下，加上外营力的长期作用以及基岩抗蚀性的差异，珠江三角洲长达 3368.1km 长的海岸线上呈现出岬湾相间的格局。沿海岸线，岛屿港湾林立，拥有世界少有的优良港湾地形——珠江口的海区范围从大鹏湾至川山群岛，是珠江的入海口，

---

❶ 周毅刚.《明清时期珠江三角洲的城镇发展及其形态研究》. 华南理工大学博士论文. 2004. p36。

❷ 疍家人（也称疍民），指海船上的渔民。疍民以鱼业或水运业为生，子孙世守其业，亦有置产耕种者，妇女则兼织纺为业。

❸ 王荣武，梁松.《广东海洋经济》. 广东人民出版社. 1998. p47。

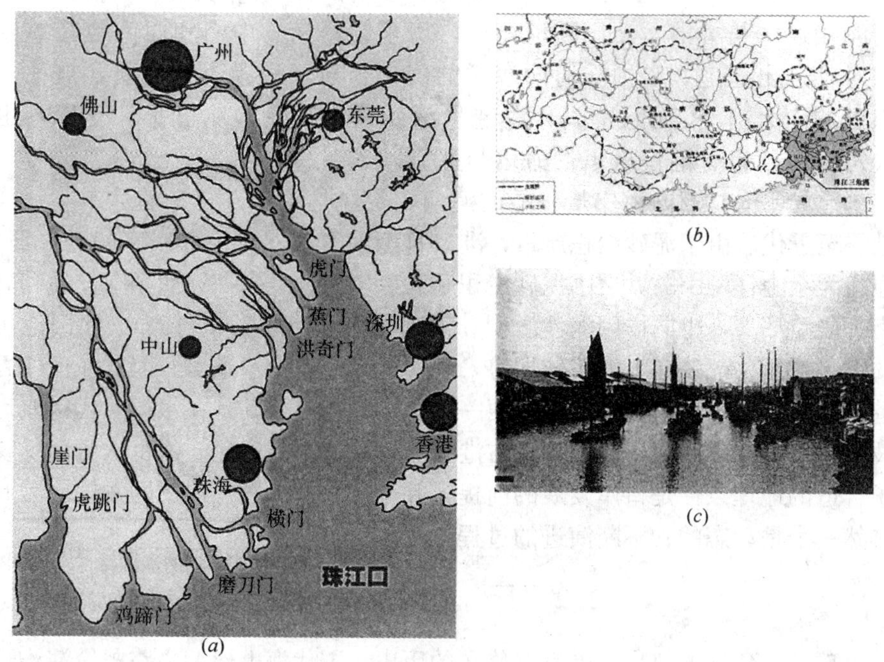

图 2-2 珠江流域水系分析组图

(*a*) 珠江口八门入海图；(*b*) 珠江流域三江汇聚图；(*c*) 水上交通枢纽形成的早期圩市（右下）

资料来源：许自力．《流域水系景观规划研究》．华南理工大学博士论文．2008. p175、p177

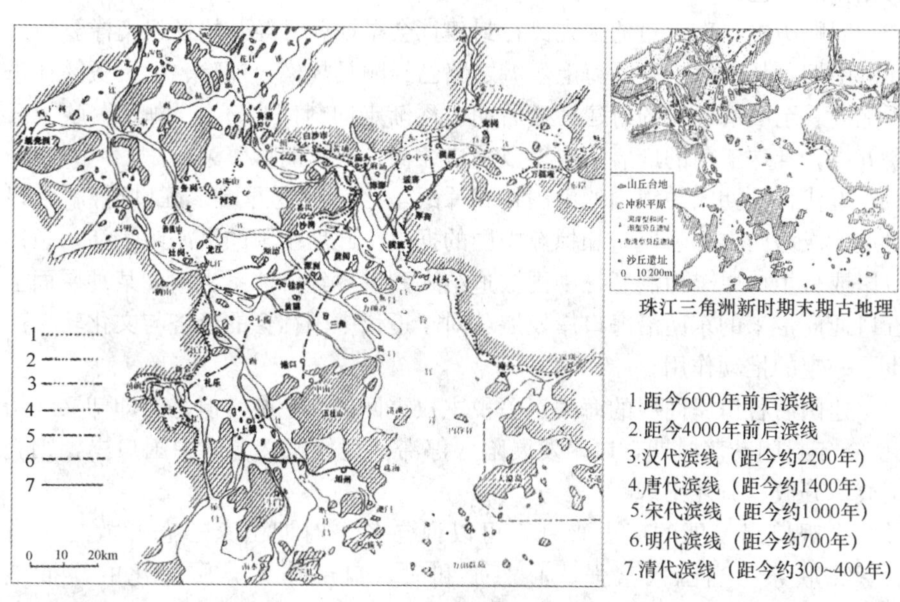

图 2-3 珠江三角洲 6000 年来滨海沿线的演进分析图

资料来源：李平日．《珠江三角洲一万年环境演变》．北京海洋出版社，1991

河海相通，与香港、澳门陆地相连，历来是华南、中南和西南地区重要的对外进出通道，是内陆通向海洋的门户，地理位置十分重要，被称为祖国的南大门。❶ 而海岸线、海港水深变迁影响下的航道条件变迁，也决定着珠江口各港口城市的命运与兴衰。

比如明清时期作为广州外港的澳门，曾经是中西方贸易的远东第一商港。至近代后由于泥砂淤积严重，港口日渐浅窄。澳门半岛以南的凼仔岛，原为大小凼仔两小岛，后因泥砂淤积和人工填海合二为一（如今凼仔岛和其南部的路环岛，也同样因泥沙淤积和人工填海有连成一片趋势）。澳门港历次人工挖掘、疏浚亦不能扭转形势，现代远洋巨轮难于进出。因此在近代香港崛起后，澳门远东商埠的地位便一落千丈。可见尤其是在水运时代，航运技术发展与地理的变迁会直接左右港口与口岸城市的命运。这也从侧面反映了合适的地理条件是口岸发展的前提，并且从长期来看，口岸的发展也因此必然一个是动态的、不断演进的过程。

2.2 历 史 背 景

珠江三角洲的口岸发展有着悠久的历史，古代海上丝绸之路曾扮演沟通内外的重要角色。这些海上的交流，使滨临南海的珠江流域，成为异质文化之间碰撞、摩擦、新生的交接地带，也使其口岸发展在历史舞台中扮演了令人瞩目的角色。

回顾历史，珠三角地区先民在封建社会早期就已经开始扬帆南洋。封建社会中期，从南海出发的海上丝绸之路已经颇具规模，探险、朝贡贸易往来不绝。及至明清两朝的封建社会后期，逐渐走向封闭自守，“海禁”政策三令五申，唯珠三角的广府屡次得以独口通商，一度畸形繁荣。

近代，长期闭关锁国的中国在鸦片战争之后被迫开始“五口通商”，口岸从此成为西方列强侵略和掠夺中国的据点。此后中国的沿海与沿江，条约口岸或自主口岸全面洞开，中国被迫纳入到世界经济体系当中。某种层面上五口通商带来的东南沿海口岸发展，对于近代中国社会的经济与文化转型产生了一定的推动作用。

建国后各口岸商埠的海关、关税主权重回国人手中，但是旋即却又经历近 30 年封闭动荡时期，口岸发展陷入停滞。现代意义上的中国口岸，则直至改革开放后方才出现。

纵观口岸发展的历史兴衰，可以说与各个时期国家心态开放与否有着紧密联系。当国家富强、心态平和时，口岸作为异质文化的碰撞地带，最易出现具有生命力的新兴口岸建筑文化。而国运衰落、自大封闭

---

❶ 王荣武，梁松．《广东海洋经济》．广东人民出版社．p291，p298。

时，口岸的建设也会映射出这一心态，口岸的生命力会受到抑制，发展会走向畸形。

2.2.1 古代珠三角口岸

在古代，限于陆上的落后交通条件，大宗物资运输主要是依赖水运，水系往往决定着城市选址与布局。其实及至现代社会虽已海陆空交通全方位发展，但水运（远洋海运）仍然是国际贸易的主要交通方式。所以海港的港口条件是决定古代口岸选址、建设、发展的主要因素。

就珠三角地区的古代口岸而言，最具有代表性的口岸首推广州。广州地处珠三角北缘，坐拥珠江口，自古就是通往太平洋、印度洋的主要口岸。广州港作为口岸通商具有着悠久的历史。至鸦片战争前，人口已近百万，是中国最大、最繁华的城市之一。

唐宋元时期，作为“海上丝绸之路”起点的广州，已是远东最大的国际商港。唐代外洋船舶来广，先至七百里外潯州望舶巡检司，后由官兵护送至广州市舶亭（在今北京路南端）下校验、征税。蕃坊在广州城西（今光塔路一带），南临珠江、越洋海舶走南濠可直入蕃坊内（约在今仙羊街位置），坊内有造船、修船（杏花巷）、货舱（竹蒿巷）、珍宝商铺（玛瑙巷、象牙街等）。唐蕃坊口岸区的选址集中于城西，一是位置上靠近府衙，便于管理、征税；二是水运条件允许，外船可直入蕃坊。这种口岸地址格局一直延续到宋元（甚至明清）时期。由唐至宋元，由广州港始发的海上丝绸之路贸易可谓名扬海内外，其贸易收入在历朝政府关税收入中都占有相当比例（图 2-4）。

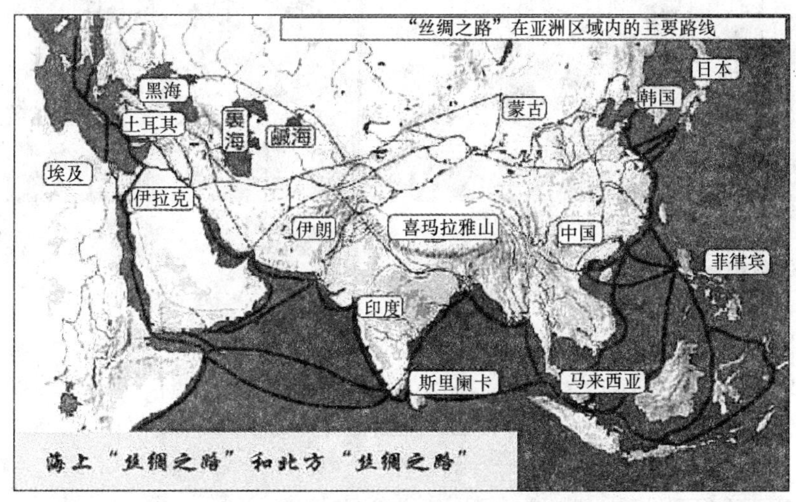

图 2-4 海、陆“丝绸之路”路线示意图

资料来源：宋欣．《海上丝路影响下的古代广州城市建设和建筑发展》．华南理工大学博士论文．2007. p2

明清时期屡获独口通商地位的广州更成为中国最大的对外口岸。明代有市舶司，在城西十八甫建怀远驿居停远人。至清代，政府将珠三角大小出海港口划分为七大总口和70个小口，这些大小关口几乎遍及广东沿海各地及部分内河口岸，所有大小关口统由粤海关管辖，主要负责征解关税和行政管理事宜（图2-5）。其中，以省城大关总口和澳门总口最为重要——大关总口稽查城外十三行和进出黄埔的外国商船进出口货物，澳门总口负责稽查进入澳门和外国贸易的商船。虎门口和黄埔口则是省城大关最重要的关口，据文献记载："黄埔是珠江河道上的一个小岛，……所有外国商船往来广州，都以此为泊碇所。在未到达此埠港前，外洋船须航经一狭窄的河道区域，名为虎门。虎门距离黄埔三十哩，左右筑有炮台，西面有南北横档炮台，东面有威远炮台，以保障中国在航运上获取之利益。当外洋船离开中国水域时，须于此向海关官员呈阅附有印签的许可证明文件。……，只有船长及营运主管才可在广州的商馆区逗留"。❶ 而这些广州的商馆区，便是著名的"十三行"夷馆，堪称史上最富盛名的口岸区。其位置在城墙外西南角、怀远驿十八甫附近，地近西濠口为码头聚集之所。其范围东至西濠口、南临珠江、西至联兴街、北至十三行，按清乾隆年间十三行区占地约在5万m^2。❷ 因为洋商、大班往往需要在此居住数月打理生意，建筑功能一应按照西洋生活习惯设计。夷馆的建筑造型受到同时期西方社会流行样式的影响很大，显然已经成为了东西建筑文化的交流点（图2-6、图2-7）。

图2-5 明代怀远驿与清代粤海关

资料来源：澳门市政厅.《昔日乡情》.p37；

香港市政局.《十八及十九世纪中国沿海商埠风貌》.p52

总之，其时的粤海关与十三行、澳门、黄埔同为广州口岸中封建外贸体制的重要环节，并各有明确分工：广州十三行，把握或垄断对外贸易并负责

---

❶ 香港市政局.《珠江风貌－澳门、广州及香港》.1996.p110。

❷ 曾昭璇.《广州十三行商馆区的历史地理》.《广州十三行沧桑》.广东省地图出版社.2002.p26。

夷馆的建筑造型受到同时期西方社会流行样式的影响很大，显然已经成为了东西建筑文化的交流点。

图 2-6　1805 年广州商馆区风貌

资料来源：香港市政局 .《珠江风貌一澳门、广州及香港》. 1996. p158

图 2-7　（1800 年代）中国外销画中从海港远眺广州全城景色

资料来源：香港市政局 .《珠江风貌一澳门、广州及香港》. 1996. p160

管理约束外商；黄埔，为各国商船停泊所；澳门，则为来粤贸易各国商人的共同居留地。

长期作为外贸港口的广州，是中央朝廷的“货财之源”，其经济地位更胜于政治地位。因此城市发展更多地处于自然生长状态，城市形态在商业贸易、地理条件和多种文化因素的影响下，朝着适应生产和方便生活的方向发展。❶十三行则位于广州城区之外，外贸口岸与其源生的城市之间表现出二元分化格局，自给自足、隔绝华夷。而作为广州外港的澳门，则长期成为葡人停泊居所，数百年来形成了充满异域风情的建筑特色与城市风貌（图2-8）。

纵览古代广州口岸的历史，从唐代的扶胥、蕃坊，到宋代三城中的西城，再到明怀远驿、清十三行，口岸建设有承继、有突破。回顾以广州为代

❶ 周霞 .《广州城市形态演进》. 华南理工大学博士论文 . 1999. p14. p171。

图 2-8 （19 世纪 70 年代）从主教山俯瞰澳门全景

资料来源：香港市政局．《珠江风貌－澳门、广州及香港》．1996. p114

表的古代珠三角口岸历史，我们可以从两个方面来总结定性：

其一，是理性看待古代珠三角口岸的作用与影响。古代航运，主要依赖帆船运输，速度慢、运量小且受到季风风向、潮汐流向等不确定因素的制约。囿于航运能力的限制，古时的远洋航运实际难以形成规模，也正因此当时的海疆在军事上还未予重点防范。古代海港的航运，以内河及近海之间的联系居多，与异邦之间的远洋通航非常有限，而且就贸易而言，探险巡游与朝贡贸易色彩远远超过了正常商业目的色彩。所以总体来说，古代珠三角口岸的发展，交易量比较少、影响辐射范围有限。

其二，是要认清古代珠三角口岸能够得到发展的深层原因。除了海运条件，古代珠三角口岸的发展更多是得益于封建统治需要而作出的政治选择。封建社会的中国，小农经济为社会根基，强调自给自足，虽然历朝皆有海外贸易，却不会去倚重于它。口岸的选址以偏远、不影响中央的政治经济为原则。广州地处岭南，远离中央，正符合这一要求，在此发展口岸、开展海上对外交流，对于帝国统治影响小。所以古代广州成为滨临南海最重要的贸易通道，明清时期经历三番五次的“海禁”与“一口通商”，更是成为偌大帝国长时间内惟一的通商口岸，占据了垄断地位。

2.2.2 近代珠三角口岸

明清两朝，中国步入封建社会后期，国家心态日趋自大、封闭，固守着闭关自守的传统。珠三角等沿海地区的口岸发展普遍受到压制。而对应同时期的西方世界，在“地理大发现”[1] 之后，已经步入海洋文明兴盛时期，东

[1] “地理大发现”是世界航海发展史上的一个重大事件。它是指 15～17 世纪（又称大航海时代）欧洲航海者开辟新航路和“发现”新大陆的通称，也是地理学发展史和口岸发展史中的标志事件。在此时期，交通运输工具、尤其是远洋航行的发展扩大了国际交往的区域和规模。“地理大发现”发生在西方资本主义国家机器大工业兴起前夜，其原动力在于资本主义生产方式对世界市场的需求，并催生了以寻求海外原料市场、追求海外产品市场的国际贸易。

西方开放态度的不同决定彼此间国力领先地位的更替交迭。流落东方的传教士在给教廷信件中描绘的富庶帝国，再加上封闭关口带来的神秘感，加剧了西方世界对东方财富的渴望。文化的差异和利益的冲突，导致双方关系不断激化，最终升级为掀开近代史序幕的鸦片战争。珠三角口岸发展也从此进入到前所未有的新变局。

鸦片战争与五口通商之后，广州在社会动荡之中失去了外贸垄断优势。珠江的淤塞和填埋侵占使广州港（尤其是内港）的航道条件不断恶化，而蒸汽机船等近代航运业发展却对航道水深提出的更高要求，更加制约了广州的口岸城市地位。广州先是被上海取代了全国外贸中心地位，后又被香港取代了华南首港地位，广州港也下降为地区性的经济中心和航运物资集散中心（图 2-9、图 2-10）。

图 2-9　（约 1855 年）十三行对岸江边起货卸物

资料来源：香港市政局．《十八及十九世纪中国沿海商埠风貌》.1987. p49

图 2-10　（约 1850 年）外销画中的广州黄埔船坞

资料来源：香港市政局．《珠江风貌－澳门、广州及香港》.1997. p39

相同命运的口岸城市还有澳门。澳门拥有 400 多年的中西文化、经济交流史。历史上，澳门岛曾因为明朝开始的海禁而独享华洋贸易，成为繁荣贸易港。近代后，作为广州的外港、受到广州衰落的影响、加上自身港口的淤积不能满足新型船只需要，澳门作为珠三角口岸的重要性也渐渐削弱。

与广州、澳门口岸地位衰退形成反差的是香港口岸地位的崛起。

1841 年，根据丧权辱国的《南京条约》，香港沦为英国殖民地。1861 年英国又强迫清政府签署《北京条约》，占领了九龙半岛，并将香港岛与九龙半岛之间的海港，以当时在位的维多利亚女王命名为维多利亚港。早年，维港已被英国人看中有成为东亚地区优良港口的潜力，不惜借战争从满清政府手上夺得香港，发展其远东的海上贸易事业。[1] 在香港沦为英国殖民地之初，关于香港从一个荒岛起步的开发直至未来的"城市定位"，在当时一批非法占领香港的英国殖民者中出现不同意见：军人主张将香港辟建为"大英

[1] 陈孟东．《香港填海造地对城市发展的影响》．《世界建筑》.2007. 12. p137。

帝国在远东最大的军港”，以此基地保护英国海外臣民在亚洲的安全及其利益；而作为进驻香港岛的英国远东远征军司令璞鼎查却认为“香港应该是一座国际自由贸易港城”。结果，璞鼎查的此项动议获得当时英国维多利亚女王批准。❶ 从此，香港开始了其“国际自由贸易港城”的发展道路（图2-11）。

图 2-11 （19 世纪 60 年代）香港维多利亚城

资料来源：香港市政局．《珠江风貌－澳门、广州及香港》．1997. p80

维多利亚港由于港阔水深，被喻为“世界三大天然良港之一”，依靠如此条件，香港的国际自由贸易港逐渐表现出强大的生命力，开始改变珠三角口岸发展的近代格局。至 1920 年代，香港已成为华南的贸易中心、航运中心和金融中心，并通过中转贸易将自己的影响送达中国尤其是南中国沿海各地。内地的出口货物集中广州、外运香港，香港的进口货物经广州运往华南内地。❷ 在近代华南的交通、贸易体系，广州退而主内、香港主外渐成定式，这一历史格局至今仍基本维持。

1894 年中日甲午战争之后，英政府又趁机于 1898 年强迫清廷签订《拓展香港界址专条》，强行租借了深圳河以南的整个新界及周围 200 多个岛屿，期限为 99 年（即从 1898 年至 1997 年）。作为殖民地的香港与祖国大陆之间的边界便从此形成。而这条边界至今仍然存在，影响持续百年。

在整个近代，虽然香港与祖国大陆之间被划定了边界，但是在民间往来上却一直是自由开放状态。作为英国在远东的商业中心，香港很快商贾云集，各国商人抱着发财的热望，趋之若鹜，亦有不少外国公司从大陆搬到了香港。中国内地移民的人力、技术、物资与资金在香港早期开发中起了极大的支持作用。❸ 战乱频频与社会动荡，造成了大批人口的被迫迁移——华南

---

❶ 张在元．《香港——一国两制城市体系》．《建筑学报》．2007. 12。

❷ 吴松弟．《中国百年经济拼图：港口城市及其腹地与中国现代化》．山东画报出版社．2006. p371。

❸ 邓开颂，陆晓敏．《粤港澳近代关系史》．广东人民出版社．1991. p92。

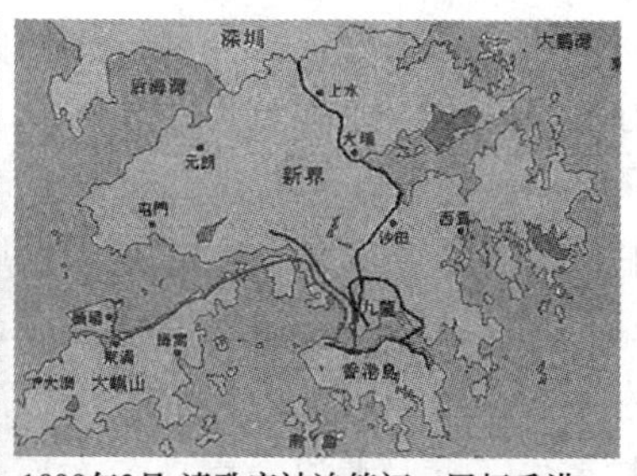

1899年3月,清政府被迫签订《展拓香港界址专条》后，中方代表王存善和英方代表洛克最后一次勘定了中港边界线

图 2-12　《拓展香港界址专条》形成了香港与祖国大陆之间的边界

资料来源：陈孟东.《香港填海造地对城市发展的影响》.《世界建筑》. 2007. 12. p137

沿海大批富户官绅携巨资而来，许多沿海居民也选择离乡别井、出洋谋生，这使得香港居民骤增。澳门在被葡萄牙殖民者窃取主权后，也出现过类似的人口迁移情况。据不完全统计，分布于全世界 100 多个国家和地区的 2000 多万华侨、华裔中，港、澳同胞就占了约 750 万，他们大部分人的祖籍都是在广东省的沿海市、县。这些人口的迁移在客观上起到了沟通经济、文化的作用。

最后我们回顾近代珠江三角洲地区口岸格局的变迁，可以从正反两个方面思考其最为实质的意义与影响：

其一，近代口岸开埠的历史，就是封建晚期的中国在西方列强胁迫之下不断开放口岸的历史。被迫纳入世界经济体系的中国是被侵略、被压迫的一方，侵略战争的本质乃是掠夺利益，各大通商口岸的关税、海关主权都被西方列强掌控。主权沦丧的中国，在通过口岸进行的贸易交流方面，不可能得到与西方列强平等的话语权和地位（图 2-13）。

粤海关大楼位于今广州荔湾区沿江西路。为英国建筑师 David. dick 设计。在清粤海关税务署旧址上重建。1916 年秋建成使用，为近代流传到中国的欧洲新古典主义建筑的典型，全楼外观威严雄壮，很好地反映了海关建筑庄严与威信的性质和功能。

大楼现为广州市重点文物保护单位。

图 2-13　近代粤海关大楼

资料来源：政协广州市荔湾区第十届政协委员会.《荔湾明珠》. 中国文联出版公司. 1998. p83

其二，从近代口岸开埠开始，中国城市（城镇）的功能从以政治、军事为主，向以商业和贸易为主转变。[1] 虽然道路曲折、过程血腥，但是口岸的开放仍然打开了近代先进文化的输入孔道。通商口岸在中国城市现代化过程中扮演了重要的角色。它是中国联系世界、世界进入中国的门户，更是展示现代化的政治、经济、文化和城市风貌的窗口，中国人建设自己现代化家园的样本。对于广大内地而言，口岸城市具有强烈的辐射作用，尤其是上海、香港、广州、天津、青岛、大连、武汉、重庆这些城市，本身就是较大区域的交通中心和经济中心，在政治、文化方面也有巨大的影响力。这些城市的成长、壮大，不仅带动了所在区域的发展，还通过各种交通路线和城市网络，将影响送达广大的农村。各个口岸城市几乎都是空间范围不等的不同地区现代化的领头羊，是中国百年来最值得关注的地方。[2]

总体上看，近代珠三角口岸发展意味着被动与被侵略，但却又客观上起到了一定的促进经济、文化发展的作用。

2.3 城市群交通格局背景

让我们把视线从对历史的回顾中收回到当前。口岸是兼具“管制”与“疏导”双重功能的交通节点，其根本性质是属于交通类型的建筑或设施。要系统地分析珠江三角洲的口岸，就先要针对珠三角城市群这样一个范围，理清口岸所属、所影响的交通网络体系。

2.3.1 珠三角城市群格局

（一）城市群中相关概念术语的廓清

所谓“城市群”（Urban Agglomeration），是指在特定的区域范围内，云集了相当数量的不同性质、类型和等级规模的城市，以一个或若干个特大城市为中心，众多中小城市协调分布，依托一定的自然环境和交通条件，城市之间的内在联系不断加强，共同构成一个相对完整的城市“集合体”。空间距离的“缩短”（即出行时间的缩短）和分工协作的加强是导致城市群这一城市空间集聚体出现的原因[3]。

在城市群以内，有两个概念术语需要给予廓清：

一是“都市圈”。都市圈是指由中心城市和与其有紧密社会、经济联系的邻接城镇组成，具有一体化倾向的协调发展区域。都市圈的概念起源于日本，日本在太平洋沿岸分布了东京、大坂、名古屋三大都市圈，共同构成太平洋沿岸

---

[1] 刘萍．《近代中国的新式码头》．人民文学出版社．2006. p3。

[2] 吴松弟等．《中国百年经济拼图——港口城市及其腹地与中国现代化》．2006. 山东画报出版社．p9。

[3] 朱照宏，杨东援，吴兵．《城市群交通规划》．同济大学出版社．2007. p62。

东海道城市群。因此，可以认为，每个城市群都有一个或多个都市圈。都市圈属于同一城市场的作用范围，一般是根据一个或两个大都市辐射的半径为边界并以该城市命名。❶ 与“都市圈”相类似的概念还有“都市区”等。

二是“城市带”。是指在一条交通轴线上分布了大大小小很多个城市。和城市群概念不同的是，城市带所强调的是城市分布的形态，但城市之间不一定存在密切联系，而城市群强调城市之间的经济联系及相互影响。与“城市带”相类似的概念还有“大都市带”等。

（二）珠三角城市群结构特点

随着改革开放进程，珠江三角洲成为中国外向型经济的基地，仅用了10多年的时间便初步形成了城市群网络体系的骨架。迄今为止，以广州、深圳（香港）、珠海（澳门）为中心，惠州、东莞、中山、江门、佛山等为节点所共同组成的珠江三角洲地区，面积为4.17万km^2，经济总量占到全国的1/10。城市城镇，数量多、规模大、经济实力强且辐射能力广，已经发展成为高密度的连绵网络状的城市群网络体系，这也是我国城市化发展到目前为止的最高形式。

运用刚刚廓清的概念，我们可以通过“三核”、“两带”来概括珠三角城市群的结构特点（图2-14）。

1.“三核”，指“广佛”、“深港”与“珠澳”三大都市圈。

近年来随着香港、澳门的回归及深圳、珠海的高速发展，使得深港、珠澳与广佛一起，逐步形成珠江三角洲城市群的三大都市圈❷（图2-14）。这三大都市圈呈“扇面”拓展的一体化、网络型、开放式空间发展格局，并形成由内陆向外海多方面强劲辐射的空间态势，而肇庆、佛山、惠州、江门、中山、东莞等则成为区域发展次中心。

1）广佛都市圈。广州一直以来都是珠三角地区的政治、经济、文化中心，也是交通运输的核心枢纽，是城市群的核心。自2000年以来，广州继续向外迅速连绵扩展，与周边的佛山、南海、花都、番禺几乎连成一片，成为生产生活上紧密联系的地区，“广佛都市圈”于是逐渐成型，并大致分为三个圈层。❸

---

❶ 熊国平.《当代中国城市形态演变》.中国建筑工业出版社.2006.p71、p72。

❷ 朱照宏，杨东援，吴兵.《城市群交通规划》.同济大学出版社.2007.p57。

❸ 参见《当代中国城市形态演变》：第一圈层为中心城，半径约10km，指广州环城高速公路以内及沿线地区的中心城，功能主要以行政、商贸、金融、服务和高科技产业、居住为主。第二圈层，半径约30km，行政区域上包括广州的黄埔、番禺、花都等，还有佛山的南海、顺德、禅城等，主要为区域交通运输中心、区域制造业中心、物流中心和新兴居住。第三圈层，半径约60km，行政区域上包括从化、增城、南沙、三水、高明、鹤山，主要功能为远郊生态农业、风景旅游、地方性制造业区、城市港口工业区。

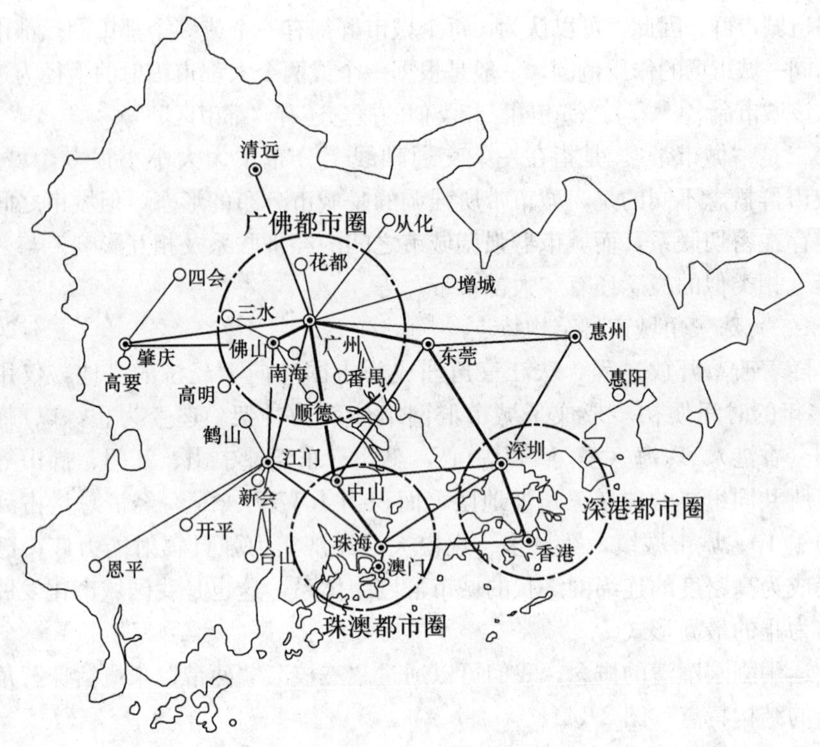

图 2-14　珠三角城市群结构的“三核”与“两带”分析图

资料来源：参考《城市群交通规划》一书中的“珠三角城市群结构体系图”改绘

2）深港都市圈。以香港城区、深圳特区为区域主中心，以东莞主城区、惠州主城区为地区性中心，以前海、沙井、龙岗、龙华、虎门－长安、常平、惠阳－大亚湾、博罗、惠东等为主要节点，沿区域交通走廊轴带状扩张，形成典型的城镇连绵发展态势。❶

3）珠澳都市圈。以澳门城区、珠海主城区为中心，以中山、江门主城区为地区性中心，以金湾、三灶、小榄、火炬、新会、司前、鹤山、台山、开平、恩平为节点，形成产业分工合作、职能相对独立的多中心组团式都市

---

❶　参见《珠江三角洲城市群的演进与整合》：深圳的发展捷径就是成为香港的副中心，形成深港同盟，成为港深都市圈。深圳应主要发挥“二传手”和制度创新的实验室作用，还可以继续发展物流业和高新技术产业及电子装备制造业。香港是经济多元化的港口城市、重要的国际性都会、多功能的国际经济中心城市，是独立关税地区、自由港、国际贸易中心，又是国际和地区的金融中心、信息中心、旅游中心、国际航运和空运中心，大珠三角的龙头和中心城市，拥有与国际接轨的标准和成熟的市场，应继续发挥自己的服务业优势和世界自由港优势，发展少量制造业，成为世界上最重要的以现代物流业和金融业为主的服务业中心之一及高新技术产业基地。

圈格局。[1]

2.“两带”——指珠江入海口的东、西岸线城市带。

珠三角城市群主要密集于环珠江口沿岸。具体分为珠江口东岸的深圳市、东莞市；西岸的珠海市、中山市、江门市、新会市；上游的广州市、佛山市、南海、顺德、番禺。这些城市一起，无论是人口规模还是经济规模，都是珠江三角洲最具活力的地区，并共同构成了珠江两岸的珠三角城市群高等级区位线。“广佛都市区－东莞－深港都市区”和“广佛都市区－中山－珠澳都市区”这两翼在空间上形成了“人”字形构架。

1）东线城市带。广佛都市区－东莞－深港都市区，珠江入海口东岸线已形成一条城市带，是控制力强、影响力大的区域核心。广州一直是华南地区的政治、文化、商业中心，以广州为主体的广佛都市圈核心功能区，是未来珠三角最重要的区域中心；东莞是正在崛起中的加工制造业之都，2004年还曾入选“中国十大最具经济活力城市”；深圳在珠三角区域的作用主要是外向型、国际化的区域中心和最重要的对外门户城市；与深圳仅仅一河之隔的香港是世界公认的经济中心、商贸物流中心、金融中心，是世界上最自由的经济体。

2）西线城市带。广佛都市区－中山－珠澳都市区，珠江入海口西岸线也构成一条城市带。但是作为珠三角的两条“脊梁”，东岸是存在的、现实的，西岸是要打造的。珠江三角洲东西两岸城市带的发展程度差异明显，发展重心偏向东岸，东岸城镇带的人口密度、城镇密度、土地开发利用强度均远远高于西部，交通网络密度、城镇之间的交通联系的差距更甚，并有进一步扩大的趋势。

2.3.2 城市群交通格局中的海港口岸

在古代，限于当时的交通技术水平，物资贸易运输主要依靠水运；近代海运独行天下，使得“口岸”与“港口”几乎成为相同的概念；现代交通技术发展已使口岸进入到海陆空全方位的立体发展时期，但是水运（远洋深水航运）仍然是发展外向型经济的主导运输方式。“以港兴城”仍然是当今世界一大显著规律，一个地区要实现经济繁荣，必需有国际航运中心作为其与外部联系的主要手段。

---

[1] 参见《珠江三角洲城市群的演进与整合》：澳门虽说只是一个仅有40多万人口和23.5km^{2}土地的小型经济体，但其旅游业和博彩业非常发达，尤其是博彩业，更是举世闻名。而且，它还有400多年东西经济文化交流的历史，特别是与葡语国家联系紧密，是中国与欧洲葡语国家的桥梁。珠海的环境是其优势，应以制造业为主，服务业为辅，发展成为珠三角高新技术产业基地和基础工业基地。珠海与澳门，一个是行政特区、一个是经济特区；一个是自由港，一个有较强的综合竞争力，虽然社会制度不同，但是都面对同一个发展的命题，是在共同面对世界市场中各自把最好的资源集中到一起，共同去实现最大的发展利益。

珠三角最为倚仗的远洋航运中心便是香港（图 2-15）。香港虽然地域狭小，却是著名的国际自由港，地理位置十分优越。它北连中国大陆，南邻东南亚，东滨太平洋，西通印度洋，同时又是美洲与东南亚之间的重要转口港，也是欧美、日本、东南亚南入中国的重要门户，已成屈指可数的世界大港。目前，珠三角每年约 1500 万标准箱的进出口集装箱量中，大约有 80%利用香港作为进出口港，其他海港口岸，主要都是作为香港的喂给港（除深圳港一定程度是作为香港的延伸与补充）。以广州港为例，其集装箱吞吐量中有 90%以上都是喂给香港。❶

图 2-15 （2007 年）香港葵涌码头与 9 号货柜码头

资料来源：《香港十年》

统观密集于珠江口的珠三角港口群，依靠水运、铁路、公路承载起巨大的客货运量，连接起港口与腹地，支撑起地方物资交流和对外贸易。这些港口群已成体系，并形成不同层次的分工——香港、深圳港、广州港为枢纽港；澳门港、珠海港、惠州港等为重要港口；中山港、肇庆港、台山港等为中等港口；其余还有若干小港口。若对此体系加以简化概括，并将深圳港视作香港港区的扩大的话，可以认为珠江三角洲现在的港口和贸易体系基本仍在持续近代以来的格局——即香港主外、广州主内，内地出口货物集中广州、外运香港，香港的进口货物经广州运往华南内地。今天的香港仍然是华南各地走向世界的枢纽，华南各港口的腹地都是香港的间接腹地。就香港、深圳和广州三大港口的分工现状而言，香港和深圳❷主要承担对外贸易的任务，而广州主要承担对内贸易的任务。

珠三角的这种香港主外、广州主内的格局之所以长期维持，是由于深水航道及城市区位等地理条件导致的经济规律运作的结果（图 2-16）。香港是

---

❶ 吴松弟等．《中国百年经济拼图——港口城市及其腹地与中国现代化》．2006．山东画报出版社．p371。

❷ 张天怀．《中国外贸港口与航线》．对外经济贸易大学出版社．2005．p268。改革开放后，珠江三角洲的许多城市都依托港澳优势发展起外向型经济，形成竞争态势。尤其是深圳，作为经济特区，紧邻香港而且自身拥有良好的天然深水良港条件。深圳东、西港区分别以蛇口港、盐田港为代表，迅速发展为全球第四大国际深水枢纽港口，成为我国南方重要的对外贸易口岸。

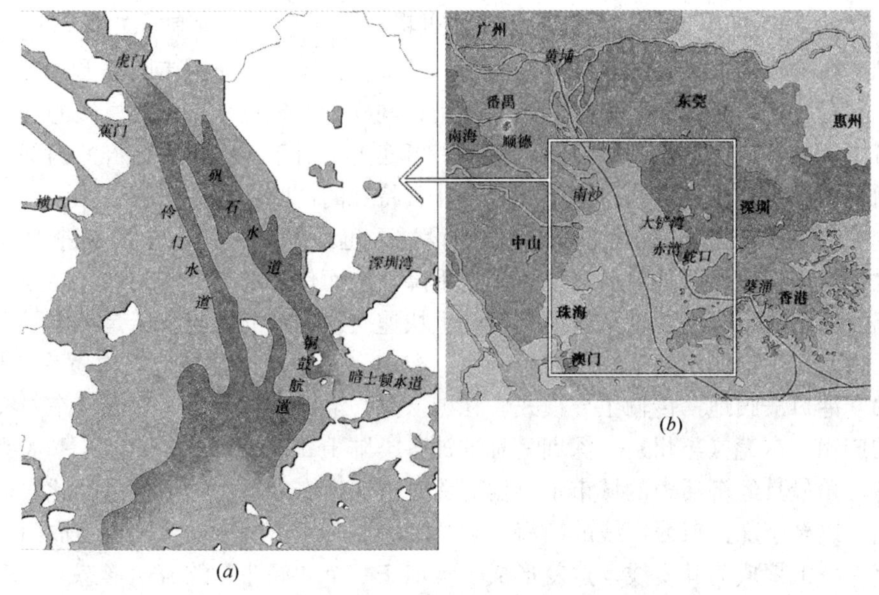

图 2-16 （当前）珠江口深水港及深水航道分布图
（*a*）珠江口海区深水航道图（深色区域表示深海区）；
（*b*）珠江口海区各城市深水港分布图（深色线条表示深水航线）
资料来源：作者参考《中国南海中心城市：广州的崛起》中
“珠江河口伶仃洋的水下地形”一图改绘

世界少有的天然深水港，由于位于珠江口，接近南海主航道，具备对华南、东亚和东南亚各港口的中转优势。广州基本上是河口港，黄埔是广州的外港，而广州出海至黄埔的航道容易淤塞，且广州比香港离南海主航道稍远；但是另一方面，广州位于珠江三角洲腹地，比香港更靠近整个珠三角的几何中心，又有发达的水陆道路通往各地。由于各自的地理优势，香港和广州长期以来便形成一主外、一主内的海港口岸分工和与此有关的城市经济特色，并在此基础上发展成为华南最重要的两大城市，共同扮演着区域经济龙头的角色。

2.3.3 城市群交通格局中的陆路口岸

珠三角城市群交通格局中的陆路口岸主要包括穗港直通口岸以及深港及珠澳边界沿线的系列口岸。

回归祖国后，港、澳与祖国大陆之边界已从“国界”转变为介于“国界”与“省界”之间。其政治经济制度、货币制度等均保持不变，而且是独立的关税区与经济利益个体。因此珠三角与港、澳之间的人流、物流往来，须通过口岸方能实现联系。在“一国两制”背景下、这种兼具“国际”、“城际”双重身份的口岸，已成珠三角城市群独有的事物与现象。

前文提出用“三核”、“两带”来概括珠三角城市群格局。我们可以看到，在构成“三核”的三大都市圈中，深港都市圈与珠澳都市圈的形成都离不开这些“一国两制”口岸的维系作用；同样，在珠三角东、西岸线的城市带中，这些口岸也是不可或缺的环节。事实上，对于珠三角城市群的内部交通网络系统来说，这些口岸已经成为非常特殊的“闸”与“纽带”。

改革开放后珠三角的城市交通建设进入迅猛发展时期，尤其是进入21世纪以来，内河及近海航运地位渐渐下降，取而代之的是高速公路、高速铁路、城市轨道交通、城市快速路等陆上快速交通方式的兴起。于是形成了水运（尤指远洋深水航运）以外贸为主、公路（尤指高速公路）以内贸为主[1]的“港口—腹地”传输主导模式。在穗（深）港通道的沿途，珠江口东岸线的广州—东莞（惠州）—深圳—香港被各类陆上快速交通串连起来，[2]成为珠三角最具经济活力的城市带。穗（深）港通道在珠三角的地位是如此之突出，以至于珠江口西岸线的南海、顺德、中山等城市的运输线路也由虎门公路大桥汇聚成为其支线。这就形成了类似于一个“漏斗”的流向形态——珠三角出入境的人员物资运输线路都向着穗港通道汇聚，最终来到深圳这个作为“承转带”的口岸通道城市，并经由深港口岸到达香港这个国际商贸中心与航运中心（这种流向形态也最终决定了深港口岸与珠澳口岸间的巨大反差。）

2.4 本章小结

本章分析了珠江三角洲口岸发展的地理背景、历史背景与当前交通格局背景，其中诸多信息与知识要点都与此后各章主体内容有着密切的关联。本章对于这些三方面背景所进行的系统梳理，为接下来研究当代珠江三角洲口岸建筑的当代发展做好了背景知识的铺陈与准备。

---

[1] 陈广汉．《粤港澳经济关系走向研究》．广东人民出版社．2006．p231。

[2] 公路方面主要如：107国道与广深高速公路，205国道与惠盐高速公路，……。

第3章　新中国成立初期至改革开放前：初始时期的口岸建筑

在新中国成立初期至改革开放前这30年间，中国几乎断绝了与世界的交流与往来，又经历了“文化大革命”等动荡非常时期，口岸开放事业发展几乎全面停滞。但是在此期间珠江三角洲的口岸建筑及其地段仍然有着不可忽视的发展。本文将此时期喻为“初始时期”，并单列为一章进行研究分析。

3.1　社会空间视角下的要素分析

3.1.1　政治空间要素分析

1949年，中华人民共和国成立，新中国采取了较为强硬的外交立场：1）宣布废除清末以来帝国主义强加给中国的所有不平等条约；2）收回了所有沿海沿江口岸的海关税权、航海权、海上贸易权；3）除香港和澳门外，昔日被割让的国土主权都被相继收回。

由于当时社会主义阵营与西方资本主义阵营的敌对关系，新中国遭到了帝国主义西方世界的全面封锁。国内外形势及国家安全条件的紧张状态，迫使新中国在经济建设布局上，采取了“重内地、轻沿海”的谨慎经济战略措施。而且在当时高度集中的计划经济体制及“左”的思想影响下：一方面，错误地估计了阶级斗争形势，将沿海地区作为“阶级斗争的前哨”，使其经济活动长期处于受限制的状态；另一方面，强调自力更生、自给自足，抵制与西方世界的经济、文化交流。

新中国成立初期的这种背景造成口岸发展的停滞，珠江三角洲地区更是首当其冲。作为中国的南大门和“海防前线”，珠三角地处大陆前沿，毗邻港澳，故一向被看成是“西化”和“资本主义化”的敏感地方。长期以来不是国家政府经济计划发展的重点地区，城市的发展受到长时间的抑制，处于一个缓慢的水平。[1]

对于实行资本主义的英属香港、葡属澳门两地，新中国成立后也采取了“隔离戒备”的“屏蔽边界”政策，切断了彼此之间的诸多联系。其实粤港之间，早在1911年和1938年，广九铁路和省港公路就已分别建成通车，并在罗湖与文锦渡两处分别设立了关卡。1949年10月，中国人民解放军宝深军事管制委员会接管了这两处关卡，内地与香港双方随即互相封锁边界。1950年，中国公路局又规定香港汽车无内地牌照不准入境，经文锦渡口岸

---

[1] 周霞.《广州城市形态演进》.华南理工大学博士论文.1999.p99。

进出境的省港公路汽车运输因此停止，随即广九铁路也因政治动荡而中断。广九铁路与省港公路这两项跨境交通的停运，是闭关锁国时期的一个写照，是政治空间要素至高地位的体现。

3.1.2 经济空间要素分析

自近代开埠以后，中国的外贸中心便由珠江三角洲移至长江三角洲，从广州移至上海。但是，由于在新中国成立后至改革开放前的几十年间，中国先是推行闭关政策，而后又经历“大跃进”、“文化大革命”等动荡时期，众多口岸城市的发展普遍受到压制。这段时期的上海，不再是东方经济贸易大港和全国财富的汇聚中心，而是成为全国建设的技术和资金支持中心，因此发展开始缓慢起来。正是在这个时期，香港接替了上海的东方大都会角色，得以逐渐繁荣。而在新中国成立之初，香港的经济水平与地位是不如上海，甚至不如广州的。

到20世纪60年代以后，香港连同新加坡、韩国、中国台湾都抓住了有利时机，先后推行出口导向型战略，利用优越的地理位置和质高价廉的劳动力资源，重点发展劳动密集型的加工产业，实现了从消费城市向工业城市的转变。在短时期内实现了经济的腾飞，被称为“亚洲四小龙”，引起了全世界的关注。

在这一时期，香港虽是中国内地与国际市场中转联系的唯一通道，但其作为中国内地转口港的地位和整体经济还是受到了打击，从而被迫开始了工业化进程。在二战之后的30～40年间，香港从一个规模不大的转口商埠迅速发展成为一个以港产品出口为主的自由港和一个工业化、现代化水平较高的国际大都市。

而澳门，虽然因为明朝开始的海禁一度独享华洋贸易，成为繁荣贸易港，但在“五口通商”之后随着香港的崛起而一落千丈。20世纪70年代澳门又曾以其开放政策和劳动力成本优势，吸引了大量香港制造业资本的进入，制造业的发展到80年代之前达到了顶峰，甚至超过博彩业而成为产业结构中的龙头。

总之，在20世纪60年代以来的国际国内形势的双重作用下，香港、澳门的经济持续高速增长，城市和市政交通的建设全面超过了大陆各城市的发展水平，与邻近的珠江三角洲地区形成了明显的经济梯度和产业落差。[1]

3.1.3 行为空间要素分析

新中国成立以前，虽然香港割让给英国已近百年，但大陆与香港之间的民间往来尚为自由开放的状态。但是在新中国成立后至改革开放前的这段时期，珠江三角洲因为邻近港澳而成为资本主义前沿地，加之偷渡、外逃和走

---

[1] 熊国平.《当代中国城市形态演变》. 中国建筑工业出版社. 2006. p186、p189。

私现象较为严重，基本处于戒备森严的状态。不过尽管这种相互封锁长达30年，珠江三角洲地区仍然一直保留着两个“准”对外开放窗口。一个是在广州举行的每年一度的进出口商品交易会；另一个就是广九铁路在深圳河跨界位置的罗湖桥❶（图3-1）。这种特定背景下的特定现象，与明清海禁时期广州几度成为唯一通商口岸的那段历史形成让人深思的对照。

1959~1973年的广交会会址，位于海珠广场西北面。1958年12月动工兴建，1959年9月竣工。

1978年的罗湖桥。罗湖桥建于1909年，曾多次扩建重修，长44，宽20，桥中间为分界线，是广九铁路和港客出入的通道。

图3-1 广交会与罗湖桥——改革开放之前的两个对外联系窗口

资料来源：http://www.da.gd.gov.cn/webwww/exhibition、http://www.shenzhenmuseum.com

以深圳罗湖口岸为例。在计划经济体制下的30年期间，深圳成为了政治性的国防前哨，城镇建设与口岸发展缓慢甚至停滞，倒是绵延不绝的偷渡潮使这个边陲小镇名扬海内外，❷惟罗湖口岸自1950年7月被中央人民政府批准开放后，一直肩负着大陆与香港之间的联系通道作用。根据1951年公安部发布的《关于管理往来港澳旅客的规定》，往来香港的旅客持公安机关签发的通行证可由罗湖口岸出入境（通关者乘火车前来，然后下车从罗湖桥步行进入香港）。罗湖铁路桥，既是侨胞们返乡探亲的必经之地，又是内地供给香港鲜活产品“三趟快车”的交通咽喉。自1960年代起，“三趟快车”每天都经过罗湖桥进入香港，被誉为保证香港供应的“生命线”，几十年来，历经文化大革命时期都不曾中断。“生命线”与“东江水”是内地对香港的重要支持，也是回归之前，香港市民对内地最深刻的记忆之一（图3-2）。

而在连接澳门的拱北关闸口岸，情况也有类似之处。几十年间，供给澳门鲜活产品物资的“绿色通道”也一直保持着通行，给予澳门重要支持。

---

❶ 何博传.《珠三角与长三角优略论》.《经典大家为广东说了什么》. 广东人民出版社. 2006. p307。

❷ 参见网页文章《走过深圳百年故事》：从50年代到深圳建市前，宝安县偷渡到香港的人近30万，接近1979年建市时宝安县人口的总和。

解放初期罗湖桥头现场查验情况。

60年代供港鲜活产品“三趟快车”。

20世纪70年代被遣返回内地的偷渡者。

1979年的罗湖桥头等候查验过境的旅客。

图 3-2　罗湖口岸是新中国最早并一直持续开放的口岸

资料来源：本书编委会.《深圳口岸百年沧桑 1900～2000》.2000. p55、p65

3.2　初始时期社会空间要素作用下的物质空间分析

新中国成立后，由于当时的国际形势，错误地以阶级斗争为政治纲领并采取了闭关锁国政策。因此在 1979 年改革开放、主动打开国门之前，中国口岸建筑的发展还基本限于个别分布于港澳边境的国防边哨，政治和军事意义远远大于交通、经济意义。而这些临近港澳的边境口岸，也成为新中国最早开放并一直延续下来的口岸。罗湖与拱北这两个历史最长的口岸就是其中代表。

3.2.1　口岸建筑的形成

正是在早期的罗湖口岸，见证了当代陆路口岸建筑从无到有的诞生过程。

罗湖口岸的历史可以追溯到 1898 年中英政府签署的《拓展香港界址专条》，英国侵占新界后，中英边境的关卡从九龙后撤到今深圳河北侧。1900 年，深圳河税收关厂建立，罗湖及沙头角设立了最早的两个口岸（当时称“关厂”），这便是罗湖口岸百年沧桑历史的开端。1911 年广九铁路通车时，横跨深圳河两界修建了一座木质铁路桥（由詹天佑担任工程顾问），铁路桥的桥面用油漆画了一道粗粗的红线，便是中英分界线。20 世纪 40 年代初，日本侵略军占领广州、深圳之后，曾虎视眈眈地在罗湖桥头与驻港英军对峙，不久香港沦陷，九龙海关随即被日军把持（图 3-3）。

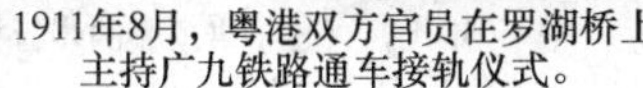

1911年8月，粤港双方官员在罗湖桥上主持广九铁路通车接轨仪式。

20世纪40年代初，侵华日军在罗湖桥头与驻港英军对峙。

图 3-3　解放前罗湖桥旧照

资料来源：深圳市人民政府口岸办公室.《深圳口岸》.1998. p26

新中国成立初期，中国人民解放军接管了九龙海关，1950 年，罗湖口岸开放。作为政治性的国防前哨，罗湖桥上搭设了边境关卡，两侧各有中英边防驻军把守，戒备森严，罗湖桥既是铁路桥，又是内地与香港之间人员步行往返的唯一通道[❶]（图 3-4）。当时的过境者就在铁路桥上露天排队等候查验过关，口岸采用行李随人、逐个检查和“初复检两次开包”的查验方式。

新中国成立初，罗湖桥戒备森严。

过境者就在罗湖桥上露天接受查验。

图 3-4　解放初罗湖桥旧照

资料来源：《深圳口岸》. p27

随后的 20 世纪五六十年代，铁路与人行通道分开，步行桥上搭起了顶棚以遮风挡雨，查验方式也变为“过筛式一次查验”（图 3-5）。不过查验工作仍

❶ 经文锦渡口岸的省港公路 1950 年起停运，此后只剩罗湖口岸一处联系香港，直至 1979 年文锦渡口岸重新开放。

然是在桥上进行，一些口岸的功能用房陆续兴建，不过仅限于一些木板屋顶的简陋砖房。真正意义上的口岸建筑诞生于20世纪六七十年代，三层的罗湖口岸联检楼建成投入使用，查验功能得以转移至口岸联检楼内，步行桥从此只需作为通道，此举使口岸完成了从设施到建筑的转变（图3-6）。

20世纪50年代，香港同胞往返内地探亲排队等候查验。

60年代，兴建了带顶棚的步行桥。

图3-5　20世纪五六十年代的罗湖桥

资料来源：《深圳口岸百年沧桑1900～2000》. p22

20世纪50年代罗湖口岸。

60年代罗湖口岸。

70年代罗湖口岸。

图3-6　深港罗湖口岸早期变迁

资料来源：《深圳口岸百年沧桑1900～2000》. p20

而拱北口岸至今更是已有100多年的历史。1849年，长期踞于澳门岛的葡萄牙人借中葡签订《北京条约》之机单方面宣布占有澳门的永驻权与管理权，并在拱北和澳门之间建筑城墙设置拱门闸口，闸口北面称为上关闸，南面为下关闸。光绪十三年（1887年），清政府在拱北设置关口，并以当时该地区的标志性建筑拱桥的“拱”字和著名地点北岭的“北”字定名为拱北关（口岸）（图3-7）。

新中国成立后接管了拱北海关。但在改革开放之前，口岸设施简陋，出入境旅客及车辆也很少。曾建有6层高的关闸口旗楼，其顶端悬挂着中华人民共和国五星红旗，与对面葡萄牙人于1849年设卡建造的拱门之间为一条约50m左右的狭长缓冲区所隔。

3.2.2 初始时期口岸建筑设计分析

在初始时期，珠三角乃至整个中国都极少与世界各国往来，仅与港澳两

图 3-7　旧画中的拱北关闸拱门

资料来源：http：//bbs. qoos. com/v iewthread. php? tid=1434118& extra =page%3D6&page=1

地存在少量接触。也正因此，罗湖与拱北两口岸的口岸建筑还是经历了从无到有的发展过程。不过这个时期口岸建筑的人流通关功能，只面向港澳同胞的返乡探亲，而且还被加以严格的管制，内地居民前去港澳几乎是完全被禁止的。并且在这个时期的物流往来上也几乎没有正常贸易可言，基本限于供港、供澳的鲜活物资补给。

“建筑是石头的史书”，反观这一时期的口岸建筑，既真实地写照着新中国成立初期的建筑风潮与建造技术水平，又反映了那个困难时期的经济实力以及对口岸工程建设的投入力度。以 20 世纪六七十年代的罗湖口岸联检楼的建筑造型为例进行分析。根据现存的历史图片，可以看到当时的罗湖口岸联检楼高 3 层，为砖混结构，尺度较小，体量方正。建筑实体的形体较为墩厚稳重，注重室内外的隔绝，此举暗合了建筑的“边境要塞”身份。在建筑造型上采用青灰色调，基座、墙身、灰绿色假坡檐口构成古典三段式的立面构图，并运用了壁柱、斗栱、花格漏窗、檐口升起、额枋等中国传统建筑造型语言（图 3-8）。

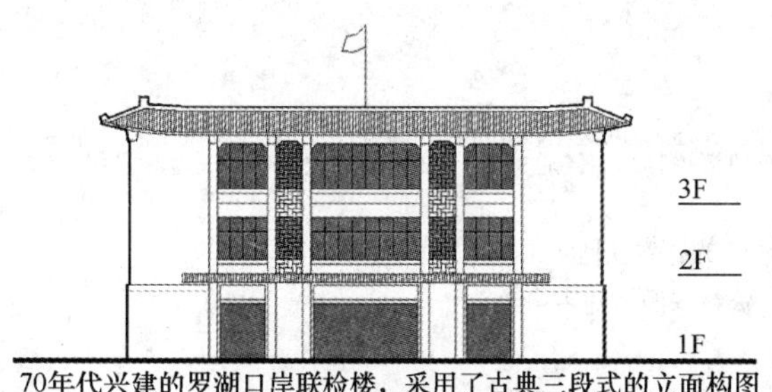

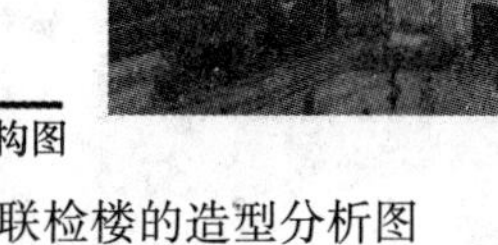

图 3-8　20 世纪 70 年代罗湖口岸联检楼的造型分析图

资料来源：作者参考现存照片自绘

在初始时期，这些最早期的口岸地段都位于邻近港澳的边陲小镇，这些口岸的设置必须要符合“屏蔽边界”的需要。因此口岸建筑及其地段颇具“边境军事要塞”的特色：行政“管制”占据主导地位，通关“疏导”为次要作用；通关场所设施简陋，查验手段却原始而严格。不过在这段时期，随着通关往来需求在起起落落之中的长期存在与发展（表 3-1），口岸建筑还是由此完成了从“设施”到“建筑”的衍生，其建筑与规划设计也在基本的功能流程原理之下有着一定的发展（图 3-9）。

改革开放前后深圳口岸出入境人员阶段性总数对比（1950～1997 年）

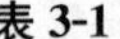

表 3-1

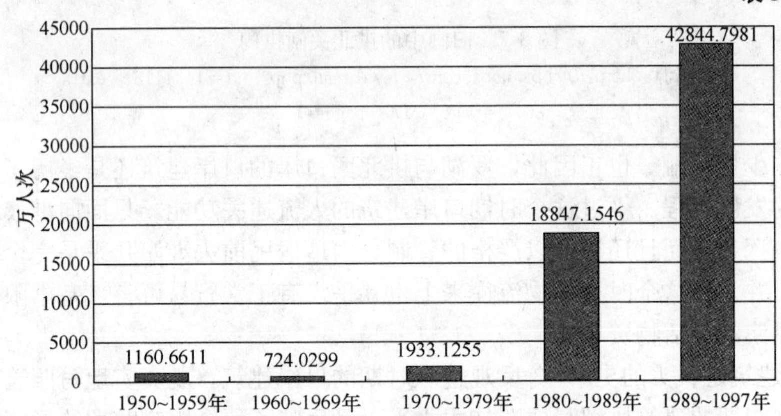

资料来源：作者编制，数据选自深圳市口岸办公室《深圳口岸》. 1998. p35

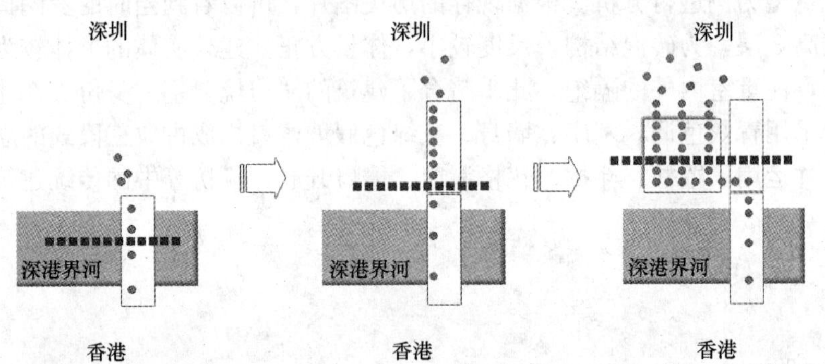

图 3-9　口岸建筑的衍生过程（以罗湖口岸为例）

资料来源：作者自绘

3.3 本 章 小 结

本章分析了建国后至改革开放前的口岸建筑发展，以图文并茂的形式尽可能真实地描绘了当时的情况与场景。首先从社会空间的视角之下，分析了这个时期内来自行政、经济、行为这几个方面的影响要素；随后分析了在这些社会空间要素作用之下的物质空间，以罗湖口岸为例回顾了口岸建筑的诞生；并从功能与造型分析其发展情况，指出“屏蔽边界”是该时期口岸最首要的作用和最显著的特征。

最后，针对口岸发展的初始时期，我们运用社会空间钻石模型（参见本文 1.4.2 部分中的介绍）来概括并分析各社会空间要素的情况与特征（图 3-10）：

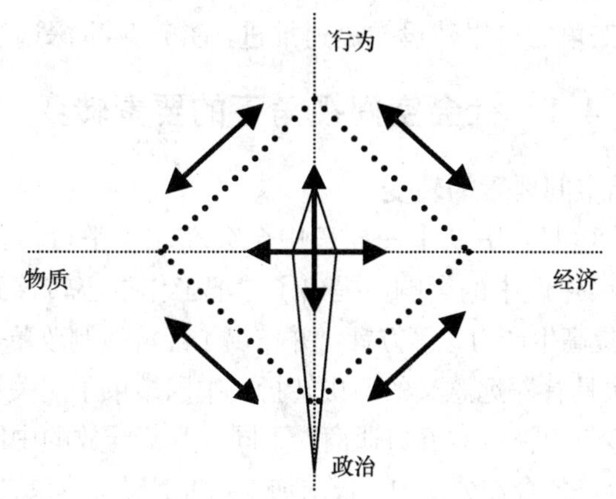

图 3-10 初始时期口岸发展的社会空间钻石模型示意图

资料来源：作者自绘

1）政治空间要素。由于改革开放前紧张政治局势，珠三角被视为“资本主义前哨”，在其口岸发展中，政治空间要素被置于一个至高的地位。其占据的权重远远超过了其他各方面要素，也使得口岸建筑呈现出戒备森严的运行态势。

2）经济空间要素。由于改革开放前错误地以阶级斗争为纲，经济与贸易的发展受到了严重的压制。因此经济空间要素在各社会空间要素中所占的权重非常之小。

3）行为空间要素。由于内地与港澳之间的人缘与地缘关系，彼此之间一直保持着人员与物资的往来。不过往来行为的内容基本限于港澳同胞返乡探亲和供港澳两地鲜活产品的物资运送。

4）物质空间要素。改革开放前政治、军事意义的突出地位，以及当时中国的经济水平与建设水平，决定了口岸建筑及其地段虽然有发展，但是建设的投入非常有限，整体面貌非常简陋。因此物质空间要素在各社会空间要素中所占的权重非常之小。

第 4 章 改革开放后至港澳回归前：发展时期的口岸建筑

改革开放后至港澳回归前，是中国内地市场逐步开放的时期，也是当代中国的命运走向发生根本转变的时期。正是在这个时期，珠江三角洲走到了改革开放的时代前沿。"开放"必将会催化口岸事业的发展，在国家政策的强力支持下，珠三角的口岸建设被迅速推进，并产生了深远的影响。

4.1 社会空间视角下的要素转变

4.1.1 政治空间要素的转变

1978 年 12 月 18 日，中共十一届三中全会在北京举行。会议纠正了此前"左"的思潮在各项建设中的影响，提出了"把工作重心转移到经济建设上"、"实现现代化"、"提高生产力"等方针，并作出了经济体制改革和对外开放的重大决策。这是一次具有深远意义的历史转折，中国结束了闭关锁国，再次敞开了国门。与 100 多年前被迫"五口通商"不同，改革开放的中国是主动打开国门，参与到世界经济的合作分工中，谋求加入到世界经济体系之中。

1982 年 8 月，由广东省先行，在中国东南沿海创立了深圳、珠海、汕头、厦门四个经济特区。❶ 随后的 1984 年，又开放了广州、天津、大连、湛江等 14 个沿海城市。首批开放的四个经济特区中，有三个属于广东省，两个属于珠江三角洲地区。珠三角抓住了时代机遇与政策优势，成为改革开放的先行试点，担当起进行这一伟大实验的责任，同时也在短短二三十年的时间内，在经济建设与城市建设上都取得了巨大的成就，开始从"鱼米之乡"、"桑蚕之乡"向全国乃至世界性的制造业基地转变。❷

珠江三角洲地区之所以能够在改革开放大潮中赢得先机，主要原因来自下面两个方面：

首先，是因为珠江三角洲在地理与历史人文方面的地缘优势。

改革之初创办经济特区的其实际操作，乃是选择几个具备口岸建设条件的城市给予政策上的扶持。因此，新设立的经济特区城市与近代以来诞生的商埠城市之间有着明显的对应传承关系——广州自古就是中国对外贸易的重

---

❶ "经济特区"，是在国内划定一定范围，在对外经济活动中采取较国内其他地区更加开放和灵活的特殊政策的特定地区。在我国，是中国政府允许外国企业或个人以及华侨、港澳同胞进行投资活动并实行特殊政策的地区。

❷ 陈广汉．《粤港澳经济关系走向研究》．广东人民出版社．2006. p5。

要海港城市，中古时代曾是海上丝绸之路的重要通道，明清时期还曾几度“独口通商”，每年一度的进出口商品交易会则继续扩大着这个城市的海外知名度；深圳、珠海两个经济特区紧贴香港、澳门这两个自由港城市而设，本身也有着临近南海之滨的航运优势；汕头、湛江、厦门虽不属于珠三角，但也都是在近代开埠、并有一定发展基础的港口城市。除航运优势外，毗邻港澳的珠江三角洲还是全国著名的侨乡，具有吸引资金、汲取市场信息的便利与优势。珠江三角洲的这些发展外向型经济的优势，决定了它最容易接受、也最有条件试验发达国家（地区）的先进技术和管理方法。

然后，还因为改革开放之初尚不明朗的特定政治形势。改革开放前的30年封闭时期，大陆和港、澳、台之间形成了明显的经济级差。港、澳两地自开埠之后就一直实行贸易自由港政策，香港位列“亚洲四小龙”，同世界各主要发达国家有着密切的联系往来。中国要打开国门，要走向世界，就不能不利用港澳这两条国际通道。但是在改革开放之初，当时的领导者既希望开放能够带来经济发展的契机以及国外先进管理、技术经验，又担心资本主义会给我国带来不良影响。❶ 所以中国采取的是渐进式、局部开放式的路线：首先选择在东南沿海搞经济特区，因为位于东南沿海的广东与福建两省，农业相对贫困，在国民经济中所占的比重不大，一旦失败也不会影响大局。据此，也就不难理解在20世纪80年代兴办经济特区之初采取的“封闭式”隔离管制策略——1980年，在深圳建市之初，中央政府在深圳与香港接壤一侧划出327.5hm^2的范围设立经济特区，实行特殊政策，掀开了深圳城市空间快速发展的序幕。特区与非特区之间的“二线”隔离带，使特区内外分别称为“关内”与“关外”，中国内地居民须办理特区边防证才能出入特区；而珠海市的前身珠海县早在1955年就已被划定为边防区，并设立上涌、下栅边防检查站以实行边防证制度（图4-1）。

1982年6月，深圳特区和非特区之间修筑了一道84.6km、高2.8m的铁丝网，沿途共有90km武警执勤岗楼，10个检查站。这种做法在当时被喻为“中国柏林墙”。

图4-1　1982年，修建中的深圳特区隔离“二线”

资料来源：http://www.bfpolice.com/photos/sh/200812/23555.html

❶ 熊国平.《当代中国城市形态演变》. 中国建筑工业出版社. 2006. p235。

此外还有两个政治事件对这段时期的珠江三角洲口岸发展产生了较大影响：

其一是1984年12月《中英关于香港问题的联合声明》的签订。在改革开放之初，中英双方关于香港回归问题的谈判尚未完成。选择在邻近香港的深圳搞经济特区，还有一层用意就是如果谈判失败、香港不能顺利回归祖国，那么就将深圳特区建设成为中国自己的国际贸易自由口岸，即“取代型”的预备方案。所幸经过10多轮的艰苦谈判，香港最终确定于1997年回归祖国。香港回归确定之后，澳门的回归也迎刃而解。❶ 港澳归期的明确，从政治上稳定了人心，促进了珠江三角洲与港澳的紧密合作。

其二是1992年初邓小平的南巡讲话。邓小平南巡的重要两站就是深圳和珠海，他的“发展才是硬道理”等观点对中国90年代的经济改革与社会进步起到了关键作用。邓小平还视察了深圳皇岗口岸，并登上皇岗－落马洲大桥的桥头哨岗远眺香港，许下“有生之年能去香港看看”的愿望。

总之来自政治空间的因素，对于珠三角地区的口岸建设，尤其是深港及珠澳之间联系口岸的建设起到了尤为重要的决定作用。而且其影响与作用对于深港及珠澳两部分口岸来说具有一定的趋同性。

4.1.2 经济空间要素的转变

第二次世界大战结束后，世界经济一体化进程加快。世界发展的趋势表明，任何国家的发展特别是经济的发展，都不能人为地割裂生产和消费的国际联系，而只能积极地利用这种关系为本国的发展服务。进入70年代以后，这种大趋势比以往任何时候都更加突出，都更加引人注目。中国的改革开放也正是在这种国际关系走向缓和、世界经济一体化加快的背景之下启动的。

改革开放之前，“港澳台的经济繁荣近在咫尺，咄咄逼人，继续闭关自守已不现实，如果放弃与之合作的机会，放弃对其资金、技术、管理经验的利用，也等于错失良机”，❷ 在内地与港澳的巨大经济级差的促成之下，珠江三角洲地区率先开放，与港澳两地之间经济联系逐渐密切。

（一）珠三角与香港的经济联系

改革开放之初的80年代，国际气候在支持和容纳出口能力上已经不像几十年前“亚洲四小龙”腾飞时期那样有利，但是珠江三角洲地区的经济仍以迅猛速度发展，之所以能如此，来自香港的支持与密切联系是一个重要的原因：

1）纵观世界上“以港兴城”的成功历史，一个城市、一个国家的崛起，莫不依托于优良的港口。阿姆斯特丹、马赛、新加坡等均因港口而兴旺发

❶ 1974年葡萄牙国内爆发了“四·二五”革命，里斯本方面宣布放弃殖民主义，已有意改变澳门的性质，承认澳门是中国领土，但由葡国管理的地区。

❷ 易中天．《读城记》．《经典大家为广东说了什么》．广东人民出版社．2006．p322。

达。香港踞亚太地区之要道，扼太平洋和印度洋航道之要冲，地处东西方交通之枢纽，是远东地区的贸易中心，也是世界上最大、功能最多的自由港之一。改革开放以来，成为我国进出口贸易和对外交往的主要国际通道。香港既是一条与世界各大国之间的联系捷径，又是不同社会体制之间的联系缓冲。而香港对内地的转口贸易的骤然增加，不仅为香港直接创造了很高的利润，还直接刺激了香港金融业、航运业和服务业的发展。❶（图 4-2）。

1991 年，香港葵涌货柜码头大批货柜整装待发，其中多数货柜来自珠江三角洲。

图 4-2 （1991 年）香港葵涌货柜码头
资料来源：傅高义．《广东起飞的特点》．《经典大家为广东说了什么》．广东人民出版社．2006. p297

2）香港拥有很高的管理技能、发达的金融业和服务业。更重要的是，香港还拥有四通八达的技术信息网可以通往世界各地市场。改革开放初期，珠江三角洲的以桥养桥、以路养路、土地批租、负债经营……“以香港为师”成为 80 年代珠江三角洲地区经济开发的成功经验。

3）香港在经历了 20 世纪 60 年代和 70 年代经济快速发展之后，自 1980 年开始出现了劳工短缺、土地昂贵等高成本压力和来自东南亚廉价生产基地的市场竞争压力。而珠三角率先进行的一系列政策改革，提供了诸多有利条件，尤其是廉价的土地和来自内地的广大廉价劳动力，吸引着香港资本的大量注入，也吸引着香港制造业（主要是劳动密集型的轻型加工业）从 1980 年起大量向邻近的珠江三角洲地区转移。许多企业为降低成本来此投资办厂，起到外引内联的作用，并形成了“前店后厂”❷ 式的产业一体化体

❶ 王荣武，梁松．《广东海洋经济》．广东人民出版社．1998. p293。

❷ 改革开放以后，香港制造业向珠江三角洲转移，把生产和制造的部分放在了珠三角，而接单、原材料采购、产品开发、品质管理、市场推广、销售等部分仍留在香港。这种合作模式被称为“前店后厂”，珠三角是“后厂”，香港是“前店”，双方彼此紧密合作。越来越多的生产线被搬到珠三角，利用内地廉价的土地资源和劳动力资源进行低成本生产，然后通过香港把产品销往欧美。

系和“三来一补”的加工贸易模式。这种合作拉动了珠三角的经济，也拓宽了香港的发展空间。据统计，至1995年，香港主要制造业已有大约80%以上的工厂或加工工序转移到了广东，其中转移到珠三角的占了94%。

（二）珠三角与澳门的经济联系

在20世纪70年代澳门制造业发展曾一度兴盛，但随即中国内地的对外开放又使香港资本大量从澳门抽出并流向珠三角，造成了澳门经济90年代的衰退。[1] 澳门既不同于珠江三角洲地区，能以其大量的低廉劳动力与巨大的市场潜力，在全球经济以及亚洲经济体系中担当着世界制造业的主要加工基地的角色；又不同于香港，能以其服务业的产业聚集以及高水准的竞争力，充当亚太地区重要的服务中心。因此，旅游博彩业再度成为澳门经济最主要的产业支柱。

虽然作用和香港无法比拟，但是来自澳门的投资仍然在珠江三角洲的外资引进中占据了一定份额。如1986～1992年期间，澳门通过珠海在广东投资项目1668个，实际利用外资5.76亿美元。这些投资主要集中于以珠海为主的珠三角西部城市。1992年，珠海引进外资15.85亿美元，来自澳门的投资占两成左右，1993年底，珠海共有三资企业3524家，其中来自澳门投资的有1254家，占了三成以上。[2]

（三）粤港澳经济联系对口岸发展的影响

总之，珠江三角洲与港澳地区在改革开放后的基于优势互补、互惠互利的合作关系，成就了双赢的局面。

香港、澳门的自由港制度优势得到了充分的发挥。香港顺利实现经济转型，成为国际性的金融、贸易、物流和商贸服务中心；澳门成为国际性的旅游中心和区域性的商贸服务平台。两地对珠三角地区的经济辐射与拉动作用逐渐发挥。据统计，从1980年开始，珠江三角洲地区集中接受了港澳地区80%～90%的制造工业转移，并且其所需的技术、设备及原材料等生产要素的70%～80%依靠港澳转口引进；而且珠江三角洲地区商品的80%也是通过港澳的海外转口贸易渠道实现。[3]

而毗邻港澳台及东南亚地区的区位条件使外向型经济成为珠江三角洲地区工业化、城市化迅猛发展的“催化剂”。[4] 珠三角迅速发展成为世界性制造业基地，建立起对外开放的先发优势。作为改革的“试验场”和对外开放

---

[1] 封小云．《澳门的经济发展与周边地区因素》．《回归后的澳门发展与粤澳关系研究》．香港汉典文化出版公司．2003. p36。

[2] 黄鸿钊．《澳门与珠三角的经济合作展望》．《回归后的澳门发展与粤澳关系研究》．香港汉典文化出版公司．2003. p332。

[3] 陈广汉．《粤港澳经济关系走向研究》．广东人民出版社．2006. p50。

[4] 熊国平．《当代中国城市形态演变》．中国建筑工业出版社．2006. p191。

的“窗口”，深圳、珠海两个经济特区成为我国国际资本高强度投入取得成功的典型。深圳从一个以农业为主，辅以渔业的小城镇，迅速发展成为新兴城市和对外贸易重要口岸城市，还初步形成了加工业为主的外向型经济格局。而正如澳门落后于香港，珠海也由于种种客观条件无法与深圳并驾齐驱。珠海与深圳的差异一方面造就了不同的城市风貌特色，另一方面造成了外向型经济发展的差距，这种差异也决定了深圳及珠海口岸建设发展的差异。

总之来自经济空间的因素，推进并影响着珠三角地区的口岸建设、尤其是深港及珠澳之间联系口岸的建设，不过这种推进与影响对于深港及珠澳口岸来说存在一定的差异性。

4.1.3 行为空间要素的转变

接下来从人流、物流通关以及内部管理这两三方面来分析珠江三角洲陆路口岸建筑发展的行为空间要素。

一、人流通关行为要素

1. 港、澳同胞回内地返乡探亲的通关内容得以延续，并在数量上不断扩大。其主要高峰出现在春节、清明祭祖、中秋团圆等节假日时期。同时分布在东南亚的海外华侨以及台湾同胞回内地探亲，也多取道香港或澳门进入中国大陆境内。

2. 以珠江三角洲地区为首的中国内地市场在改革之后逐步开放，而且由于经济级差的关系，内地的各类物价水平较之港澳地区要低出很多，这吸引了一批批港澳居民前来旅游、购物、品食、休闲等。由于改革之初珠三角地区的城市化刚刚起步，城市内部及城际之间的交通体系尚不发达，港澳居民的跨境消费行为大多体现出“就近消费”的特点。

3. 在港澳向珠江三角洲地区进行资本入注和产业转移过程中，必然会有众多港澳台商、管理人员、技术人员因工作或业务需要而频繁往返通关（图 4-3）。

图 4-3　20 世纪 90 年代罗湖口岸敞开式查验通道中的过境旅客

资料来源：《深圳口岸》. p94

4. 为方便港澳地区人员的通关与通行，在深港及珠澳公路口岸还开通了港澳籍车辆的两地牌业务，港、澳两地的小轿车及私家车，在办好两地牌手续及报关程序后，可以由口岸的小车通道驶入内地。

5. 其他还有一些关于政经、文体、学术、技术等方面的交流或访问，带来内地与港澳相互之间的人员往来。

6. 在改革开放之后，对内地居民前往港澳的严格限制开始有所放宽，允许内地游客在办理签证后以跟团旅游的方式前往港澳地区。香港、澳门这两个实行资本主义制度的殖民城市，长期采取自由港免税政策，经济发展水平与城市建设水平都领先于内地，而且香港是经济大都会，澳门是东方博彩中心。这些，对于经历了几十年闭关锁国的内地居民来说无疑是非常新奇、充满吸引力的。所以一旦限制放宽，内地游客对港澳游的热情便立即逐年升温，而且这种跟团旅游也往往在节假日达到通关流量的高峰（图 4-4）。

图 4-4　20 世纪 90 年代罗湖口岸等候查验通关的内地旅行团

资料来源：《深圳口岸百年沧桑 1900～2000》. p117

二、物流通关行为要素

首先，内地对香港、澳门两地的水源、鲜活物资的补给仍然保持不变。罗湖桥与拱北关闸一直是补给物资的运送通道。

然后，珠江三角洲地区逐渐发展起来的加工制造业尤其是对深港口岸带来了巨大的通关物流。前文已经指出当今珠三角地区外向型工业产品的主导输出路线——多数物流弃舟就陆由集装箱货柜车由高速公路向沿海深水集装箱港运送，货柜车流经深圳，通过深港之间的公路口岸，进入香港这个国际级的自由港、贸易中心和物流中心，由香港葵涌码头等大型集装箱港向世界各国运送。正是深港公路口岸的联系作用，成就了珠三角的加工制造业和香港物流服务业的共同繁荣，这些口岸的物流通关量也随之迅速攀升（图 4-5）。

三、通关管理行为要素

除通关的人流、物流之外，还有口岸办公室、海关、边检、检验检疫各大部门人员共同工作于口岸之中，这些针对通关的管理工作行为也是口岸行

图 4-5　皇岗口岸货柜车流

资料来源：深圳市人民政府口岸办公室.《深圳口岸》. 1998. p93

为空间要素的构成内容之一。其行为主要是对独立的分区和独立的流线提出一定要求（各部门的详细行为内容涉及保密需要，本文不作介绍）。

4.2　发展时期珠三角中心城市口岸发展概况

伴随着改革开放的进程，珠江三角洲地区的各类口岸项目如同雨后春笋般涌现，其中以广州、深圳、珠海的口岸建设最为显著、重要。因为地理区位关系，这三个城市还集中了珠三角几乎全部的陆路口岸。下面针对改革开放后至港澳回归前这段时期，以广深珠这三个中心城市为代表，分析其各自的口岸发展概况。

4.2.1　广州的口岸发展

位于珠江三角洲顶水点的广州，自 20 世纪 20 年代以来，就已逐渐成为区域性的经济中心。在经济联系和政治能量的双重作用下，广州在珠三角的经济空间中一向占有一个崇高的地位。[1]而在发展外向型经济方面，1984 年国务院批准广州依托黄埔港兴办经济技术开发区。这也是此时期广州的城市

[1] 吴松弟.《中国百年经济拼图：港口城市及其腹地与中国现代化》. 山东画报出版社，2006. p95。

总体规划的作用结果。[1]

但随着世界集装箱航运朝着船舶大型化的趋势发展，黄埔港的水深条件已难以满足越来越高的航道水深要求，为寻求 3.5 万 t 级航道的出路，广州将目光投向了虎门以下的伶仃洋的深水航道。于是在 1992 年南沙港被批准为对外开放一类口岸，1993 年广州南沙经济技术开发区成立。吸引了美国通用、德国巴斯夫和日本名幸电子等一批跨国企业进入开发区投资建设，香港的霍英东基金会也先后投资近 30 亿元建设南沙东部滨海新城，并建成以南沙客运港、货运码头、蒲洲高新技术开发区、南沙高尔夫球会、南沙资讯科技园等为代表的基础设施和项目，为南沙开发奠定了一定的基础设施条件和投资环境基础。不过由于距离广州市区较远，开发初期的南沙曾被称为“珠三角的西伯利亚”（图 4-6）。

图 4-6　广州黄埔集装箱货柜码头与南沙客运港

资料来源：http：//imgsrc. baidu. com/baike/pic/item/5d212aa8118ab4a2cb130ccd. jpg、番禺区档案馆网站

与同时期的香港、深圳相比，广州海港口岸航道条件欠佳，但是广州更接近经济腹地，具备快捷的海铁联运集疏运优势。在 1979 年 4 月，中断了 30 年的广九直通车恢复通车，穗港之间陆路直运通道的恢复大大方便了人员的往来。至 20 世纪 90 年代后，随着广州城市重心的东移，广九直通车也从广州流花火车站迁至广州东火车站中，成为广州与香港之间联系的重要口岸设施与联系纽带，其出入境通关客流量在广州各口岸中一直位居第一，直至 90 年代末，被广州白云机场的国际航班超越，但仍稳居第二（图 4-7）。

4.2.2　深圳的口岸发展

建市并成立经济特区后，深圳的城市职能就从政治性的国防前哨向改革开放的试点与窗口转变。毗邻香港，同时还拥有天然深水良港，这种独特条

[1] 在 1981 年的广州城市总体规划（第十四次规划方案）中，确定了城市主要沿珠江北岸向东至黄埔方向发展，从旧城区到天河地区再到黄埔地区，呈带状组团式的空间结构。参见：周霞.《广州城市形态演进》. 华南理工大学博士论文. 1999. p113。

20世纪50年代,广九铁路因政治动荡而中断,1979年4月,中断30年的直通车恢复通车,港督麦理浩主持剪彩

1997年香港回归之前落成的广州东火车站中的广九直通车

图 4-7　广州一九龙直通车

资料来源:《当代中国建筑师—郭怡昌》p41、http://press. idoican. com. cn/detail/articles/20081111404ZA015/

件使深圳成为珠三角乃至整个南中国的“口岸城市”。

1979 年深圳撤县建市，同年，国务院批准文锦渡口岸对外开放。省港公路在中断近 30 年后恢复了通行。文锦渡口岸一侧连接穗港 107 国道的零公里起点，另一侧通过公路桥连往香港，供来往车辆通行（图 4-8）。文锦渡口岸与 1950 年就已批准开放的罗湖口岸共同为深圳“罗湖-上步”组团带来了发展先机，每年 12km^2 的开发建设推进速度，❶ 使罗湖-上步及其周围商业办公和工业区获得了空前发展，对周围地区产生了明显的极化效应。

1979 年 7 月，香港招商局获准建设并独立经营蛇口工业区，深圳蛇口港口岸随之开通，1981 年，蛇口至香港的客运航线也正式通航。香港资本作用下的投资、规划、开发与经营，使蛇口工业区的开发成为深圳城市建设的最早开端（图 4-9）。

1984 年沙头角口岸开放。沙头角镇位于特区东部，北靠梧桐山，南临大海，西南毗邻香港。原是隶属宝安县的公社级小镇，同时也是一个外逃严重的边防禁区。改革开放之后，沙头角镇利用与香港新界一街相连的特殊地理条件，在经济上逐步开放，直接从新界引进外资、设备和原材料设厂办场，进行来料加工和来料养殖，并依靠“中英街”❷ 发展商贸业（图 4-10）。

综上可知，在深圳特区开发建设的初期，城市空间发展主要从蛇口、罗湖、沙头角这三个毗邻香港的区域发起，实施“据点式”开发策略，并借助特区内部交通及对外交通的发展，在三个“据点”之间形成外展交通性触

❶ 张勇强.《城市空间发展自组织研究——深圳为例》. 东南大学博士论文. 2003. p83。

❷ “中英街”是沙头角镇内一条特殊的小街，与香港新界相连，全长 250m，宽约 4m，街内立有界碑，但彼此之间桥路相通，店铺相对，居民自由往来，相互贸易。

1979年,文锦渡口岸开放

文锦渡口岸车检通道

图 4-8　文锦渡口岸及其车检通道

资料来源:《深圳口岸》. p44

1981年,蛇口港口岸开放

1985年,蛇口工业区门口的标语

图 4-9　蛇口港口岸与蛇口工业区

资料来源:《深圳口岸百年沧桑》. P134

1984年,沙头角口岸开放

1980年代,中英街的购物人群

图 4-10　沙头角口岸与中英街

资料来源:《深圳口岸》. p45

角，形成“三点一线”的城市空间格局。在这当中，来自香港的辐射作用是非常强势的——深港之间经济体制、发展水平、产业结构、生产要素价格等都存在巨大的差异（甚至是反差）。“边界效应”此时从“屏障”向“中介”转换，口岸成为来自香港拉动作用的“辐射孔道”。利用了与香港毗邻的空间级差和区位优势，利用了引进港资的边境导向，深圳特区建设取得了发展的先机，拉开了发展的基本骨架。

1984 年《中英联合声明》签订之后，深港之间的合作更加全面展开。至 20 世纪 90 年代，在经历了早期“据点式”的试探性发展之后，深圳的口岸与城市发展进一步铺开。这个时期，深圳作为经济特区的“对外吸盘效应”和“对内漏斗效应”已经开始弱化，这就要求特区淘汰那些市场需求趋于饱和、低档次的劳动密集型企业，代之以技术较先进、产品附加值较高、市场前景广阔和需求弹性较大的技术密集型企业（即“退二进三”）。1992 年底，宝安县制撤销，宝安、龙岗两区并归入深圳特区，在市场竞争和政府调控的双重作用下，传统工业企业得以纷纷迁出特区或让出繁华地段，特区在发展水平上开始向现代化国际性城市迈进，最早的罗湖商业中心区发展过密，已没有空间，于是城市发展建设的重心开始向未来 10 年开发建设的重点地区——福田区转移。

福田新区最南端临近香港的地块，是福田保税区[1]和皇岗口岸，这说明来自香港方面的辐射与拉动，始终是深圳发展不可或缺的外在动力，因此当深圳的城市发展建设重心开始向福田区转移时，皇岗口岸便作为深港之间的新联系通道而出现，并取代文锦渡口岸成为全国最大的（客货综合）公路口岸。

在“罗湖-上步”组团饱和之后，深圳的城市之所以向西而非向东拓展，主要是由自然地形决定。特区西部的地形为平原和低台地，适合城市建设；东部沙头角地区由于地势多山、港口陆域面积小，缺乏土地资源，加上特区内最高峰梧桐山的阻隔，增大了沙头角、盐田一带与市中心的经济距离。所以，虽然沙头角开发较早并有口岸与香港相连，东部地区却一直未进入真正大规模开发阶段，直到后来梧桐山隧道开通和盐田港开发建设后才有好转（图 4-11）。

1992 年邓小平南巡，让深圳的建设再次全面提速，盐田港的大规模开发正式启动。1993 年 12 月，连接盐田港与惠州、东莞等制造业腹地的惠盐高速公路全线贯通，1994 年，深圳盐田港一期工程投入运作。盐田港坐拥大鹏半岛和九龙半岛环抱的水域，是少有的天然良港，很快就迈入了中国沿海重点发展的四大国际中转深水港行列。凭借盐田港的建港条件，深圳迅速成长为华南地区的集装箱干线港，并与香港这个国际枢纽港在等级分工方面相配合，共同扼守珠三角甚至华南最重要的海运通道（深圳港在某种意义上可以说是香港港口的延伸）。

深圳与香港唇齿相依，两地在交通运输、人员往来、商品进出、资金交流等方面都十分方便。这种“近水楼台先得月”式的特殊条件，使得深圳的口岸

---

[1] 保税区是我国国务院批准的开展国际贸易和保税业务的区域，类似于国际上的自由贸易区，区内允许外商投资经营转口贸易、保税仓储和出口加工等业务。保税区实行的是“境内关外”的管理模式。根据分布位置，保税区有两种类型：一类是依托港口型保税区，另一类是依托边境口岸型保税区。

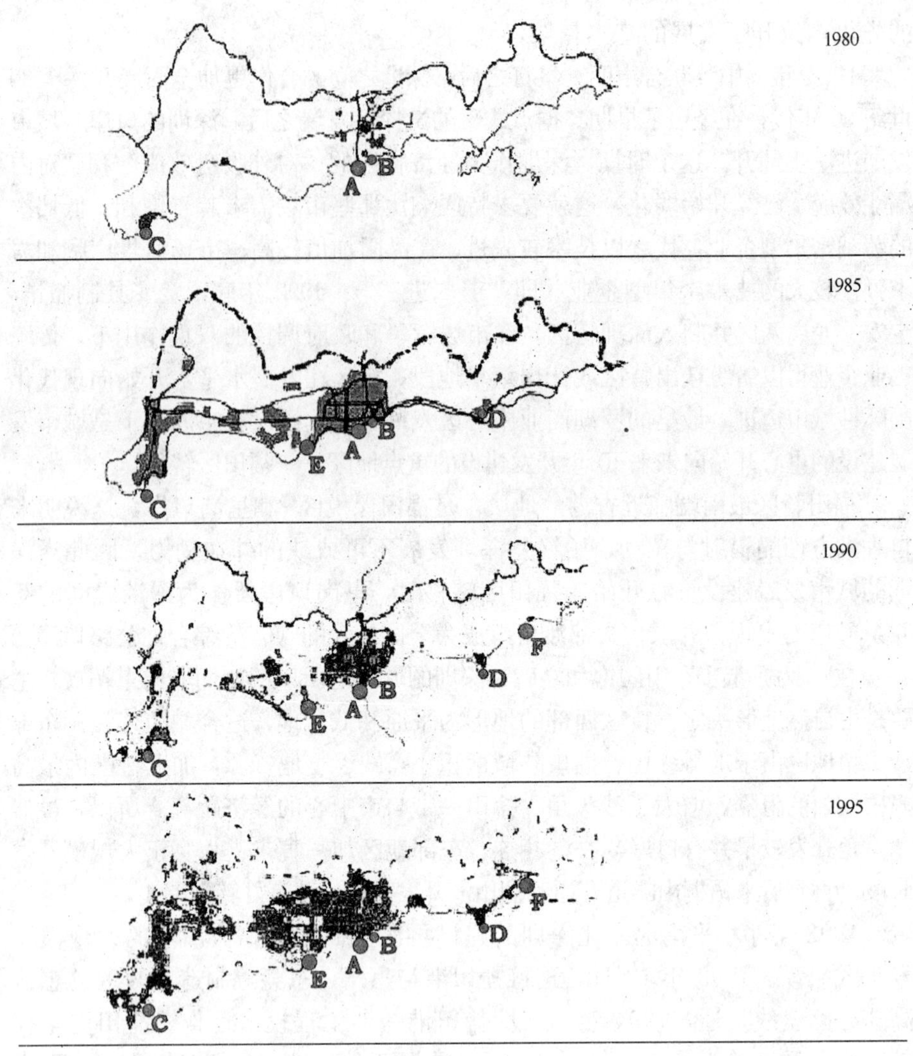

图 4-11　（发展时期）深圳各阶段的城市生长与主要口岸发展的联系对比

A—罗湖口岸；B—文锦渡口岸；C—蛇口港口岸；D—沙头角口岸；E—皇岗口岸；F—盐田港口岸

资料来源：口岸分析标注自绘，底图引自《城市空间空间发展自组织研究——深圳为例》一文

成为珠三角地区乃至整个中国大陆对外交往的重要门户。特区成立后，随着深港边界沿线各大陆路口岸的先后开通，出入境车辆及公路货运量急剧增长，出入境旅客数量也在高速增长；❶ 同时随着蛇口、赤湾、盐田、大铲湾等口岸的开

❶ 深圳及整个珠三角制造业（特别是很多设于珠江三角洲地区的外资企业）都通过陆路运输将工业产品经由深港口岸运抵香港，再通过香港这个全世界最大的自由贸易转口港输往海外市场，这种作业模式令深圳的几个主要口岸成为全国最为繁忙的陆路出境口岸。

通，出入境船舶以及海运进出境货物、集装箱呈直线上升。据表4-1统计，到香港回归的1997年，经深圳口岸出入境的人员7329万人次，约占全国出入境总人数的60%；出入境车辆882.6万辆次，约占全国出入境车辆的80%；进出口货物4636万t，占全国10.7%。其中由深圳口岸出入境的集装箱车辆所运载的进出口货物有60%是服务于珠江三角洲和内陆省市的。

1979～1997年深圳口岸历年出入境数量统计表　　表4-1

	出入境旅客(万人次)	出入境车辆(万辆次)	进出口货物(万t)
1979年	565.5	9.1	127.3
1980年	618.0	25.2	160.2
1981年	750.7	40.3	211.1
1982年	792.8	52.7	258.3
1983年	1012.3	73.6	351.3
1984年	1412.4	111.0	442.5
1985年	1847.2	162.9	665.5
1986年	2140.0	229.0	749.0
1987年	2570.7	318.7	1071.7
1988年	3009.3	377.9	1200.5
1989年	2758.0	436.0	1430.3
1990年	3017.7	486.3	1702.6
1991年	2416.8	556.7	2040.0
1992年	3978.6	619.6	2582.0
1993年	4095.0	679.4	3352.0
1994年	4428.6	738.5	3809.5
1995年	4790.3	850.1	4312.7
1996年	5436.7	853.4	4314.4
1997年	6417.6	882.6	4635.9

资料来源：深圳市人民政府口岸办公室.《深圳口岸》. 1998. p34、p38

4.2.3　珠海的口岸发展

1979年珠海建市，1980年成立经济特区。珠海与深圳分别邻近澳门和香港，同为最早的经济特区，都有成为区域副中心与对外联系口岸的条件。不过由于澳门的经济比较优势明显不足，又缺乏深水港口，无法与经济腹地形成紧密的战略联系，因此正如澳门落后于香港，珠海也无法与深圳并驾齐驱。

除了客观原因，在主观方面，珠海与澳门之间也缺乏区域性合作的共识，这直接体现在包括各类口岸在内的基础设施建设上。这从下列珠海城市定位的一系列调整历程就可以看出来：❶

1980年成立经济特区之初，珠海给自己的定位为建成具有相当水平的工农业相结合的出口商品基地，成为吸引港澳客人的旅游区和新型边防城市。

1984年，珠海将城市定位调整为“海滨工业商贸城市，以工业为主、

---

❶ 参见：金心异.《被自豪感和挫折感拉锯式折磨的珠海》.《南方都市报》.2008.9.17。

兼营农牧渔业、旅游业、商业综合发展”，但由于交通不便的制约，并没有像深圳那样吸引到大量香港迁移北上的制造业。

1988 年，城市定位被修正为：“花园式海滨工业商贸城市或高科技城市”。在经济发展战略决策上不再重视与澳门的区域性合作，而是强调西区开发，热衷“大工业”、“大港口”的发展。

此后的整个 90 年代，珠海贯彻“先基础建设后生产发展”的思路，将有限的资金集中在几大“标志”性基础设施建设项目上，珠海大道、珠海机场、珠海港口岸（即高栏港）[1]……，这些“命运工程”成为珠海在西区不断投入的重大筹码。

分析了城市定位的调整过程，就更容易理解同时期珠海的口岸工程兴建情况。

在建市初期，珠海的城市雏形和经济结构，都明显表现出紧贴并依托澳门的基本特征和发展趋势：珠海经济特区本因澳门而设；最繁华地带集中在拱北香洲，由拱北和湾仔两口岸联系珠澳。[2] 此后到 1999 年澳门回归前，新拱北口岸与横琴口岸都建成开放，至此，在珠澳两城市之间的边界沿线上，由北向南依次分布有拱北、湾仔、横琴三个口岸。其中，无论是历史积淀还是建设规模和通关量，都以拱北口岸最为重要（图 4-12）。

图 4-12　拱北、湾仔、横琴，三个“珠海－澳门”联系口岸

资料来源：作者现场拍摄

假如珠澳和深港一样，通过口岸实现彼此的联动发展，那么我们有理由认为，当初珠海的城市发展战略规划，应该最先按照“环澳门”走向进行布局，将拱北、湾仔一体化规划建设，并及早推动横琴的城市化。因此应该首先建设昌盛大桥，并与横琴大桥、莲花大桥形成配套，实现拱北口岸、湾仔口岸、横琴口岸的三点一线连动运转。沿线城区在口岸建设、口岸旅游和口岸经济发展带动下迅速成长，最终形成拱北－湾仔－横琴这样的环澳门主城

[1] 珠海原主要海港为九洲港口岸，1981 年 6 月被批准对外开放，20 世纪 90 年代后因港口水深条件不足，远洋航运能力萎缩。因此 1994 年起，珠海转以高栏港作为港口建设的重点。

[2] 曾作为珠海旅游标志性项目的“澳门环岛游”，首先正是从湾仔码头开通的。

区架构。从城市规划科学角度来看，从老香洲沿海－吉大沿海到拱北沿海－湾仔－横琴，这种多组团、多中心的带状城市布局，必然优于“摊大饼”式的传统块状结构，也许在20世纪八九十年代，珠海就会和深圳一样开创出中国城市规划的新模式；另一方面，湾仔、横琴的城市化发展，亦将为珠澳合作、双城一体化预留出更多成熟的、高级的对接端口，为珠海的未来发展预设更大的战略格局。❶ 但是自20世纪90年代起将城市与口岸建设的重心投入到“西区开发”之中后，珠海在城市与口岸的联动发展上走向了与深圳完全不同的方向，此后发展的差异又会如何？在本文第五章中将对之进行分析比对（图4-13）。

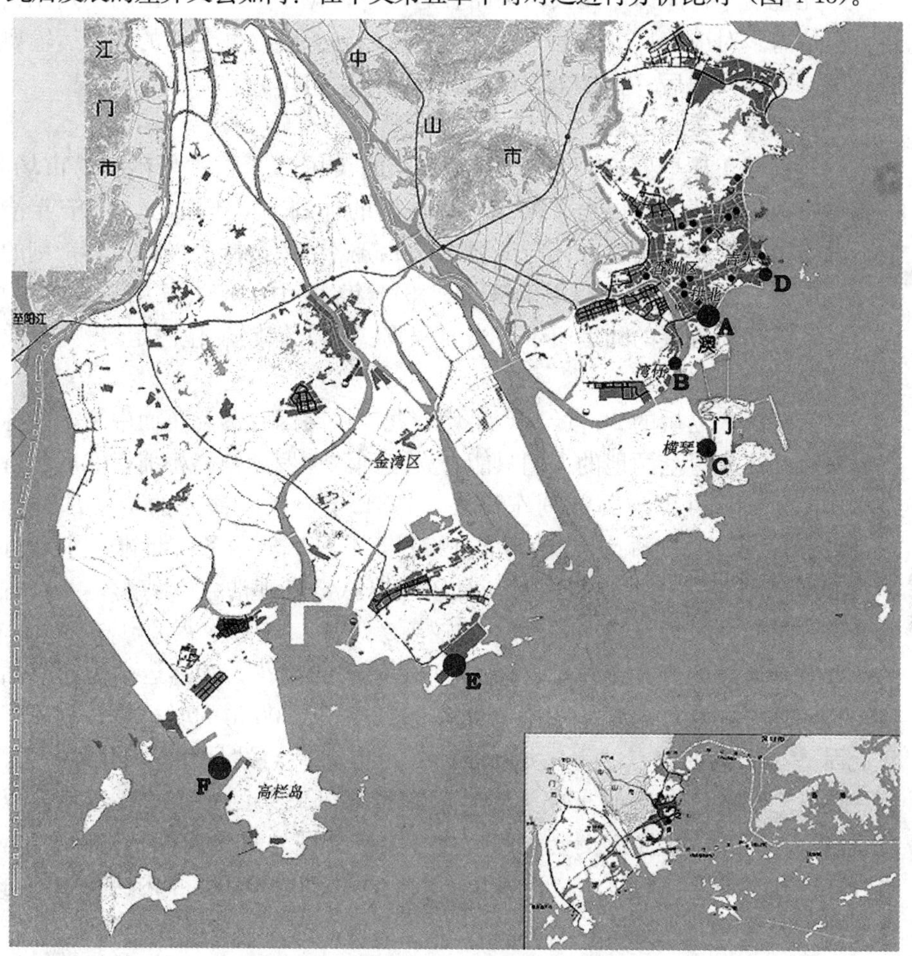

图4-13　（1999年）珠海主要口岸分布图

A—拱北口岸；B—湾仔口岸；C—横琴口岸；D—九洲港口岸；E—珠海机场空港；F—高栏港口岸

资料来源：口岸分析标注自绘，底图引自《珠海市城市总体规划（2001—2020）》

---

❶ 黄冶白.《关于“十一五”期间，珠海建设高品位城市的若干思考》. 珠海市“十一五”规划征文奖. 2006。

4.3 陆路口岸建筑工程案例研究

在分析了珠江三角洲中心城市口岸工程兴建的概况之后，接下来将研究这些口岸工程的口岸建筑。在本文标题与绪论中，已经明确将研究的类型范畴限定于“陆路口岸建筑”——即穗港直通车口岸与深港和珠澳的边界公路口岸。下面就针对主要案例逐一进行深入分析。

4.3.1 广九直通车口岸

广九直通车口岸即广州天河天路客运口岸，位于广州天河区的广州东铁路新客站内。对应着广九直通车这个连接广州到香港（九龙）的铁路运输要道，该口岸自开通后一直是全国最大的铁路旅运口岸。

一、兴建背景与历程

广九直通车最早要追溯到 1898 年。当时英国为了强占华南贸易市场、拓展殖民地，向清政府提出了修筑广九铁路的计划。迫于压力，1907 年清朝不得不派出铁路大臣盛宣怀与英国签订了筑路草约，接受极其屈辱苛刻的条件向英国贷款 150 万英镑用于筑路。1911 年 10 月，广九铁路建成通车，成为联系广州与香港的陆运纽带，当时根据《广九铁路工作协定》，九龙关在九龙车站设立关厂。

至新中国成立后的 20 世纪 50 年代，九广铁路因政治动荡而中断，改称广深铁路。往来粤港两地的人们只能坐火车到深圳罗湖铁路桥前，然后步行经罗湖桥通关，再搭乘香港列车而去。1961 年，九广铁路的货运部分即“三趟快车”恢复了通行。此后直至 1979 年 4 月，经国务院批准，中断近 30 年的广九铁路才得以恢复通行，时任香港总督麦理浩主持剪彩，并特意乘坐第一趟广九直通车返回香港以示支持。

重新开通后的广九直通车，以 1974 年建成的流花火车客运站为起点站（30 年前始发站为大沙头），并在车站东侧兴建了 6700m^2 的联检楼及相关配套工程。[❶]至香港的终点站为九龙红磡站（30 年前终点站是九龙尖沙嘴）。

改革之初的广九直通车成为当时广东省对外联系的一条重要纽带。以 1979 年 4 月的第 45 届广交会为例，当时大多数国外采购商都是先到香港，然后乘广九直通车往返广州。应增长需求，广九直通车在几年内从初始的每日 1 对增开至每日 4 对。

1996 年 3 月，广州东铁路新客站的车站站房建成投入使用，同年 9 月，广九直通车将其始发站由流花火车站迁移至此。广九直通车的易址与硬件升级，既是广州发展建设现代化大都市的战略需要，又是在为 1997 年香港回

---

❶ 参见广东新闻频道专题片《广九直通车中断 30 年之解密档案》。视频网址：http：//www.openv.com/play/GuangDongNewsprog_20090126_6990074_0_9001503990.html。

归做好准备。搬迁后的新广九直通车口岸，其运营规模最初延续的是之前流花火车客运站的每天 4 对列车（图 4-14）。

图 4-14　广九直通车先后落户于广州流花火车站与火车东站

资料来源：《广州日报》2004.04.10、东站地区信息网 http://dzdq.thnet.gov.cn

二、规划及建筑概况

广九直通车的相关通关查验口岸位于广州东铁路新客站内。新站包括了广州市交通的方方面面——广九直通车站，国内长短途铁路交通，广州市地铁一号线终点站，广州市公共汽车站，广州近郊的长途汽车站以及大型的人行广场……功能复杂，规模庞大。站楼的用地面积 5.2hm^2，建筑面积 114197m^2，为当时华南地区最大的铁路客运站。既是我国重要的对外陆路通道——广九铁路的口岸站，又是我国第一条准高速铁路——广深城际列车的起点站。[1]

广州东铁路新客站由主站房、高架跨线候车大厅、广九直通车联检大厅等组成，广九直通车的站房及联检大厅位于其平面的左翼，采用“高进高出”的流线方式：车站大厅设在二层，三层为广九直通车售票大厅，四层是跨铁路线的出入境联检大厅。出入境联检大厅的建筑面积为 9742m^2，为全国最大的铁路口岸站。大厅室内净高达 12.4m，空间高敞，屋面采用的是 114m×72m 的大跨度钢网架结构（图 4-15）。

三、广九直通车的沿途效应

广九直通车以广州东铁路新客站为起点，途径东莞，至深圳罗湖，经罗湖铁路桥进入香港，最后抵达香港九龙塘火车站，全长约 180km。这条穗港陆路旅运通道，不仅对于穗港两城，还对沿途的城镇起到重要的拉动作用。突出的例子就是东莞的常平、樟木头两镇——广九直通车的设站，使两镇获得了连接香港的便利。中途上车，即可直达香港。人员往返香港的便利性超过了（离香港更近的）深圳“关外”，这无疑提供了独有的发展机遇。

---

[1] 陆琦，郭胜.《广州东铁路新客站》.《建筑学报》. 1998.3。

图 4-15　广九直通车口岸在广州东铁路新客站中的位置

资料来源：《当代中国建筑师—郭怡昌》. 中国建筑工业出版社 . 1997. p38

1. 常平镇

常平镇地理位置独特，是大京九铁路、广梅汕铁路、广深铁路的交汇处，是全国唯一设有两个大型客运站（东莞站、东莞东站）和一个国家一类铁路口岸的镇。依靠这种交通优势，常平镇的制造业、商贸物流业、房地产业都取得了相当的发展成就。根据 1998 年的《中国京九发展年鉴》统计数据，常平作为一个镇级行政区，同京九沿线近百个县（市）相比，其人均国内生产总值、人均财政收入、人均储蓄等重要经济指标均名列榜首，被国务院经济发展研究中心誉为“京九第一镇”。

2. 樟木头镇

作为一个山区集散型小墟镇，樟木头的经济基础薄弱，改革开放后也开始了工业化进程，但其经济水平在东莞 33 个镇中并不突出。自 1992 年开始，樟木头镇改变思维开始大力发展主要针对香港市场的房地产业。便宜的房价、优美的环境、周到的服务，吸引了许多港人前来置业。因社区香港氛围浓厚，樟木头镇有“小香港”之称。香港跨境人口直接带动了以房地产为龙头的第三产业发展，樟木头镇在东莞的经济地位迅速上升。[1]

4.3.2　深圳罗湖口岸

罗湖口岸是当代中国最早的陆路口岸，也一直是全国旅客通行量最大的口岸。

一、口岸新联检楼的兴建

对应着正在繁荣起来的罗湖中心片区，罗湖口岸成为人员往返深港的首要旅运通道，堪称连接深港的首要门户与窗口，通关规模一再扩张。1984

---

[1] 易峥，阎小培.《樟木头镇模式：香港跨境人口流动与粤港澳区域一体化》.《热带地理》. 2002.12。

年《中英联合声明》签订、香港回归明确之后，通过罗湖口岸往返内地与香港的通关需求开始激增，新建规模更大的口岸建筑势在必行。而另一方面从象征意义来说，也需要有一个新的建筑地标来彰显加强深港双方的合作意愿与姿态。于是在罗湖桥头，应运而生地矗立起了新罗湖口岸联检大楼。

新联检大楼于1985年建成投入使用，其建设资金由著名华侨胡应湘捐助。建筑地上高10层，另有地库1层（设备层），南北附楼各3层，总面积7万多平方米。建筑底部的一到三层，为公共检查大厅部分，包括：第一层的旅客入境检查大厅；第二层的“四种人”（外籍人士、台胞、侨胞、国内出入境人员）检查大厅；第三层的旅客出境检查大厅，三层之中共有边防检查验证台位83个和海关检查台位140个，底部各层还结合设置了商业用房。建筑上部的四到十层，为口岸各部门用房（办公、会晤、值班、仓库等）。❶建筑顶部的重檐坡顶之下，还设有边检执勤之用的哨望回廊。

在建筑的外观造型手法上，与20世纪70年代旧联检楼运用的中国传统元素手法相比有延续也有不同。建筑主体外观采用了两重檐式的竖向分段，下段8层、上段2层。建筑外墙运用了白墙底、九开间的红色壁柱、黄色琉璃假坡顶檐口、茶色方形外墙窗等手法。斗栱、额枋等中国传统建筑元素在这里也有所表示，不过已被极大地简化、抽象化。总体而言，限于当时的经济条件、建造水平与施工质量，建筑整个外观造型具有特色又略显粗糙（图4-16）。

在大楼南侧，两层旅客步行桥跨越深圳河，连接着深港双方的联检楼。步行桥的上下两层，分别为出境步行通道和入境步行通道，其标高位置分别与联检楼的首层、二层衔接。

二、口岸周边新建元素涌现

从20世纪80年代中期至1990年以前的这段时期，深圳进入了开拓外向型经济阶段，各类基础设施及大型公建的建设全面展开，罗湖一上步及其周围商业办公和工业区更是空前发展，对周围地区产生了明显的极化效应，罗湖口岸新联检楼和深圳国际贸易大厦❷成为区内最早的地标建筑。国贸大厦之后，深南东路及人民路一带逐渐形成了繁华的城市中心商业区；而在罗湖口岸联检大楼之后，地段内也陆续涌现出了一系列的标志性建筑（图4-17）。

---

❶ 参见：唐筱光，赵毅．《中国口岸概览》．经济管理出版社．1992．p208。

❷ 深圳国际贸易大厦（简称国贸大厦）：位于繁华的罗湖商业区人民南路与嘉宾路交汇点的东北侧，是由全国各省市集资兴建的一座供开展对外经济贸易活动的大型城市综合体，高50层160m，总建筑面积10m^2，内含办公、购物中心、酒店等内容。1985年竣工，是当时中国的第一栋标志性建筑，并创造了三天建一层楼的“深圳速度”。1992年邓小平南巡视察深圳时曾在国贸大厦的旋转餐厅发表讲话，尼克松、老布什、海部俊树、李光耀、加利等国际政要曾先后到此参观，因此国贸大厦被当作改革、开放的成功典范和象征，具有特殊的重要意义。

建设中的新罗湖口岸联检楼,大楼于1985年6月投入使用

与大楼同步建成的双层步行桥

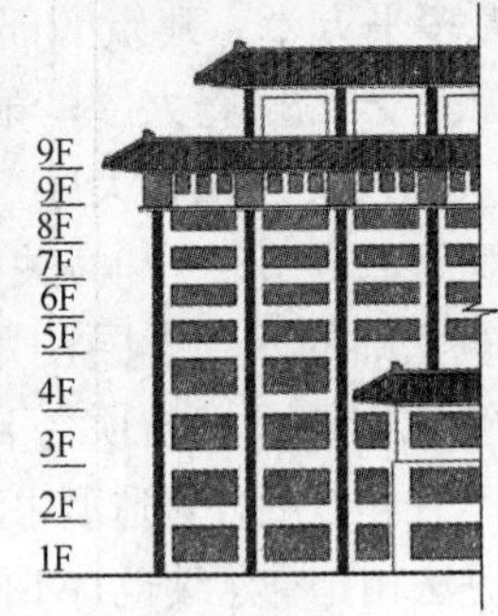

联检楼立面分析图

图 4-16　新罗湖口岸联检大楼组图

资料来源：本书编委会.《深圳口岸百年沧桑 1900～2000》. 2000. p114，立面分析作者自绘

罗湖口岸联检楼建成后,整个地段的历史老照片
图中可见尚在建设之中的火车站与罗湖商业城

图 4-17　20 世纪 80 年代罗湖口岸地区历史旧照

资料来源：http：//qzone. qq. com/blog/8908001-1233654226

1. 亚洲大酒店

为配合招商引资的需要，亚洲大酒店于 1988 年建成，成为当时深圳的又一个标志性建筑。酒店位于罗湖口岸联检楼以北、火车站站前广场北侧、人民路和建设路之间的南端地块。总建筑面积 62500m^2，共 33 层 114m 高。亚洲大酒店集中了塔楼、旋转餐厅和观景电梯这三个在当时非常流行的要素，采用了现代主义的简约建筑风格。塔楼平面呈“Y”字形，三翼的端部为白色实墙，之间的客房开窗强调竖向线条，虚实对比显出了塔楼的挺拔，塔楼顶端设有倒圆台形旋转餐厅。裙房采用的是黑色花岗石饰面，在其顶部

还设计了别有洞天的中国式园林。[1]

2. 深圳火车站

深圳火车站位于罗湖口岸联检楼西北侧，于1991年竣工，是深圳市的铁路交通枢纽和京九铁路线[2]南端的最后一站。[3] 京九线通过深圳火车站，经罗湖铁路桥进入香港新界。罗湖铁路桥还是“三趟快车”的货运通道，罗湖铁路桥向北约4km位于深圳笋岗的火车北站，即为罗湖口岸的货运及货检部分。

3. 交通楼

同样是在1991年，在紧邻罗湖口岸联检楼的东侧，新建了一栋高8层，面积近4万m^2的交通楼。交通楼与口岸旅检大楼相配套，可供上万台大小客运车辆运行和停放，对于口岸疏通和缓解用地紧张起到了重要的作用，其运营也一直有可观盈利。

4. 罗湖商业城

随后的1992年，位于交通楼北侧的罗湖商业城又在邓小平南巡之后掀起的地产热潮中上马。建筑占地1万余平方米，其地价达了4.2亿元，在当时创造了深圳的地价纪录，次年的商铺发售以每平米均价6万元、最高15万元创造了中国内地商铺物业的最高售价纪录。1994年罗湖商业城开业，因其紧挨罗湖口岸，距香港这个经济大都会仅一关之隔，被誉为“港人北上第一站”，凭借着数量庞大且消费能力更强的往来人流而拥有优越商机。建筑的层数6层，底层部分架空为罗湖长途汽车客运站、自二层起为商业。商业城的主入口面向西侧二层大平台，有多处台阶可上至二层平台，平台向南延伸还与联检大楼底部相连通（图4-18）。

5. 其他

---

[1] 酒店的内部在当时已达国际一流水准，含605间豪华客房及中西餐厅、银行、购物中心、大小宴会厅、酒吧、咖啡厅、屋顶花园、游泳池、桑拿浴室、健身房、美容室、室内庭园等，是一座综合性的大型五星级酒店。

[2] 京九铁路。1996年9月通车，北起北京西站，跨越京、津、冀、鲁、豫、皖、鄂、赣、粤九省市的98个市县，南至深圳，连接香港九龙，全长2553km。其开通运营，对缓解南北运输紧张状况，改变铁路“瓶颈”状况；完善路网布局，充分发挥运输综合效益；维护港澳地区稳定和繁荣，促进祖国和平统一大业；适应对外开放，发展经济和加快沿线革命老区脱贫致富，具有重大意义。

[3] 这座大型综合性多功能交通建筑，面宽215m，总建筑规模98790m^2，地上11层，地下2层。横跨站场8股道，4个站台上空设跨线楼。除了现代化的火车站功能，还设有大型海关、边防联检场地以及酒店、办公、商场、餐厅等公共设施。此外，容纳了港澳旅客专用售票、候车、进出站设施及属于特区本身的一线和二线联检管理系统。就当时而言已是国内功能最齐、最复杂的火车站。在内部功能上采用了带形分散的交通流线组织形式，设置了4组垂直交通和5个对外出入口，4组垂直交通枢纽与中央大空间又在水平方向上相互串联起来，使车站的各项功能既可独立划分又可相互联系，每个部分均有自己清晰的流线出入口。

(*a*)　(*b*)　(*c*)

图 4-18　联检大楼建成后地段内涌现的其他标志性建筑

(*a*) 华侨大酒店（今香格里拉大酒店）；(*b*) 深圳火车站；(*c*) 罗湖商业城

资料来源：作者现场拍摄

大致在 20 世纪八九十年代这段时期，还陆续兴建了邮检仓库大楼（联检大楼西侧）、海关办公楼、侨社及华侨酒店（火车站西侧、人民路对面）等，这些建筑都与口岸有着直接或间接的关联。

至此，在这块位于罗湖区最南端、由深圳河蜿蜒而过形成的三面临河半岛之上，已从当年仅一座铁路桥的南疆边境哨卡，发展成为繁华的城市中心区。此中，罗湖口岸联检楼兴建最早、每日通行的人流量最大。其后火车站、汽车站以及商业城、星级酒店等工程的兴建，或是因口岸通关提出的交通集散需求，或是因口岸通关带来的商业机会。无不是以"口岸通关"为核心行为，因此"口岸建筑"成为整个地区的首位元素。

三、罗湖口岸及火车站地区的整合规划（20 世纪 90 年代中期）

由于口岸开放早、历史积淀深，罗湖口岸一直是深港间最主要的客流通关口岸，同时也一直是全国通行量最大的旅客过境口岸，地位深入人心。自整个口岸地段逐渐成型后，数量庞大的人流车流便很快聚集而至：

1. 人流方面

根据 20 世纪 90 年代中期的统计数据，深港过境旅客在当时达到 4090 万人次/年，火车站到发旅客达到 2000 万人次/年。与两大类旅客人流相关的还有接送旅客人流和管理部门职工的上下班人流。此外还有大型公建（酒店、商城等）顾客人流、长途汽车站人流、附近居民起居出行人流和观光游览人流……。[1] 整个地段内，高峰时期的总人流量能达到 31000 人次/小时（表 4-2）。

1991～1997 年罗湖口岸日均出入境客流量变化统计　　表 4-2

（含各陆路口岸的日均客流量总和的变化曲线图）

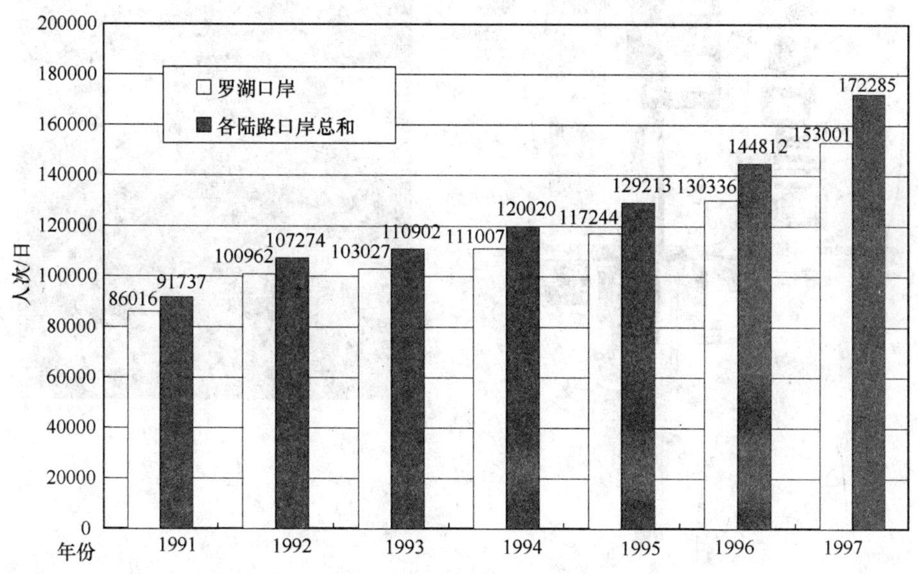

资料来源：作者根据深圳市口岸办公室统计数据编制

2. 车流方面

过境旅客与火车站旅客的集散必然要通过公交、的士、接送车等交通换乘方式来解决。于是整个罗湖口岸地段内，高峰时段每小时单向车流量达 4600 辆，总停车位 730 个，上下车位 92 个。[2] 其中又以出租车数量最多（据反映，早期深圳居然有 60%的出租车都涌到罗湖口岸一处，这反映了当时的人群活动强度和人群所能支付的消费强度）。

总之到 20 世纪 90 年代中期，罗湖口岸地段已经成为一个重要而复杂的城市地段。面对人、车流量的不断攀升，面对香港回归祖国的日益临近，迫切需要从规划设计与景观设计上来整合与改造整个口岸地段，以解决其交通问题、改善其作为城市乃至国家门户的形象（图 4-19）。

20 世纪 90 年代中期的这次整合改造，主要围绕“场地交通流线的整

---

[1] 在“自由行”开放之前，香港同胞持返乡证可以自由往来大陆与香港之间，而大陆人除了“团进团出”外，只能把目光送入罗湖桥对面的香港境内。因此在当时，罗湖口岸既是一个交通枢纽，又是一个景点，很多人来到这里，并不是要过去香港，只是想来感受一下边境的气氛，并好奇地眺望一下对面的香港。

[2] 数据来源：《深圳罗湖口岸车站广场规划》. 中国城市规划设计研究院 . 90 年代中期数据。

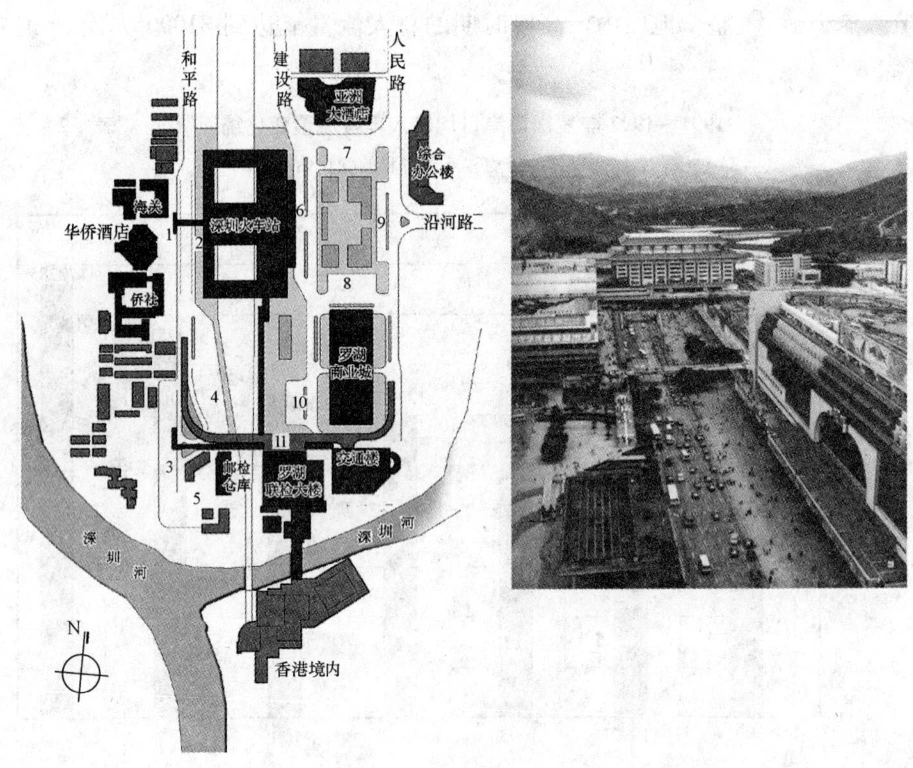

图 4-19　20 世纪 90 年代中期的罗湖口岸地区

1—西广场下车区；2—西广场上车区；3—综合停车场；4—火车站停车场；5—长途停车场；6—东广场下车区；7—公交发车区；8—中巴社会上车区；9—的士上车区；10—中巴上车区；11—中巴下车区

资料来源：总图作者自绘，深圳市人民政府口岸办公室．《深圳口岸》．1998. p39、p40

合”与“空间绿化景观设计”两方面展开。由中国城市规划设计研究院深圳分院完成设计。

1. 场地交通流线的整合

1）已有和平路、建设路、人民路三条道路由北向南进入口岸地段。在此基础上，新规划了自人民路向东方向而去的沿河路。这几条主要干道均为双向通行，扩大了进出整个地段的交通疏导能力。

2）在联检站前建“U”形高架桥，高架桥横跨铁路东西两边，接驳联检大楼三楼的出境检查大厅。出租车、私家车等接送客车辆从建设路、和平路方向由北向南而来，在联检大楼前上落客后，转北朝人民路、沿河路方向而去。考虑到由建设路方向步行而来的出关者的需要，还架设了建设路方向而来的人行廊桥以跨越铁路直通联检大楼三楼的出境大厅前。

3）根据建筑群布局现状重点打造（火车站）东广场、西广场、联检楼前广场三部分广场。火车站人流由东、西两侧广场分流出入，汽车站人流及口岸通关人流分别通过东广场、联检楼前广场解决。各广场区域的交通车流组织采取单向行车方式。

4）就近、集中设置上车区和下车区，另设停车场。停车场内考虑少量出租车停车位。为控制停车场用地，停车场内不允许营业。

5）联检楼前广场的南北进深长约200m，东西面宽仅约60m，与东广场相比空间更为压迫，而联检楼前广场的人流却是最多的。因此采用了立体分层的交通组织方式。地面层为由联检大楼首层而来的入境旅客的上车区；二层平台对接联检大楼二层的“四种人”检查大厅，其两侧可直接通往东西两侧商业建筑前的平台；三层高架桥则衔接着出境旅客下车区。这三层都可以通往交通楼内的多层停车库，缓解了场地紧张下的停车位问题。

6）联检大楼与火车站、长途汽车站以及罗湖商业城之间都有无风雨的交通平台（走廊）连接，方便旅客步行穿梭于各建筑之间。

7）由于人流、车流都进入到各个广场，因此通过人行天桥或地道等方式来区分人车流线，尽可能实现步行系统的方便与安全。

2. 空间绿化景观设计

至20世纪90年代中，罗湖口岸地段内的主要建筑均已落成，地段内建筑密度较大，已基本饱和。在这些建筑的包夹之下，主要形成并划分为火车站东广场及联检大楼前广场两处城市广场空间，其面积之和约25万m^2。火车站东广场面积较大，被火车站、亚洲大酒店和罗湖商业城围合住西、北、南三个方向，东边视线较为开阔，东南方向还保留了大面积绿地。曲折而过的深圳河与河对岸香港新界境内的山丘形成的自然山水景色可以渗透到广场之中，使环境的品质得到提升。联检大楼前广场面积较小而且空间狭长，与东广场形成对比。两广场与围合建筑体为一个整体，共同营造了地段作为“祖国南门”的城市形象（图4-20）。

20世纪90年代中期的这次整合改造设计，虽然没有得到完全实施，但在当时而言还是起到了很大的作用，它让整个地区的交通综合组织更趋合理，也使地区的整体形象得到了一定程度的改善。

4.3.3 深圳皇岗口岸

接下来分析此时期作为全国规模最大的公路口岸——深圳皇岗口岸。

一、兴建背景与历程

在皇岗口岸之前，连接深港的公路口岸只有文锦渡一处。当年的省港公路，正是通过文锦渡口岸连往香港的，此处也是今107国道的起终点位置。1979年以前文锦渡还只是边境小额贸易监管点，改革开放后才又恢复通车，并正式成为的国家一类对外开放口岸。特区建立后，进出境客货运车辆数量突飞猛进，文锦渡口岸的日均车流量很快达到了1万辆，由于紧靠罗湖中心

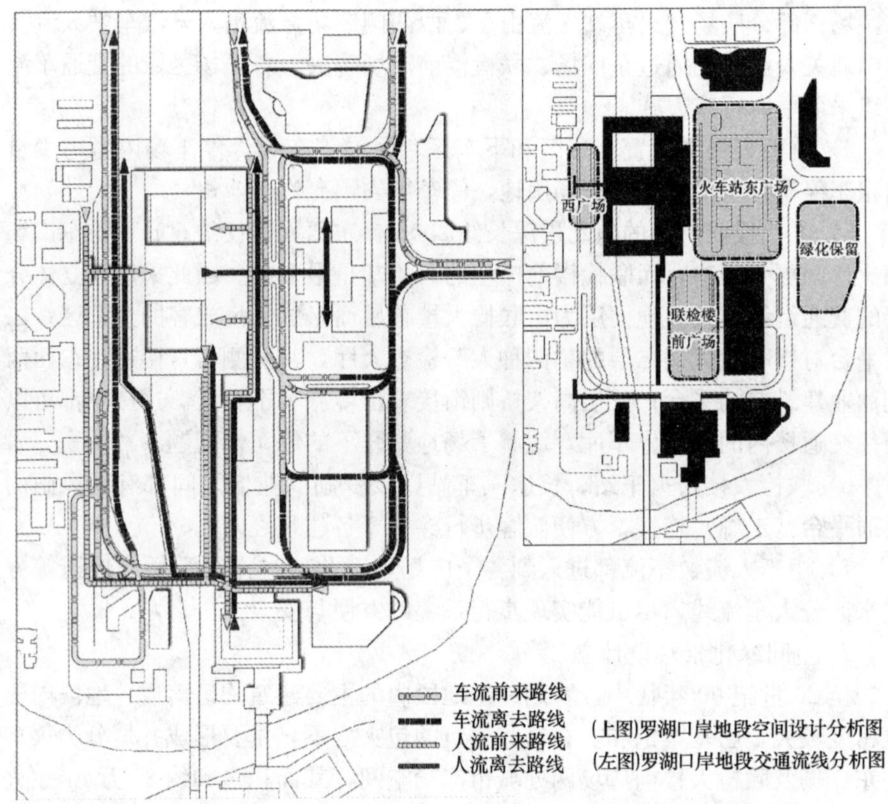

图 4-20 罗湖口岸及火车站地区交通流线及空间设计分析图

资料来源：作者自绘

城区，文锦渡口岸场地狭小且已无扩建空间，达到了通过能力的极限，堵、压车现象严重。[1]

在运力需求的尖锐矛盾下，深圳市又于 1986 年在福田区南端的皇岗再建起一个规模宏伟的国家级陆路口岸，并由飞架南北的皇岗－落马洲大桥连通深圳与香港。作为一项大型基础设施工程，皇岗口岸是广深高速公路[2]的配套工程、与深圳城市重心向福田区的转移都有着密切的配套关联(图 4-21)。

此处回顾一下皇岗口岸的兴建历程：

1982 年 4 月，为加强深港、粤港之间的交通联系，促进香港、深圳特区和广东省的经济发展，深圳与香港两地政府达成了开辟皇岗－落马洲过境

---

❶ 中国城市规划设计研究院.《深圳皇岗口岸联检站总平面设计》.《城市规划》. 1988.5。

❷ 广深高速公路同由著名华侨胡应湘出资兴建。广深高速公路于 1987 年正式破土动工，1994 年全线竣工，其建设大大缓解了此前 107 国道不堪重负的局面，为广州－东莞－深圳的沿线城市联系提供了一条重要的陆路动脉。

改革开放前的文锦渡只是供港鲜活商品的贸易口岸,主要通过拖车运输

1986年建设中的皇岗口岸。照片中可见初建成时的皇岗—落马洲大桥、皇岗口岸旅检楼、海关大楼、车检通道等

图 4-21　文锦渡口岸旧照与建设中的皇岗口岸

资料来源：本书编委会.《深圳口岸百年沧桑 1900～2000》. 2000. p120

通道的协议。随后将皇岗口岸作为广深高速公路的配套设施，纳入整体规划统一建设。

1985 年 5 月，皇岗口岸破土动工。

1989 年 12 月，在连接深港的皇岗－落马洲公路大桥建成之后，皇岗口岸经国务院批准对外开放，首先开通了货运通关部分。

1991 年 8 月，皇岗口岸旅检大楼及与之配套的公交车站场等建成投入使用，口岸客运通关部分开通。

1994 年 12 月，在皇岗口岸开始对部分货运通道实行 24h 通关验放（货运车辆自由选择口岸进出，行走文锦渡、沙头角口岸的车辆在这两个口岸关闸之后可从皇岗口岸过境）(图 4-22)。

1989年12月皇岗口岸的第一辆入境货车

1991年8月皇岗口岸旅检开通

1994,货检通道实行24h通关

图 4-22　皇岗口岸开通历程组照

资料来源：《深圳口岸百年沧桑 1900～2000》. p121、p123

不同于罗湖、文锦渡口岸由于历史原因造成的有限空间，皇岗口岸在兴建之前就划定了充足的用地，整个口岸的用地范围约 $100hm^2$，兴建了 60 多条货车通道和 30 多座口岸相关建筑。按设计规模每日可通关 5 万辆货柜车，

一经建成开通即取代文锦渡口岸而成为全国规模最大的公路口岸。[1]

二、口岸区位及其周边相关元素

皇岗口岸位于福田区南部的深圳河北岸，与香港新界落马洲隔河相望，是深圳特区带状城市中部唯一的公路口岸，可与上步、福田、南头、蛇口各区便捷联系，更远可通过高速公路快速连接深圳国际机场、广州、珠海、汕头等地。皇岗一落马洲大桥横跨深圳河，将深圳与香港的公路网相连。广深高速公路的终点皇岗收费站位于皇岗口岸的西侧。按照规划设想，皇岗口岸西侧接驳广深高速公路，北侧接驳滨河大道，东南向由皇岗一落马洲公路大桥跨深圳河联系香港落马洲检查站，再接香港新界环回公路直达葵涌集装箱货运码头——这是当前最典型的珠三角外向型制造业物流的输出路线。不过在皇岗口岸开通后的很长一段时期内，大部分的香港集装箱货柜车为避开广深高速公路的收费政策而选择沿南北纵向的皇岗路集疏散，造成了皇岗路的客货混行与纵贯福田区的过境车流，一直困扰着福田区的城市形象与环境[2]（图 4-23）。

1. 与西南侧福田保税区的功能配套

在皇岗口岸西南侧，即福田 CBD 中轴线南端，是占地面积达 136hm^2 的福田保税区。[3] 在中国目前已有的 15 个保税区中，仅深圳福田保税区为连接皇岗陆路口岸而设，其他 14 个都是邻近港口型的保税区。福田保税区采取划区隔离管理的模式，配有专门的口岸连接深圳与香港。

2. 东侧——河套地区

深圳河是深港之间的界河，其河道蜿蜒曲折，造成污泥淤积和雨季洪水泛滥。1995～1997 年，香港和深圳联合治理了深圳河，在落马洲一带，把弯曲的河床拉直，用泥砂填平，增加了一块面积达到 96hm^2 的河套土地。今后，其所有权归深圳，管理权归香港，堪称“特区中的特区”，将成为深港共同开发的一个新试点。[4]

3. 遗留渔农村

皇岗口岸位置原是深圳河北岸的一片渔农村，口岸开发时由于征地问题

---

[1] 数据信息由深圳市政府口岸办公室提供。

[2] 参见新闻：《皇岗路明起禁行货柜车　货柜车改由广深高速出入》.《南方都市报》网络版. 2006-09-15 。另注：皇岗路，起于皇岗口岸，止于梅林关，全长 8.7km，建设最初为双向 6 车道，后拓宽为 8 车道。

[3] 王任祥.《现代港口物流管理》. 同济大学出版社. 2007. p182。保税区是经国务院批准设立的、海关实施特殊监管的经济区域，具有进出口加工、国际贸易、保税仓储、商品展示等功能，享有“免证、免税、保税”政策，实行“境内关外”的运作方式。由于保税区按照国际惯例运作，已然成为中国与国际市场接轨的“桥头堡”。

[4] 李罗力等.《透视：深港发展与大珠江三角洲融合（中国脑库研究报告（2004/2005)》. 中国经济出版社. 2005. p79。

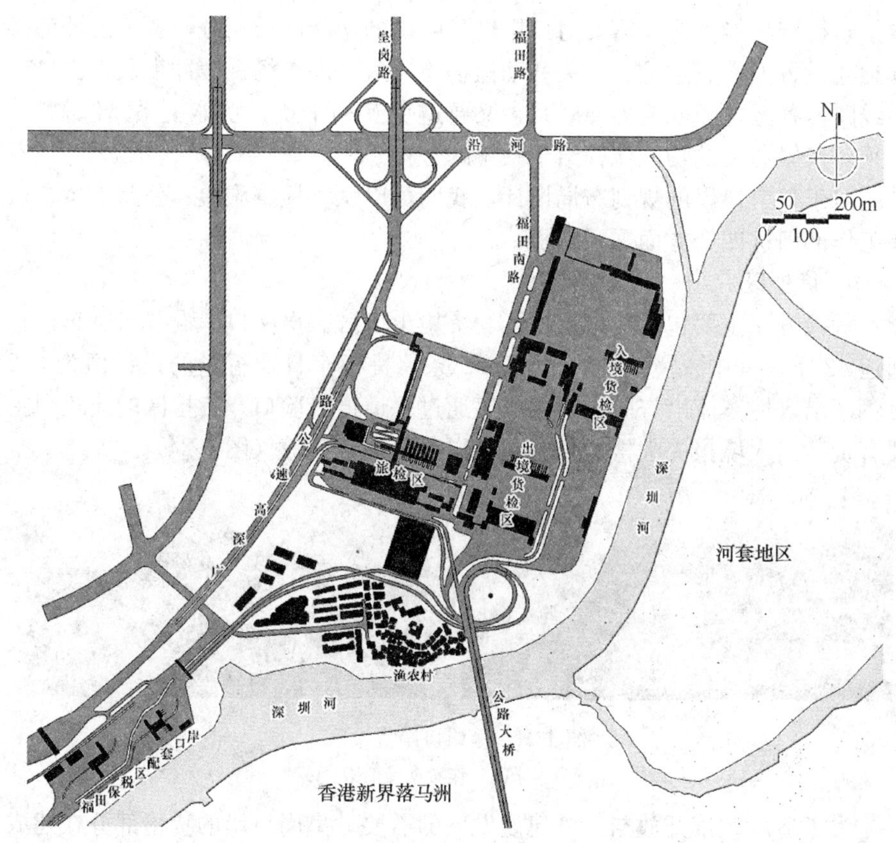

图 4-23　皇岗口岸地段总平面图（1997 年以前）

资料来源：作者自绘

而遗留下来几片村庄。在繁忙口岸的包围之下，这些村庄很快成为典型的“城中村”。村民违建、抢建现象严重，建筑拥挤杂乱，出租屋、钟点房、发廊云集，配套设施差，污水横流，困扰着此处面向香港一面的门户形象。

三、口岸的规划与建筑设计

整个皇岗口岸区域占地面积达 101.6 万 m^2，由 65.3 万 m^2 的口岸监管区、6.8 万 m^2 的生活区、29.5 万 m^2 的商业服务区组成。在口岸监管区中，建筑占地面积 3.2 万 m^2，道路、停车场面积 50 余万 m^2，绿化面积 11 万 m^2；其他面积近 1 万 m^2。❶ 进驻口岸的查验机构有海关、检验检疫局、边检；服务机构有公安厅驻深签证处；经营单位有中国银行、中国旅行社、深圳免税店等。

作为公路运输的客货运综合口岸，皇岗口岸车辆多，车种杂，交通组织

❶　数据由深圳市政府口岸办公室提供。

复杂，检查功能齐全。需要对口岸进行明确的功能区域划分，各个区域都必须独立设置卫检、边检、海关和动植物检通道、停车场、缓冲带及进出口交通线路。各区之间既要方便联系，又要避免互相干扰，功能关系错综复杂，必须对口岸通关的功能流程给予系统的分析。

对于整个口岸的规划布局设计，我们可以从货检、旅检、公路大桥、口岸工作部门这四个方面展开解析：

1. 货检区

货检方面主要包括货检入境区、货检出境区。皇岗口岸设置了货车检查通道 42 条，其中入境 20 条，出境 22 条，货柜车日通行量的设计值为 3.5 万辆。出入境车流沿查验通道按顺序通过一道道查验口。货检区的建筑则主要有货运出入境报关大楼、查验闸口岗亭、消毒库等（图 4-24）。

图 4-24　皇岗口岸货检区

资料来源：作者现场拍摄

为了适应改革开放与经济建设发展的需要，皇岗口岸的货检部分在建成之后作出过一系列的调整以提高通关工作效率。1993 年兴建了集装箱检查系统，提高了查验的自动化程度；自 1994 年 11 月起开辟了两条货检通道试行 24h 通关，并设置了空车验放专用通道。

由于海关与货品检验侧重于入境管制，因此入境区占了整个货检部分用地的 2/3 左右。出境货检区由于用地偏小，在通关高峰时段经常出现等候查验货柜车的排队长龙超出口岸范围、挤占城市道路的情况，给城市带来交通拥堵、噪声污染严重等负面影响。为了解决这个问题，在 1997 年 7 月香港回归之际，拆除了原先聚积在口岸前的临时商业散点（排档食肆等），新建了缓冲停车场以容纳出境候检车辆。新建缓冲停车场占地 3.4 万 m^2，提供了 360 个车位，[1] 而且注重保持了较高的绿化率，有效改善了整个口岸地段的环境条件（图 4-25）。

2. 旅检区

皇岗口岸旅检通行人数的设计值为 5 万人次/日，高峰小时单向 4000 人次。往返于深港的出入境人流主要通过旅游巴士、社会车辆（比如私家车）、

---

❶ 深圳市政府口岸办公室.《深圳口岸》. 1998. p41。

图 4-25　1997 年 7 月，香港回归之际
建成启用的出境车辆缓冲停车场
资料来源：本书编委会.《深圳口岸百年沧桑 1900 ～ 2000》. 2000. p122

出租车、公交车等前往或离开口岸。

旅检区包括了旅检楼、各类行车道及其车场、人行廊桥、公交及出租车站等组成元素，旅检大楼是功能核心与形象地标。皇岗口岸旅检大楼建成于 1989 年，与罗湖旅检楼一样，也由胡应湘旗下的合和集团出资建设。同样的业主方和审美取向，相近的建设时期，皇岗口岸旅检大楼在建筑风格上明显类同于罗湖口岸的白墙、红柱、黄色琉璃瓦假坡檐口等中国传统建筑造型语言。建筑主体高 5 层，体量横向展开，为三段五分式的古典立面构图。建筑平面基本为矩形，面宽约 170m，进深约 50m。首层为出入境查验大厅，东侧为入境大厅，西侧为出境大厅，出、入境各有查验通道 25 条；旅行团的集结候检厅位于二层，二层以上则为各口岸部门的办公及设施用房（图 4-26）。

图 4-26　皇岗口岸旅检区组照
资料来源：作者现场拍摄

旅检大楼周围一圈，围绕了各类小汽车及巴士客车的车道与泊车位。为避免车流与步行人流的交叉干扰，搭建了空中步行风雨廊桥将联检楼与北侧公交车、出租车站场连接起来，空中廊桥跨越车流的同时也跨越了旅检区的隔离围栏。隔离围栏的东、西两端分别为车行出入口大门，大门以内则分别为车行出入境的查验闸口。旅检部分的车流情况比较复杂，有香港两地牌小车、旅行团包车大巴、黄色穿梭巴士、至香港境内 6 条快线巴士等多种车流，不同车流穿梭交织。尤其是旅行团包车大巴，无论出入境都必须在联检楼的一面落客（旅客通过查验程序后），又要绕至另一面上客，造成车流的多处绕行与交叉，影响交通效率。据统计皇岗口岸旅检部分客（小）车的通关能力仅为 3000 辆次/日（图 4-27）。

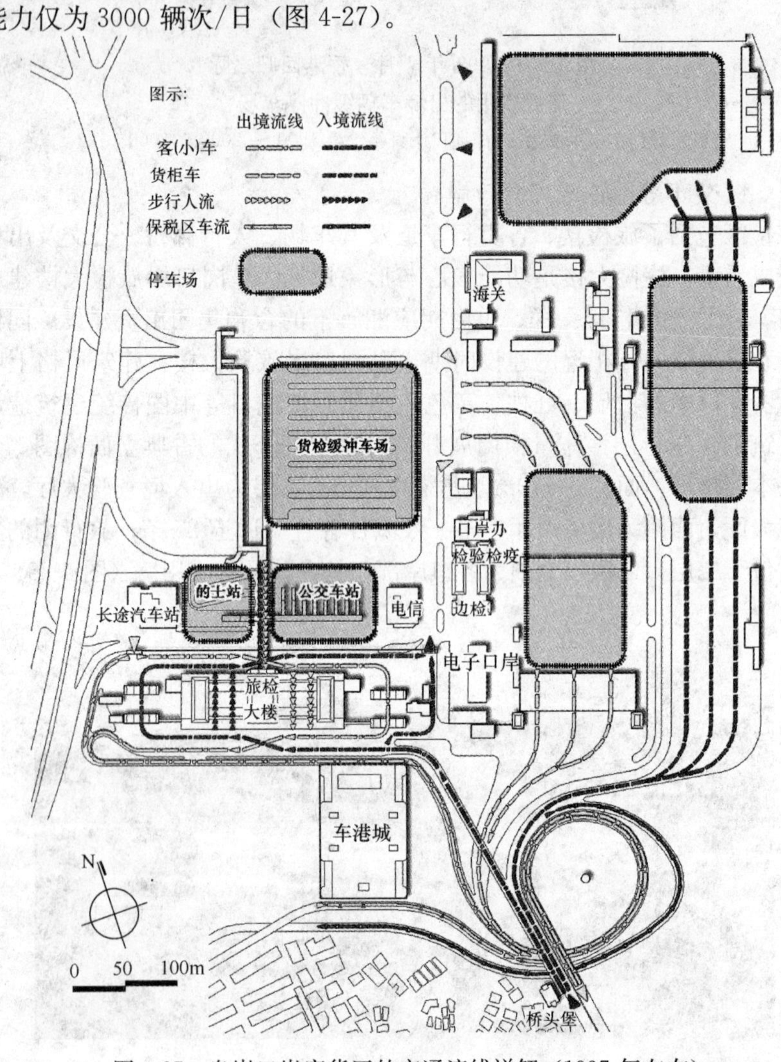

图 4-27　皇岗口岸客货区的交通流线详解（1997 年左右）

资料来源：作者自绘

造成不同车流交叉混杂的另一个原因是车港城的荒废。在20世纪90年代中期投资数亿元建成的这套大型过境泊车设施，主要是为香港无两地车牌的私家车服务，目的是改善口岸设施环境与服务功能，为过境旅客提供一种新的过境接驳服务。但是该项目建成之后，一方面未能吸引香港车辆通过香港落马洲管制站前来此地停车，另一方面大陆车的两地牌照事务也一直未能开通（后记：直至2008年，才开始讨论对深圳一地小车试行办理两地车牌）。❶ 而且与罗湖口岸交通楼不同，车港城位于边境口岸管制区以内，内地社会车辆也无法前往停车。所以建成以后一直闲置，未能产生任何经济效益，也未能实现对小车与巴士客车的分流而治（图4-28）。

图4-28　皇岗口岸车港城

资料来源：作者现场拍摄

3. 皇岗—落马洲大桥

皇岗口岸南面的皇岗—落马洲大桥横跨深圳河，将深圳与香港的公路网相连。1992年邓小平南巡时，曾登上桥头边检哨楼远眺香港，许下有生之年能待香港回归过去看看的愿望。这里也成为此后历任国家领导政要，视察参观的必到之处。

大桥与皇岗口岸之间由螺旋形引桥联系，并通过螺旋形引桥离心（聚心）地分引各个出入境支路，以单向交通与各区检查建筑相连，解决了平面交叉问题，同时也较好地解决了深港行车的左、右之别（图4-27）。大桥全长950m，为双向6车道，设计通行能力为5万辆次/日，高峰小时单向流量2500辆，为客货车混行通道，客货车比例3∶7。❷ 作为唯一的连接通道，大桥的通行能力实际上决定着皇岗口岸的通关能力，很快也就成为制约皇岗口岸发展的交通瓶颈。高峰时段经常造成堵车，而且客货车流混杂，一旦发生事故容易导致交通瘫痪（图4-29）。

---

❶ 参见《中国新闻网》2008年11月29日文章《粤港拟推短期两地私家车牌一年内在深圳试行》，http：//news.qq.com/a/20081129/001558.htm http：//news.QQ.com。

❷ 中国城市规划设计研究院.《皇岗口岸联检站总平面设计》.1991。

连接深港的皇岗—落马洲大桥（一桥）及其螺旋形引桥。（当时为客货车混行）

图 4-29　20 世纪 90 年代皇岗一落马洲大桥照片

资料来源：《深圳口岸》. p41。

4. 口岸工作部门用地

在福田南路延伸段的一侧，口岸办、海关、检验检疫、边检等部门的建筑一字排开。这些口岸工作部门用地位于旅检区与货检区之间，将两者隔离开来，同时也便于口岸工作部门监管两侧客货通关的运行。而这些建筑，基本都采用与皇岗口岸联检楼相近的建筑造型语言，试图通过模式化的手法来传递信息、实现可辨识性，表达口岸建筑的身份。对与造型、材料、色彩的运用，也明显体现出中国现代建筑 20 世纪八九十年代发展的时代印记（图 4-30）。

总之，皇岗口岸的快速建设与繁忙运行真实地写照了 20 世纪八九十年代的“深圳速度”。由于口岸工程牵涉多方的复杂性，也由于这种大规模综合型过境基础设施工程在当时尚无先例可循，这个时期皇岗口岸的建筑及其地段表现为以“经济为首”、“效率为先”的粗放型特征。

图 4-30　皇岗口岸的海关、边检等工作部门建筑照片

资料来源：作者现场拍摄

4.3.4　珠海拱北口岸

接下来分析珠海最大的口岸、同时也一直是全国旅客通行量第二大的口岸——珠海拱北口岸。

一、兴建背景与历程

作为澳门半岛与大陆的接壤地点，拱北口岸的历史悠久。1980年创办珠海经济特区以来，口岸结束了国防前哨的封锁屏蔽状态，由此往返澳门的旅客、车辆、货物不断增加，口岸日益繁忙，成为中国旅客流量第二大口岸，是内地旅行团“港澳游”线路上的必经一环。除人员往来，拱北口岸还一直是输入澳门鲜活产品、保障澳门同胞生活所需的重要通道。这条海关通道也被形象地喻为“绿色生命线”。

不过由于澳门的经济辐射作用不及香港，在珠海的城市建设中，并没有像深圳那样把口岸建设摆在一个特别的高度，因此拱北口岸的形象面貌较同时期的深港口岸而言要简陋许多(图4-31)。

图4-31 20世纪七八十年代，拱北口岸旧照
资料来源：唐筱光，赵毅.《中国口岸概览》.经济管理出版社. 1992

进入20世纪90年代，为适应扩大对外开放和经贸发展的需要，同时也是为了迎接澳门回归，拱北口岸旅、货检验场地的迁移新建工程于1991年开始设计，1992年动工，1994年土建封顶。但是由于建设资金短缺，工程历经较长周期，至1998年才开始安装设备，1999年6月建成。新口岸联检大楼于1999年10月（澳门回归前夕）正式启用，工程总投资4.5亿元。新建成的拱北口岸，占地17万余平方米，旅检楼、报关楼、货物查验场、免税商店等总建筑面积8.5万余平方米；共设旅客通道90条，车辆通道16条；进出口货物查验场和报关楼分列于旅建大楼的东西两侧；旅客和大小车辆各行其道，更加合理、安全、畅顺；其他口岸设施也更完善配套。❶竣工后的拱北口岸，旅客通关的日流量可达15万至20万人次，车辆通关日流量达8000辆次。

二、口岸规划设计

拱北口岸位于珠海市香洲区南部的拱北迎宾大道南端，与澳门关闸紧密相连，共同构成珠澳两地最繁华城区的连接枢纽。沿着迎宾南路向南，终点正对着开阔的口岸广场和大气恢宏的拱北口岸联检大楼，大楼背后的南侧，澳门境内林立的高楼仿佛背景幕布一般（图4-32）；在口

❶ 唐筱光，赵毅.《中国口岸概览》. 经济管理出版社. 1992. p218。

岸广场的地下，昌盛路自西向东贯穿而过，在广场东侧与另一条城市干道情侣南路相交汇。东西南北四个方向的交通贯穿，强化了“口岸”的中心焦点区位。不止是交通方位，在口岸及其周边地段内，还分布着口岸东侧的信禾长途汽车总站、东北方向友谊路旁的拱运汽车总站、口岸广场地下的岐关长途汽车总站、公共汽车总站以及出租车站，这些交通站场云集于此，使得拱北口岸成为交通联系枢纽，各类交通流线形成密集且错综复杂的网络。

图 4-32　拱北口岸地段的城市风貌

资料来源：珠海市人民政府办公室．《浪漫之城—中国珠海》．2002，作者现场拍摄

口岸南北两侧的珠海和澳门城区，楼宇相映，形为一城。珠海一侧的拱北口岸与澳门一侧的关闸检查站在总图上也体现出一种呼应关系：拱北联检楼采用矩形平面轮廓，对面的澳门关闸则采用扇形单元生长式平面轮廓，扇形的圆心点大致与矩形的重心点重合。而在拱北口岸以北，若以此为中心点划出一片扇形区域，则正是珠海市高层建筑最密集、最为繁华的城市片区，金口岸假日酒店、友谊酒店、金叶酒店等众多星级酒店与写字楼星罗棋布于其中。口岸对于特区城市生长发展的“辐射孔道”作用得到体现（图 4-33）。

拱北口岸的核心功能——出入境通关主要有如下几个方面内容：1）步行通关人流，出入关分别由联检大楼东西两区的出入境查验大厅通关；2）乘巴士车旅游团人流，通关前落客，人车分别通关后，在另一端上客；3）客（小）车流，主要是澳门两地牌车辆，由联检楼东西两侧车检通道过关；4）货车流，主要运送供澳鲜活物资，出入境货车分别由口岸旅检区东西两侧的货检通道过关（图 4-34）。

1999 年竣工之后，拱北口岸地段已然成为一个重要的城市节点，又是珠海展示形象与对外交往的窗口。口岸地段内的相关建筑元素包括了口岸联检大楼、口岸广场（及地下商城）、免税商场、进出口报关楼及验货库等，

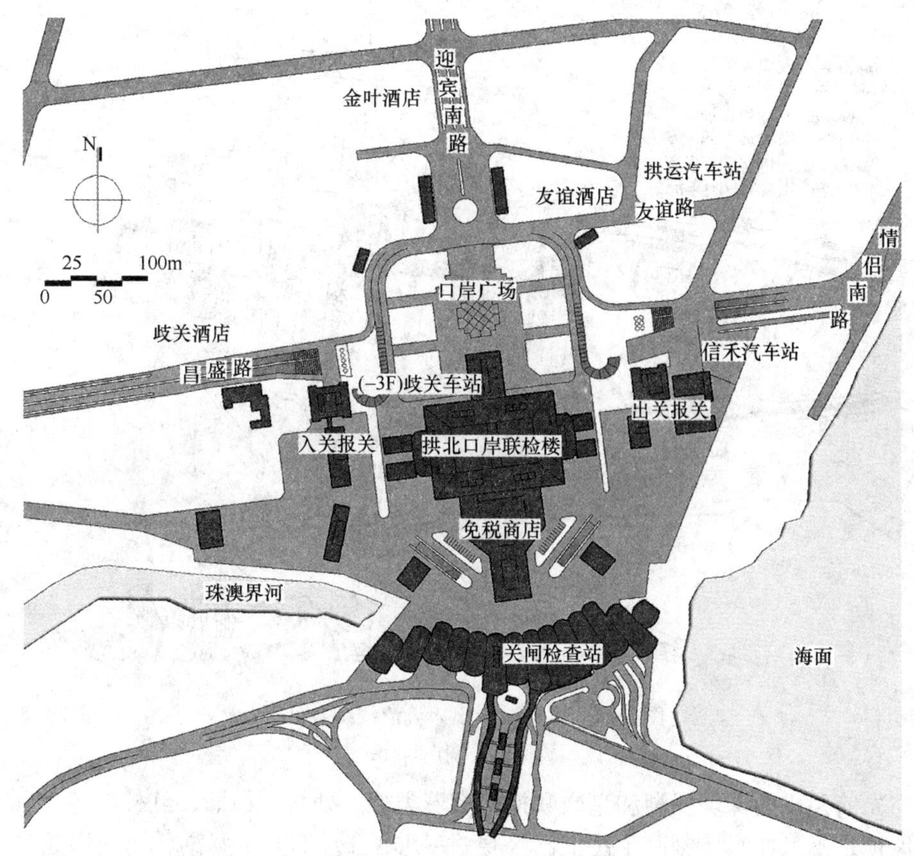

图 4-33 （1999 年）拱北口岸地段总平面图

资料来源：作者自绘

其中以口岸联检大楼与口岸广场最为主要。

三、口岸联检楼建筑设计

拱北口岸联检大楼是整个口岸地段乃至拱北地区的地标建筑。大楼于1999 年澳门回归之前建成。建筑面积约 27000m^2，共 3 层，首层为进出关联检大厅及少量办公用房；二层为办公、会议及变配电房；三层为办公、计算机房及冷冻、空调机房等。驻场的查验单位主要有动植检、卫检、边检、海关、安全、口岸等部门。联检大厅是进出关人群的必经通道，平时每天进出关人数大多在 4～5 万，在春节、清明节等节假日时客流更是高达十几万人。目前共设旅客检查通道 126 条，其中自助查验通道 50 条；车辆检查通道 11 条。口岸开放时间为早上 7 时至晚上 12 时❶。

立面造型上，采用了中国传统的建筑语言来诠释口岸建筑的国门形象，

❶ 参见珠海市口岸局编制的《珠海市口岸概览》．2007。

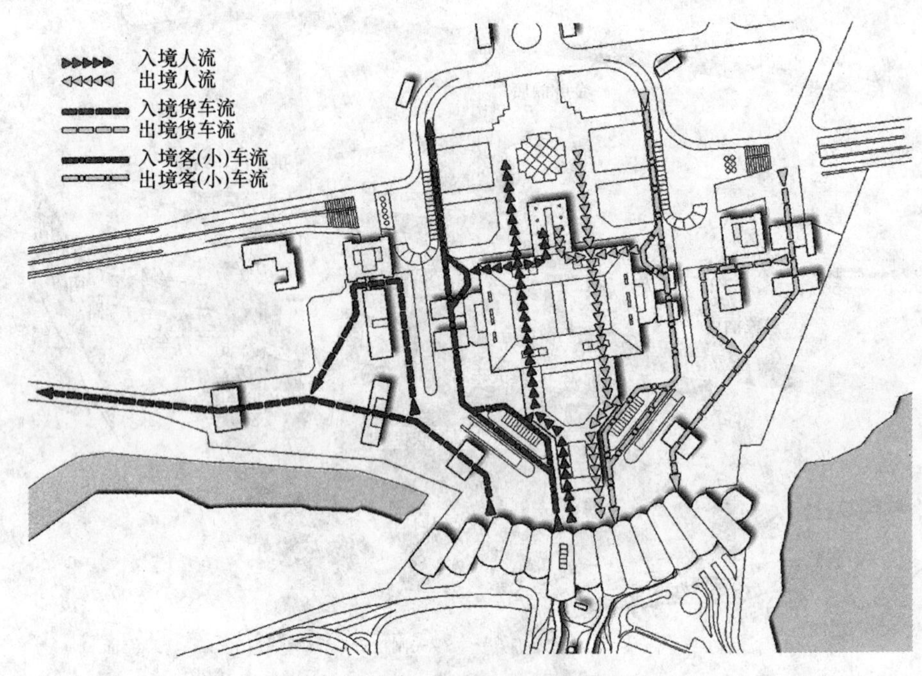

图 4-34　拱北口岸出入境流线综合处理

资料来源：作者自绘

与先前建成的深圳罗湖和皇岗联检楼有着类似之处——白墙、红柱与琉璃瓦坡顶。不过在具体刻画手法上已经更进一步：1）不同于罗湖、皇岗联检楼的假坡檐口做法，拱北口岸联检楼采用的是四面全覆盖式大坡屋顶，加上建筑体量又较为低平舒展，所以屋顶与墙身的立面比例关系更为协调；2）赤色琉璃瓦的大坡顶，色彩更为凝重，檐口线虽然没有朝两边升起，但足够深远的跨度，使坡度的上陡下缓形成了优美的弧线，在正立面方向形成类似庑殿顶的型制；3）檐口下粗壮的柱子，从墩厚的柱础到浑圆的柱身再到顶部简化的额枋、穿枋构件，细部较为考究，屋檐之下的吊顶还采用了叠涩的手法来隐喻斗拱（图 4-35）。大概是因为建设时间较晚、建设周期较长的原因，拱北口岸与之前介绍的罗湖与皇岗口岸相比，在施工质量与建筑造型语言的刻画要更加到位。

在内部环境控制上，鉴于珠江三角洲沿海的海洋性暖湿气候，联检大楼内只设单制冷空调系统，冬季不供暖。大厅空调系统采取了分区域供冷的方式，气流组织为条缝形风口顶送顶回形式，以此解决联检大厅内人流量大、人体散热多、空调负荷变化大的问题。由于拱北口岸位于海边，联检大楼距其东侧的珠江入海口仅 200m 左右，为防止台风、暴雨引发的水淹侵袭，变配电房及冷冻空调机房被分别设于二层、三层的中部。为降低噪声，机房墙

图 4-35　拱北口岸联检大楼造型细部处理

资料来源：作者现场拍摄

体采用了带空气间层的双层隔墙方案[1]。

四、拱北口岸广场及地下商城

拱北口岸联检大楼的首层东西两侧分别为出、入关大厅，而在主立面正中大雨篷覆盖之下，为通往口岸广场的地下商城的下沉台阶步道。

口岸广场位于联检大楼正北侧，起到集散人流和烘托国门礼仪氛围的作用。该工程也是为迎接澳门回归而建，1998 年 6 月开工，1999 年 12 月完工。广场作为拱北口岸的配套工程，是一座集交通、商业、人防为一体的三层（局部两层）地下建筑，占地面积 4.9 万 m^2，地下总建筑面积 11.7 万 m^2。地面为花园广场；地下一层为商场，层高 4.9m；地下二层为车库、商场、公交车站、设备用房，层高 5.0m；地下三层为车库兼战时人防，层高 3.75m。[2] 结构采用 12m×12m 柱网的钢筋混凝土框架体系。

占据了地下一层整层和地下二层一半的口岸购物广场，集购物、饮食、休闲、文化、娱乐于一体，是珠海全市最大的综合性商业中心——这从侧面反映了拱北口岸地段在珠海这个城市中的地位、影响与蕴含商机。在地下二层，昌盛路下沉横穿而过，与情侣南路衔接。同时，还设有 13 条线路的公交车站、通往全国各地的长途客运站和出租车站。是为综合性的城市商业中心与交通枢纽，既改善了口岸前部的交通状况，又

[1] 邱建中.《珠海拱北口岸联检大楼空调设计》.《暖通空调》. 2002.2。

[2] 孙文波，梁蜜勤.《珠海市口岸广场结构初步设计简介》.《广州建筑》. 1999.3。

提高了土地的使用价值。口岸广场连同联检大楼一起，成为珠海市的标志景观之一（图 4-36）。

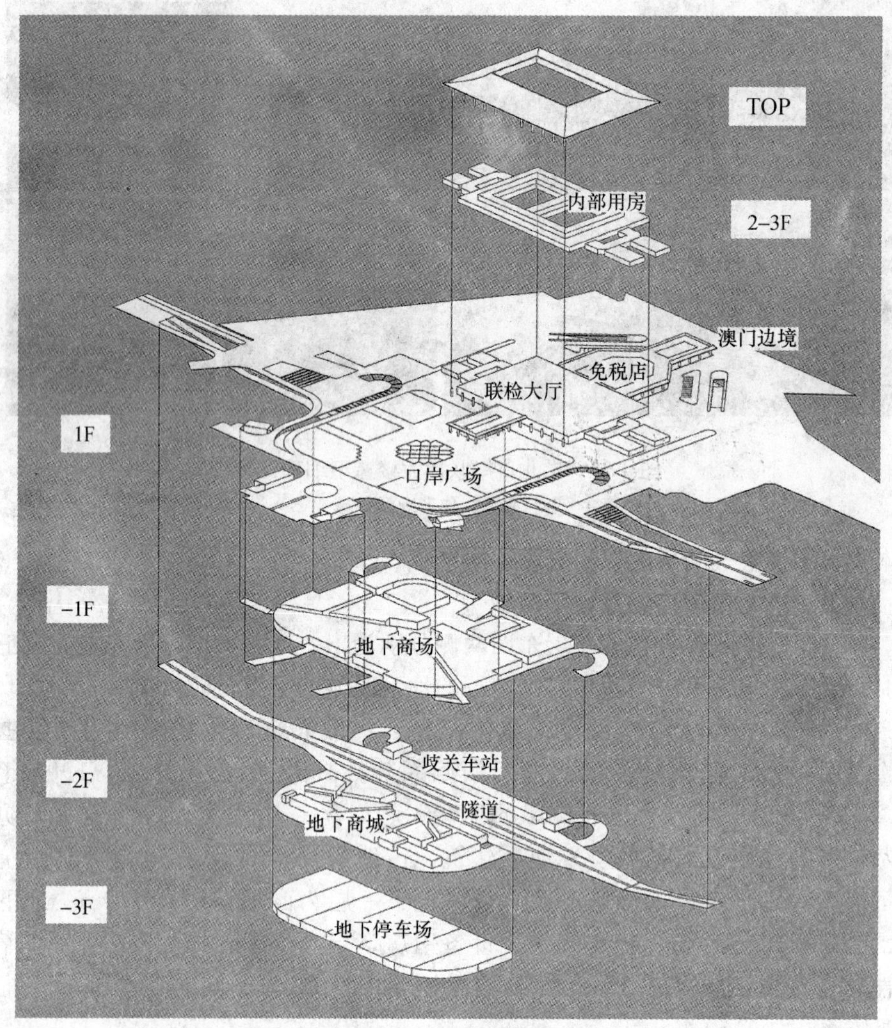

图 4-36　拱北口岸广场及地下商城空间分析图
资料来源：作者自绘

4.3.5　珠海横琴口岸

最后分析珠海与澳门之间的另一个陆路联系口岸——横琴口岸。

一、兴建背景及历程

横琴口岸位于珠海横琴岛，横跨珠江口十字门水道，由莲花大桥与澳门特别行政区路凼岛（填海新城区）相连。莲花大桥由珠澳双方协同建设，大桥的两端分别是珠海横琴口岸与澳门莲花口岸。1999 年 6 月横琴口岸经国务院批准对外开放，2000 年 3 月建成开放通行，开辟了珠海与澳门之间的

第二条陆路通道。

横琴口岸的开通，对于珠海横琴新区开发战略和澳门澳凼新城的开发战略都是重要的一环。为了横琴岛的开发战略，珠海大力投入修建了昌盛大桥、莲花大桥，建立起横琴岛与香洲中心城区之间的快速公路联系，也实现了横琴口岸与拱北口岸之间的连通，意在实现新口岸的通关分流作用。

二、口岸的规划及建筑设计

横琴口岸是客货运综合性的跨境公路桥口岸，整个口岸的管制区域占地 19 万 m^2。出境检查站、入境检查站分为独立的两栋建筑南北对称而设。各类车流经过莲花大桥螺旋引桥的组织后，从靠右行驶转为靠左行驶，协调了内地与澳门左右行的交通规则差异问题（图 4-37）。

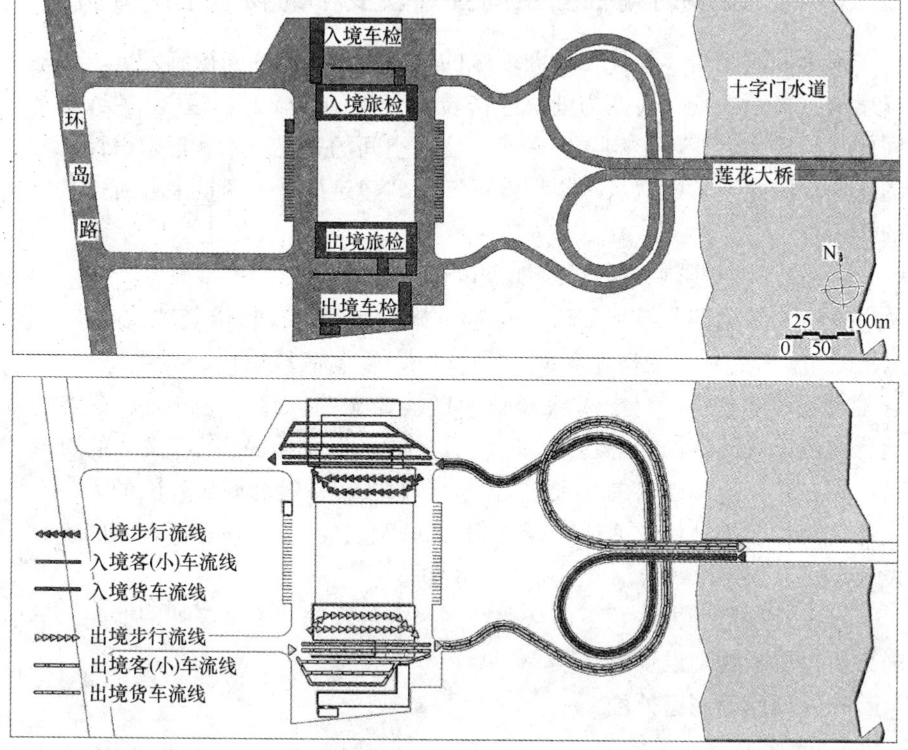

图 4-37　横琴口岸总平面图及流线分析图（1999 年）

资料来源：作者自绘

因为要赶在澳门回归之际开通，工期紧张，同时因为建设资金短缺，横琴口岸通关建筑的建设选择了采用临时性的钢结构建筑形式，较为简易，建筑面积 1.4 万 m^2。出入境检查站分列南北，按规划，彼此之间预留的大片空地将用于建设下一阶段永久性联检大楼（图 4-38）。

图片中近、远处分别为初期的出、入境检查站，之间是正在建设之中的横琴联检大楼。

图 4-38　初建成投入运行的横琴口岸建筑

资料来源：珠海市口岸局提供

4.4　发展时期社会空间要素转变下的物质空间分析

改革开放之后，珠江三角洲地区的口岸建设事业率先得到发展。各陆路口岸从“屏蔽边界”转变为港澳经济拉动作用的“辐射孔道”。各种社会空间要素的迅速转变，影响着口岸建筑物质空间的发展——这正是设计所关注的焦点。因此，下面就从“规划设计”与“建筑设计”两点来分析这种影响的作用。

4.4.1　转变影响下的口岸规划设计

在本文绪论部分界定“口岸建筑”概念之时，曾提出其“狭义”、“广义”之分。“狭义”的口岸建筑，是指口岸管制区域以内、专供口岸通关、查验及管理的建筑，其中以旅客联检楼最为显要，此外还包括货车查验场地、通道以及其他的配套建筑如海关办公楼、报关楼等。“广义”的口岸建筑，则在狭义口岸建筑的基础之上，更包含了口岸管制区域外围的人、车流交通转换接驳的站场及通道，以及相关的商业、服务、景观等方面的建筑或设施。

参考这种区分方法，下面从“管制区内部”与“管制区外围”两个层面来分析口岸的规划设计。

一、口岸管制区外围

1. 选址

改革开放后，粤港澳之间的经济联系与民间往来在经受政治因素的长期压抑后一步步得到了释放。与港澳地区的联系口岸是新中国改革之初的第一批口岸，而这之中的最早开放的几个口岸又都是在历史口岸旧址的基础上恢复建设，比如穗港广九直通车口岸、深港罗湖与文锦渡口岸、珠澳拱北口岸。这些口岸所依托的陆路交通线也都是在历史基础上恢复通行，如广九铁路与省港公路（改称 105 国道）。

而随着改革开放与珠江三角洲城市建设的发展进程，进入20世纪90年代以后新开辟的口岸在选址上，则非常注重配合城市的生长发展与交通干线的建设。比如深港皇岗口岸，既配合着特区城市重心向福田区迁移，又与广深高速公路建设相配套。

2. 交通衔接

1）与境外方向的交通连接。指各类交通流在通过一方口岸之后，前往另一方口岸之前的这段交通衔接路径。其形式有两种，一种是仅针对客流的步行交通联系，如深圳罗湖口岸的步行廊桥、拱北口岸过渡缓冲带的步行通道；另一种是同时针对客、货流的封闭机动车交通联系，如广九直通车口岸与香港红磡车站之间的广九铁路线，又如深港之间的皇岗－落马洲大桥以及珠澳之间的莲花公路大桥（公路桥的衔接还需解决大陆与港澳公路交通左右行驶的差异）。

2）与境内方向的交通连接。指各类交通流集散于口岸的交通衔接方式。具体也分两种，一种是向城市内交通集散，包括公交车、出租车、社会车辆以及步行几类方式；另一种是向口岸的腹地城市交通集散，主要通过铁路和高速公路等城际过境交通进行（图4-39）。

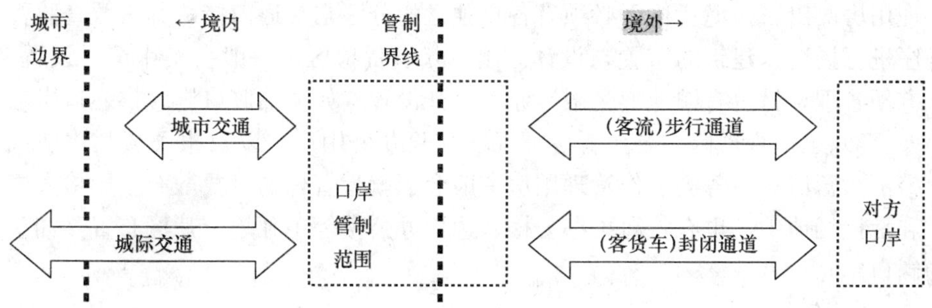

图4-39　口岸管制区外围交通衔接分析图

资料来源：作者自绘

3. 外围城市地块与口岸的关联

珠三角陆路口岸与境内方向的各种交通衔接，决定其成为城市中的特殊交通节点——公交车、出租车、长途汽车站甚至火车站等各类交通站场集聚在口岸外围，各类人、车流集散于口岸，带来的流线综合处理难题已经成为口岸规划设计最难解决的难题之一。

而由于改革初期内地与港澳之间的显著经济级差，在“经济距离”原理作用下，在起到“辐射孔道”作用的口岸之外围城市地块中，酒店业、商业、餐饮业甚至房地产业等赢得了发展的先机，呈现“原始积累”的态势。

这种商业利益驱使下的“原始积累”，使得本已负担很重的口岸外围城市地块更加密集拥堵，并可能由此引发管理困难、治安混乱、社会形象差等一系列问题。这就需要通过城市设计手段给予考虑。但是在20世纪八九十年代，口岸建筑及其地段尚处发展时期，具有一定的摸索与尝试色彩，对设计的重视与投入非常有限；而且在这个时期的中国内地，城市设计的意识与方法运用尚不普遍，因此导致了关于交通组织、城市空间、环境景观、人性化设施等方面的问题。

二、口岸管制区内部

根据通关内容，珠江三角洲的陆路口岸有客运口岸、货运口岸、客货运口岸之分。此处针对口岸管制区内部规划设计的分析，拟以客货运综合口岸为原型，原因是其内容范围覆盖着前两者。

1. 分区设计

口岸管制区以内的分区内容主要有旅检区、货检区、工作管理区三部分。其中旅检区与货检区都有出、入境之分。

1）旅检区主要包含旅检大楼以及相关出入通道与车场。一般而言，出境旅检与入境旅检会集中于一栋建筑中，或上下分区（如罗湖口岸）或左右分区（如拱北口岸），另也有分开两栋建筑设置（如横琴口岸）。

2）货检区主要包含货检的行车道、查验闸口、查车场以及相关设备管理用房。出、入境货检区必须有各自独立的分区与交通衔接，并按照查验程序进行场地、建筑的布置与设计。出、入境货检区，一般会集中统一设置、方便管理，另也有因地形受限等原因分开设置（如文锦渡口岸、拱北口岸）。

3）工作管理区主要包含各类现场查验办公用房，以及报关楼、边防武警部队营房等。各类工作管理用房一般会因就近管理的需要散布于旅检大楼和货检场地中，也有将海关办公楼、边检办公楼等单独划定片区布置（如皇岗口岸）。

2. 流线设计

“客货分流”、“人车分流”、“出入分流”是流线设计的核心原则，这些原则与功能分区的原理基本一致。发展时期的珠三角陆路口岸通关流线，其种类较初始时期已经充分扩展：

1）旅检区流线。有通过公交、出租车等城市交通集散的散客；有乘旅游巴士集散的团客；还有驾驶两地牌小车的自驾通关者。旅检流线中，需做到步行人流与客（小）车流的区分，❶ 还需避免各类客（小）车流的出入行驶流线的交叉干扰。

2）货检区流线。主要是出入境货柜车流行驶于此。当然，货柜车流中，也有查验合格放行车流、查验不合格扣留或遣返车流、空车免查验这几类流

---

❶ 具体方法可通过地道天桥、空中廊道、全封闭车道等“管道化”形式将人行与车行分离开来。

线区分。

可见口岸管制区以内的流线设计非常复杂，实为口岸规划设计的一大难点。在珠三角口岸的发展时期，流线内容最复杂的口岸是深圳皇岗（公路）口岸，而皇岗口岸也恰恰是流线设计方面暴露问题最多的口岸，可参见图4-27。而在图4-40中，对皇岗口岸通关查验的各类流线进行了归纳以供分析参考。

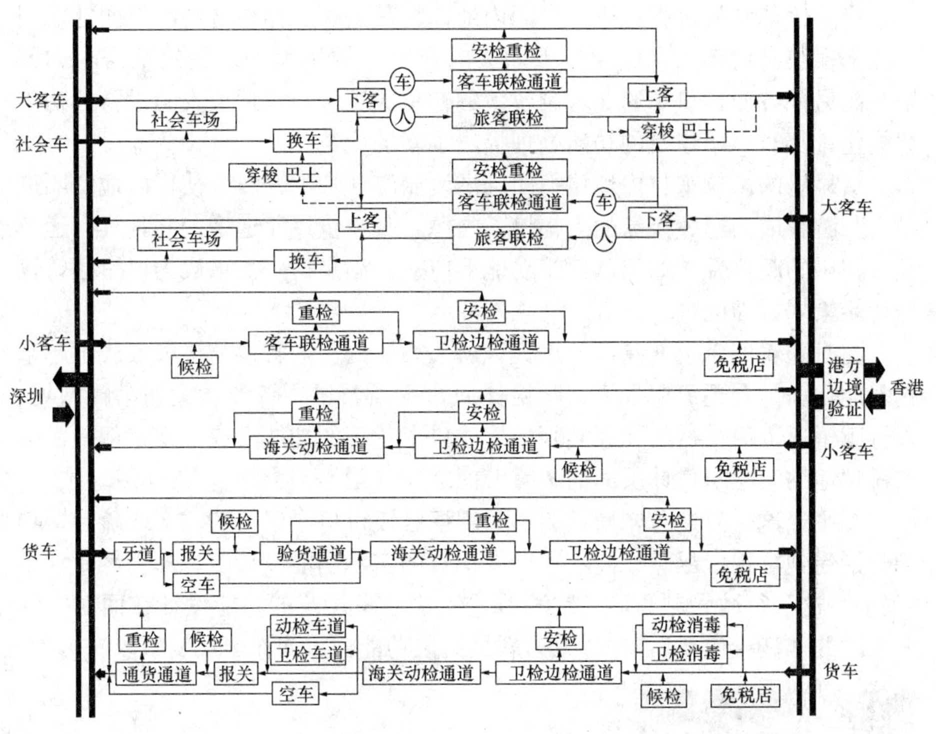

图 4-40　皇岗口岸查验流程关系图

资料来源：参考《皇岗口岸联检站总平面设计》改绘

4.4.2　转变影响下的联检楼建筑设计

前文已指出"口岸建筑"的概念有"广义"、"狭义"之分，而在"狭义"口岸建筑的各元素中，又以联检楼为其最显著、重要。所以接下来就以联检楼为代表，分析单体层面的口岸建筑设计。

一、建筑功能

针对旅检通关服务的联检楼，其功能内容发展至港澳回归之前已经大致成型。主要包含出、入境通行查验区和内部工作用房三部分。

1）出、入境通行查验区以验证大厅为主体，还包括与其配套而设的（海关及边检部门的）监控室、免税商店、贵宾室、医务室、治安室等；

2）内部工作用房则必须与出入境大厅隔离而设。包括供口岸各部门工作人员的办公、会议、活动、餐饮、更衣、停车库等。出境和入境大厅必须隔离对称而设，其分隔方式主要有上下层区分和左右对称区分两种；

3）广九直通车的内陆直通式口岸，其旅客联检功能虽然被集成于火车东站之中，但口岸与火车站乃隔离而设，功能组成与独立的联检楼其实并无大异。

伴随改革开放进程推进，中国内地，尤其是珠三角地区与港澳两地之间的往来很快密切起来，这导致了通关内容范围的扩大和通关效率需求的剧增。而另一方面，口岸通关管制政策的初步放宽和口岸通关查验设备的初步智能化，都对口岸建筑的功能处理提出了新的变数。

最显著的影响来自内地旅行团赴港澳旅游业务的开放，使得内地“团进团出”游客成为通关人流的大幅增长之源，其数量逐年递增，并且具有逢节庆日剧增的起伏性。如何从建筑功能上应对、满足这一需求成为口岸建筑设计功能策划方面的难点。

同时随着城市交通建设的进程，通关人流的交通转换与接驳方式也越来越多样化。为合理组织人流，联检楼周边不断新增了各类设施如车辆站场、人行廊桥通道等。这类元素实际已构成口岸建筑的功能组成元素，却并没有被科学地纳入建筑设计层面的统筹考虑之中（图 4-41）。

总之，这一时期急剧增长的通关规模已使得口岸建筑的“交通疏导”功能开始受到重视。尽管如此，在口岸建筑的实际功能设计中，却仍然专注于“关卡”这一行政管制职能。这种偏差使得口岸建筑的功能设计在面对实际需求时的“疲于应对”，并导致为满足通关功能需求而作出反复整改。

罗湖口岸

皇岗口岸

拱北口岸

图 4-41　配套的步行廊道加建没有被考虑在口岸建筑设计环节中

资料来源：作者现场拍摄

二、建筑造型

这一时期的联检楼，在建筑形象与造型语言上真实地反映了中国内地 20 世纪八九十年代的建筑风潮，并体现为一种近乎模式化的趋势。受“边境要塞”思维定势的影响，对“国门”象征地位的强调，这批口岸建筑不约而同地采用了类似“关楼”的封闭而自我的建筑形象。经简化后的大坡屋顶或者假坡檐口等建筑语言成为传递“中国元素”信号的普遍首选，乃至白墙、红柱、赤（黄）色琉璃瓦、茶色玻璃成为反复套用的材料与色彩搭配（图 4-42）。

深圳罗湖口岸联检楼（1985）

深圳皇岗口岸联检楼（1991）

深圳皇岗口岸海关楼（1991）

深圳沙头角口岸联检楼（1984）

珠海拱北口岸联检楼（1999）

广州南沙客运港口岸（1994）

图 4-42 （发展时期）各大口岸建筑的外观造型与建成年份

资料来源：主要为作者现场拍摄

除思维定势之外，还有两方面因素是为模式化趋势形成的原因：其一，这一时期的口岸建筑工程，在建设筹资与决策方面，都体现出了港澳资本力量的强势影响——深圳的罗湖与皇岗口岸都是由胡应湘出资兴建，广州的南沙港则是由霍英东出资兴建。投资祖国内地的华侨，在建筑形式上，往往偏爱能够体现中国特有建筑文化的语言。其二，因为政治、经济原因，早期口岸建设时间往往非常紧迫，难以给予长远谋划。并且限于改革开放之初的经济实力与建造水平，这批口岸建筑中的早期实例都是求快求简，较为粗放而缺乏精品意识。当然到了后期，已逐渐对口岸建筑投入了更多的关注。例如澳门回归前夕才建成的珠海拱北口岸联检楼，与罗湖、皇岗口岸相比，设计与施工水平就明显更为到位。

4.5 本 章 小 结

本章研究的时间跨度是改革开放后至港澳回归前这样一个“发展时期”。

在本章之中，首先回顾了政治、经济、行为这三方面社会空间要素在内地实行改革开放后发生的巨大转变；然后，以珠三角的广州、深圳、珠海三个中心城市为代表，分析其各类口岸工程发展与兴建的总体概况；进而详细解析了广九直通车口岸、深港罗湖、皇岗口岸、珠澳拱北、横琴口岸这几个重要案例；最后回归设计本身，从“规划设计”与“建筑设计”两个层面分析口岸建筑物质空间的发展。

下面我们运用社会空间视角的钻石模型，概括并分析在发展时期与口岸建筑相关联的各社会空间要素（图 4-43）：

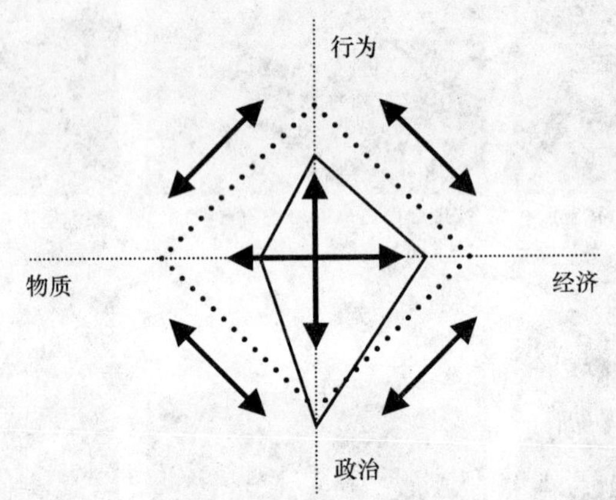

图 4-43　发展时期口岸发展的社会空间钻石模型示意图
资料来源：作者自绘

1）政治空间要素。改革开放使珠三角地区从国防前哨转变为开放实验场。这使得政治因素的绝对主导地位发生转变。不过由于改革之初必然要经历一个逐步开放的过程，加之港澳尚未回归等原因，因此政治空间要素仍然是占据权重最高的要素。

2）经济空间要素。改革开放之后，开始以经济建设为中心。港澳两地资本与产业对于珠三角地区的经济拉动作用得到释放，口岸由此成为经济辐射的孔道。同时由于内地与港澳之间的巨大经济级差导致口岸建筑中种种问题与现象的出现。总之经济空间要素在此时期得到了长足的发展。

3）行为空间要素。政策的放宽，使各种通关行为得到了发展，人员与物资的往来开始变得丰富而活跃，如大陆居民也可以通过跟团旅游的形式前往港澳。这些使得行为空间要素同样得到了长足的发展。

4）物质空间要素。政策的放宽与经济、行为空间要素的长足发展，促成了口岸物质空间的建设与发展。不过限于改革之初的经济与建造水平，口岸建筑的建设情况较为粗放简陋，在迅猛增长、不断变化的实际功能需求面前，明显有所滞后，从而引发了诸多的问题。

第5章　港澳回归后至当前：兴盛时期的口岸建筑

当前，正值港澳两地回归10年。10年来，在粤港澳紧密合作的支持之下，珠江三角洲的经济建设与城市建设都取得了巨大的成就，已发展成为中国外向型经济的制造基地。不断增长的开放需求大力推进着口岸的发展，一方面是对前一时期发展起来的口岸进行改造；另一方面是新建口岸开辟新的联系通道，陆路口岸建筑的发展由此进入到“兴盛时期”。

5.1　社会空间视角下的要素演变

5.1.1　政治空间要素的演变

1997年6月30日晚，香港回归交接仪式在香港会展中心举行，7月1日凌晨，中国人民解放军驻港部队官兵、车辆分别通过皇岗、文锦渡、沙头角口岸进驻香港。（图5-1）香港结束了一个半世纪的殖民地历史，成为中华人民共和国香港特别行政区。两年后，澳门也于1999年12月31日回归祖国，成立澳门特别行政区。为保证港澳两地回归后的繁荣稳定，中央政府对港、澳特别行政区实行“一国两制”政策，即在一个中国的前提下，国家的主体坚持社会主义制度；香港、澳门、台湾是中国不可分割的组成部分，

(上图)1997年6月30日午夜，中英两国在香港会展中心举行香港政权交接仪式

(右图)1997年7月1日凌晨，中国人民解放军驻港部队通过文锦渡口岸进驻香港

图5-1　1997年7月1日，香港回归祖国

资料来源：http：//www.cpanet.cn/news/hk2007/index.html，《深圳口岸》p43

它们作为特别行政区保持原有的资本主义制度和生活方式50年不变。❶ 香港、澳门的顺利回归，是中国当代历史中最为重要的积极事件，为祖国大陆和港澳之间、尤其是珠江三角洲地区和港澳之间的紧密合作与共同繁荣提供了政治上的保证。

按照“一国两制”的基本国策，香港及澳门特别行政区在回归之后仍继续实行资本主义制度，并且继续拥有自主的法制、税收与财政体系。尽管如此，两地国家主权与驻军权利的回归仍使得深港及珠澳边界（也称“一线”）的戒备森严程度有所缓和，兼具了“国界”与“省界”双重色彩。

随着我国改革开放的不断深入，地区开放度逐渐提高。尤其是以上海为中心的长江三角洲的经济区的崛起，使得珠江三角洲作为改革开放前沿地的地位有所下降。而珠三角其他开放城市如东莞、惠州、中山等地的经济崛起，也使得深圳和珠海经济特区逐渐完成了它们作为改革开放试点的历史使命，原专属于经济特区的诸多特殊政策开始发生转变。进入21世纪之初，各经济特区城市相继取消了特区边防证制度，从此大陆居民出入经济特区不再需要办理边防通行证。在深圳，关内与关外之间的“二线”已逐渐淡化，甚至出现了关于“拆关”的讨论。如今“二线”沿途那些闲置的边防巡逻路和铁丝网，被喻为“一道抹不去的胎记”，成为深圳这个年轻城市独有的一道历史风景（图5-2）。

如今的“二线”，除去关口，已见不到巡逻和把守的武警，有的路段，铁丝网已完全被拆除。最为写意的是：一些路段已成为市民休闲散步和户外爱好者行走拉练的经典线路。

图5-2 深圳二线今昔

资料来源：网络文章《走过深圳百年故事》

总之，贯彻“一国两制”基本国策，实现港澳回归过渡期的稳定和回归后的持续发展，已成为一个重要的政治问题，关乎中国的统一繁荣大业。这也决定了珠江三角洲的口岸发展需要进入一个新的阶段。

---

❶ 1984年2月22日，邓小平在会见外宾时说：“我们提出的大陆与台湾统一的方式是合情合理的。统一后，台湾仍搞它的资本主义，大陆搞社会主义，但是是一个统一的中国。一个中国，两种制度。香港问题也是这样，一个中国，两种制度。”后来邓小平及党的其他领导人多次对“一国两制”作了类似的解释。党和国家职能部门依据这一构想，对台湾、香港、澳门分别制定“一国两制，和平统一”、“一国两制，港人治港”、“一国两制，澳人治澳”等具体的方针、政策，顺利地实现了香港1997年、澳门1999年回归祖国的工作，并对台湾的和平统一工作起了积极的推动作用。

5.1.2 经济空间要素的演变

一、珠江三角洲的经济发展成就

随着全球经济一体化、区域经济集团化及我国改革开放的不断深入，珠江三角洲地区作为接受港澳经济空间辐射的经济腹地，依靠着政策的优势和地缘、人缘的优势，实现了经济的持续高速增长。经过前 20 年的积累，基本实现了从传统农业经济向工业经济的转变，进入到工业化的后期阶段，港澳地区也顺利实现了产业的转型升级，提升了国际竞争力。❶ 港澳回归之后，这种外延一腹地型的区域经济关系得到了进一步加强，迅速成为中国经济最发达的地区之一和对外经贸合作的重点地区，成为亚洲地区最为活跃、最具竞争力的出口加工贸易基地之一和全世界经济高速发展的地区之一。全世界有 1/10 的消费品在这里制造，俨然全球制造业中心之一；周围产业云集，二、三产业发达，步入了世界新兴发达地区的行列。

制造业方面，珠江三角洲更是集中了整个广东 80%的份额，是中国最大的制造业基地，已经形成了三大产业分工体系：珠江东岸的东莞、深圳、惠州以电子通信设备制造业为主，是全国最大的电子通信设备制造业基地，被称为“广东电子信息产业走廊”；珠江西岸的珠海、中山、顺德、江门则形成了家用电器、五金制品为主的产业带；中部的广州、佛山（含南海）、肇庆是传统的电气机械、钢铁、纺织、建材，以及汽车、石化产业带。制造业的发展创造了大量就业机会，以千万数计的中国内地廉价劳动力被吸引至珠三角，为来自港澳台的厂商工作。

进入 21 世纪后，最大限度地降低区域内商品和生产要素流动的障碍，建立起开放和统一的市场，实现商品贸易与服务贸易的自由化和投资便利化，成为新时期粤港澳合作的主要内容。❷

2001 年 12 月，中国加入 WTO 成为世贸组织成员，内地市场进入全方位开放时期，粤港澳的发展融合更为迅猛。至 2002 年，粤港澳三地 GDP 达 3118 亿美元，进出口总额 6338 亿美元，分别占全国总量的 22.1% 和 61.3%。而到 2005 年，统计数据更清晰地显示了珠江三角洲地区地经济地位，虽然人口和面积仅为广东省的 1/3 左右，但其经济指标 GDP 却占广东省的 83.22%，几乎完全支配着广东省的经济发展，在整个华南地区处于主导地位（表 5-1）。

在中国加入 WTO、内地市场全面开放之后，港澳相对于内地的比较优势开始发生变化。为支持香港的稳定繁荣，维护其亚太金融中心的地位，

---

❶ 熊国平.《当代中国城市形态演变》. 中国建筑工业出版社. 2006. p189。

❷ 陈广汉.《粤港澳经济关系走向研究》. 广东人民出版社. 2006. p2、p15。

2003年6月，商务部代表中央政府和香港特区政府签署了《内地与香港关于建立更紧密经贸关系安排》（Closer Economic Partnership Arrangement，简称CEPA）。CEPA是在一国两制框架下，中国国家主体与其单独关税区香港和澳门之间建立自由贸易关系的经贸安排，其内容包括商品货物贸易自由化、服务贸易自由化和贸易投资便利化。这些内容将消除港澳和内地之间的贸易障碍，给予港澳资本先于WTO进入中国内地的机遇[1]

（2005年）珠江三角洲的人口、面积及经济GDP所占比重　　表5-1

社会指标	人　口	面　积	GDP
珠江三角洲	3307万人	54718km²	18059亿元
广东省	9189万人	180000km²	21701亿元
全国	135000万人	9600000km²	182321亿元
占广东比例	35.99%	30.40%	83.22%
占全国比例	2.45%	0.57%	9.9%

资料来源：朱照宏等．《城市群交通规划》．同济大学出版社．2007. p39

CEPA的签署扩展了香港、澳门与内地开展经济合作的范围和深度，也给港澳与珠江三角洲的服务业合作提供了新的发展机遇。从制造业走向服务业，粤港澳将在金融业、物流业、会展业、专业服务（会计、法律、设计、管理咨询等）、分销服务、旅游业这六大行业中进一步合作。

二、深港经济合作的双赢

深圳作为经济特区，是中国改革开放的“窗口”、“试验场”和“排头兵”，对内地起着辐射、带动和示范作用。中央给予的优惠政策、改革开放的氛围和局部投资环境的优势，使深圳吸纳了内地大量的资金、技术、管理经验、人才和劳动力。利用国内国外两个市场、两种资源，深圳实现了自身经济实力的迅速增长，发挥了较为明显的“吸纳”、“聚集”、“漏斗”效应与功能。深圳毗邻香港，是香港与内地陆路联系的必经通道，在香港与内地的经贸合作中得“近水楼台”之利，成为中国大陆最发达的经济特区，并成为经济融资、国际贸易、技术转移、人才培养等方面的“窗口”，综合经济实力已跃居我国大中城市前列。截止至2004年的统计数据，深圳的GDP达3422.8亿元，进出口贸易总额1472.83亿美元，占全国的13.1%，连续多年居全国之冠。这在很大程度上是因为受益于香港，深圳最大的投资来源一直是港资，2004年港商在深实际投资累积达200多亿美元，占外商在深实际投资总额的70%；深圳港资企业近万家，占深圳外资企业的80%左右；除投资和贸易外，香港还一直是深圳建设国际化城市最近、最好的榜样和老

[1] 胡振国．深港合作新趋势．北京：中国经济出版社，2005. P86。

师，在经济运作与国际惯例的接轨上有着更为深刻的影响。[1]

当前香港回归已逾10年，深圳与香港逐步实现了“互补式”合作模式，在城市基础设施建设、口岸建设和口岸管理体制、交通运输、金融等产业发展、环境保护和治安等领域的衔接与合作进一步加强，并在金融、贸易、国际航运、制造业发展、过境交通、生产及生活空间等方面形成功能互补。在珠江三角洲城市群中，“深港都市圈”已然形成。

三、珠海经济发展的滞后

前文已指出前一时期珠海与深圳的经济与口岸发展的差距。港澳回归之后，这种差距仍在拉大，不仅如此，珠海迄今为止的经济总量甚至在西岸四个地级市中都是最小的，即便充当西岸线的中心城市都如同“小马拉大车”（表5-2）。

（2007年）珠海与珠三角其他城市的经济实力对比　　表5-2

	珠海	深圳	东莞	南海	顺德
GDP	886.8	6765.4	3151.0	1231.0	1279.3
工业总产值	2500.0	15000.0	6650.0	2855.0	3244.2
地方财政收入	75.8	658.0	186.0	63.0	68.4

（单位：亿元）注：其中顺德、南海地方财政收入的减少还不排除是撤市设区导致的结果。

资料来源：金心异．《被自豪感和挫折感拉锯式折磨的珠海》．南方都市报．2008.9.17

滞后与反差，促使珠海在近10年来又对其城市发展定位进行了一系列的调整：1998～2002年，珠海实施功能区战略、园区战略，似是“调转船头”大搞工业。

2000年，确定了“三基地一中心”的城市定位。“把珠海建设成为以信息技术为龙头的高新技术产业基地，有较强吸引力的产学研基地，高附加值的产品出口创汇基地，成为现代化区域性中心城市。”

2003年，在珠海市新的总体规划中，确定城市定位为：“珠江口西岸的区域性中心城市”，最后国务院批复则为：“珠江三角洲中心城市之一，东南沿海重要的风景旅游城市”。[2]

……。

在成立经济特区后30年的发展过程中，珠海作为一个工业枢纽城市的形象没有树立起来，但它作为一个休闲旅游城市的形象却深入人心。究其动因，一是较少的工业和过境交通成就了美丽的滨海城市风光和优良的绿化环境；二则是因为与澳门特别行政区水陆相连的特殊地缘条件。[3]

---

[1] 胡振国．《深港合作新趋势》．中国经济出版社．2005. p77、p95。

[2] 金心异．《被自豪感和挫折感拉锯式折磨的珠海》．南方都市报．2008.9.17。

[3] 澳门的旅游博彩业已有逾150年的悠久历史，它与美国的拉斯维加斯、摩纳哥的蒙地卡罗并称世界三大赌城，其独特形象已深入人心，每年吸引了来自世界各地的数百万游客前往。这对于珠海的旅游业拉动力是显而易见的。

5.1.3 行为空间要素的演变

兴盛时期影响口岸发展的行为空间要素仍然需要从人流通关、货流通关和通关管理三方面来谈。与改革开放前20年相比，在港澳回归后的近10年发展中，珠三角口岸的行为空间要素既有对前一时期内容的延续，又发生了一系列变化。其中最突出的两点如下：

其一是口岸开放力度更大，通关规模急剧膨胀。

深圳口岸2001～2008年通关量增长表 **表5-3**

	出入境人员（亿人次）	出入境车辆（万辆次）	集装箱吞吐量（万标准箱）
2001年	1.18	1172.17	507.45
2002年	1.29	1249.00	761.78
2004年	1.53	1433.76	1365.55
2005年	1.59	1483.00	1619.00
2006年	1.67	1526.00	1846.89
2007年	1.77	1539.00	2109.92
2008年	1.78	1546.80	2036.60

资料来源：作者根据深圳市政府口岸办公室网站（http：//www.szka.gov.cn）中的统计信息制作

以增长最为迅猛的深圳口岸为例，在香港回归以来，往来穿梭的车流和人流使其口岸的忙碌和热闹景象超过了历史上任何时候。表5-3之中的数值说明了发展之迅猛，其中“出入境人员”、“出入境车辆”的数据反映了深港陆路边界口岸的通关量增长，“集装箱吞吐”的数据则说明深圳集装箱深水港的运力增长。

其二，随着珠三角与港澳区域差距的缩小与合作融合的加深，通关要素流动渐趋自由与多样化。

这一点集中体现于深港及珠澳的陆路边界口岸。港澳回归后，粤港澳之间的级差在一步步缩小，深港及珠澳边界也“更加柔化”，❶ 图5-3之中就形象地描述了这种演变过程的趋势与特征。而这种演变必然引起口岸通关行为内容的变化，下面就对之举例分析：

1. 2003年起，中央政府紧随CEPA签署之后批准开放了“港澳自由行”，这是内地与港澳融合加深的最好体现。❷ 它一方面为内地游客赴港澳

---

❶ 古儒朗，林海华，廖维武.《“香港制造”不再，“中国制造”长存——我们可能未来的构想》.《世界建筑》2007.10.p129。

❷ 2003年7月，在CEPA框架下，中国分10个批次将内地城市列为港澳游“自由行”的开放城市。珠三角的深圳、东莞、广州等城市最早启动，至2007年初郑州等5城市开放港澳自由行，总数已达49个。

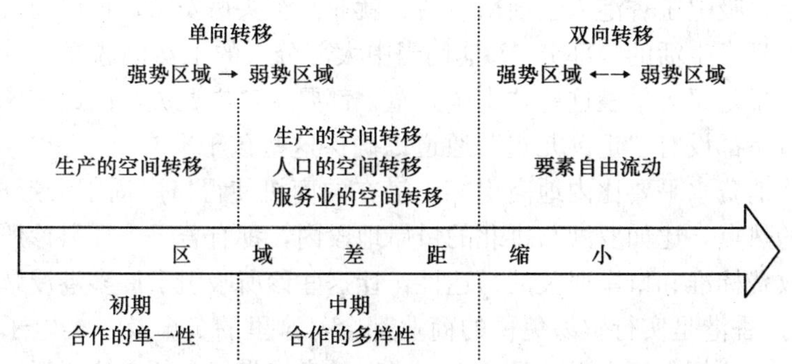

图 5-3 区域一体化的新模式

资料来源：参考《香港跨境人口流动与粤港澳区域一体化》一文插图绘制

旅游提供了方便——在自由行开放之前，大陆人前去港澳旅游只能通过跟旅游团的“团进团出”方式；另一方面意在为香港、澳门的经济带来利好。2004年，经过中国人民银行筹备，又向香港开放了人民币业务，从此，内地赴港游客可以使用银联卡消费（在此之前，内地游客到香港最多只能携带2万元现金）。现金流通的开放大大促进了内地游客在香港的消费，而据香港方面统计，“自由行”以来，内地游客共为香港带来上100亿港元收益，直接刺激了香港旅游、消费零售和饮食等行业，增加了众多就业机会。据商务部统计，截止到2006年5月，内地累计赴港“自由行”旅客已达2603万人次。到2007年内地游客平均每次支出达3000元，购物消费总额在香港所有国家（地区）游客中排名第一。❶

这种独特的现象也引起了香港方面的关注，有学者这样撰文道：“……特别是自从中央政府开放私人前往香港旅游探访以来。此时我们应该问问这些每月百万的内地游客为何而来？是来参观新开张的迪斯尼乐园？是来开一个银行帐户？是来购买更多的黄金与名牌？这可能只属其中的少数，并不是主流。其真正的兴趣实是观摩香港，作为一个并非以共产主义为政治构架的中国城市。”❷

2. 深港及珠澳口岸开放程度的提高，产生了更多的民间往来关系，已经初步走向经济与社会的全面融合。透过近年来热议的关于“香港大学抢夺内地大学生源”、“大陆孕妇赴香港产子”等话题就可见一斑。我们已经很难全面概括当前形形色色通关人流各自的动机与目的，只能透过几个例子来感受这些行为的变迁与衍生：1）内地与香港之间物价房价的差异以及更多的

❶ 中央电视台专题摄制组．《香港十年》．上海科学技术文献出版社．2007．p92。

❷ 古儒朗，林海华，廖维武．《“香港制造”不再，“中国制造”长存——我们可能未来的构想》．《世界建筑》2007．10．p129。

工作机会，吸引了香港人士前来生活、就业甚至买房安家，口岸通关已经成为这些人日常生活的一部分，❶ 他们当中大部分人的子女仍选择在香港的学校就学，于是每天早晨这些“走读儿童”都要从口岸通关，因此在深圳罗湖与皇岗口岸都设有“走读儿童”通道以确保这些孩子准时上学；2）由于港澳的整体消费水平要比内地高得多，潜在的商机使得口岸周围会形成商业、服务业的热点，比如罗湖与拱北的口岸地段内，都有若干个牙科诊所，相对低廉的收费标准和口岸通关的易达性，让这些诊所吸引了许多港澳顾客前来就诊；3）香港是实行贸易免税的商业都会，这里的黄金及各类电子产品的价格要比内地便宜不少，于是便出现了以随身携带行李的方式贩运香港商品（水货）的“走客”，利益驱使之下，这些人每天往返通关的次数甚至能够超过 10 次（图 5-4）；……。各种通关行为形形色色，已不胜枚举。

罗湖过关流动人口

香港购物节宣传海报

居住深圳的香港儿童每天早上通过口岸去香港读书

图 5-4　口岸通关行为要素节选图例

资料来源：《世界建筑》.2007.10.（香港回归十周年纪念专辑）.p47、p129

3. 在 CEPA 签署的次年，按协议，从 2004 年 1 月 1 日起，对 273 类几千种香港原产地的产品进入内地实行零关税。❷ 第一个拿到原产地证书的是香港京都念慈庵公司。1 月 6 日，首批零关税港货报关成功，经皇岗口岸入境。为了加大对这一部分货流的放行力度，深圳皇岗海关的原产地办公室也开始工作，每天来自香港的零关税货物在这里通过审核，办齐手续，进入内地。深港两地货物贸易量的大幅上升，对深圳口岸的通关能力和通关效率、通关环境提出了新的要求。

4. 随着近年来内地（尤其是珠三角）与港澳之间差距的缩小和日趋紧密的联系与融合。在口岸通关管制方面，各口岸工作部门的工作侧重点开始

---

❶ 根据香港规划署 2001 年跨界旅运统计调查：居住香港的人士，约有 0.72 万人每日前往内地上班；约有 20.39 万人平均每周至少 1 次前往内地公干；约有 14.58 万人平均每周最少 1 次前往内地休闲（包括购物观光和度假）；约有 4.58 万人平均每周最少 1 次前往内地探望配偶、子女或父母；在前往内地的行程中，休闲、公干、探亲访友和工作的比例分别占 42%、31%、20%、4.4%。约有 1.25 万名居于内地人士需要每天返港上班，其中超过 99% 是香港居民。

❷ 中央电视台专题摄制组.《香港十年》.上海科学技术文献出版社.2007.p90。

从“政治权威型”向“通关服务型”转变。这无疑是伴随时代发展而不断进步的表现。在这种趋势下，各类关于改善通关环境、提高通关效率的措施纷纷登台。如“蓝线服务承诺”——当排队人流长度超过蓝线时，就会相应增开通关查验闸口，有效控制排队等候时间；又如“二十四小时通关”[1]——此举能够实现口岸通关在时间上的无缝联系，既提供了很大便利，又消除了行政地划之间的心理沟鸿；此外还有 2005 年投入使用的指纹自助通关设备，无须人工查验，通关者可以在 8 秒内完成自助通关（图 5-5）；再比如 2007 年在深港西部通道实行的“一地两检”查验制度，深港两地的口岸工作部门跨越了地域与制度隔阂，集中于一地工作，以求更高效地协同运作。

第一批旅客正在通过自助查验系统过关，这些通道不用查验，完全通过计算机系统运行

图 5-5　深圳罗湖口岸于 2005 年 6 月率先面向港澳旅客启用自助查验通道

资料来源：《刷卡按指纹八秒跨深港》．《南方都市报》．2005.6.17

总之，来自行为要素的变化提出了新的功能需求，决定了需要在口岸建设以及口岸管理机制上与时俱进、作出调整。

5.2　兴盛时期珠三角中心城市口岸发展概况

在资源全球配置的作用下，珠江三角洲的环珠江口城市群（也称珠江口湾区或香港湾区），对内陆腹地的经济依赖逐渐减少，拉动力和影响力则逐渐增大，在我国经济中的作用和优势地位步步加强。随着港澳的回归，已经成为珠三角乃至整个南中国的首善之区与对外门户。在这种背景下，珠江三角洲的口岸发展较前一时期更进一步，原有的口岸工程纷纷进行了（或正在进行）改造，并有一批新建口岸工程出现，这些改造与兴建口岸工程仍主要集中在以广深珠为代表的中心城市之中。

5.2.1　广州的口岸发展

广州是华南的经济中心和商业中心，是广东省的省会，广东省的公路与

[1] 2003 年 1 月 27 日零时，深圳和香港之间的皇岗－落马洲口岸实现了 24 小时通关，成为全国第一个（时间上）无缝连接的通关口岸，实现了深港之间的人流物流全天候不间断的交流和往来。

铁路网都是以广州为中心兴建，优势众多。与这些优势形成反差的是广州在海港口岸方面的不利局面，与香港、深圳的海港口岸发展形成了一定差距。

广州港水运口岸主要包括内港区和黄埔港区两个部分。内港区分两条航道（珠江前航道与珠江后航道）横穿广州市区；黄埔港区地处珠江口，主要由位于珠江干流与东江干流交汇处的黄埔新港（墩头基）构成。1987 年黄埔港与广州内港合并称广州港。然而在时代发展的步伐面前，两港合并之后的广州港却面临着困境：1）20 世纪 90 年代以来，世界远洋航运已发展至第三代集装箱船为主，其荷载为 3.5 万 t 级，需要 12m 以上的深度，第五、六代集装箱船的吃水深度更是超过了 15m。广州港出海航道的水深条件不足，造成黄埔新港由于无法与国际港口“门对门”地进行集装箱运输而不得不降级使用；2）两港合并后，由于航道条件差，加之缺乏统一规划和合理分工，以至本港腹地 80%以上的进口原材料和出口产品仍不得不付出高昂的陆路费用和装卸费，弃舟就路（主要是高速公路经深圳）直运香港，外汇和运费损失巨大，影响广州的竞争力和外向型经济的发展。❶

为此，在 2000 年编制的《广州城市发展概念规划》中，提出将通过“南拓、北优、东进、西联”来调整广州的城市空间结构。❷ 其中的“南拓”明确了广州城市生长发展下一步的重点将是拥有广阔发展空间的南沙地区。南沙地处珠江三角洲的地理几何中心，地理位置十分重要。方圆 100km 范围内网络了珠江三角洲经济最发达城市群，并处于珠江入海口地区“穗—港”、“穗—澳”两条珠江三角洲经济圈发展辐射轴的支撑位置，是连接珠江两岸城市带的枢纽性节点❸（图 5-6）。“南拓”至南沙，将使广州的版图直抵伶仃洋，拉近了与港澳及东南亚的距离。这种跳跃式的扩张也被喻为“面对海洋、对接香港”的一次“城市突围”。❹

2004 年在南沙经济技术开发区建设了新南沙客运港口岸，工程仍由霍英东基金会出资。新南沙客运港取代了旧港，承担穗港之间的水路客运。新客运港面对南沙东部中心干道——港前大道，西临南沙会展中心，南依蒲州大酒店，北面可见虎门大桥飞架珠江。建筑的造型采用“叠浪”式的钢结构

---

❶ 董镇国．《中国南海中心城市广州的崛起》．广东经济出版社．2007. p210，p212。

❷ 周霞．《广州城市形态演进》．华南理工大学博士论文．1999. p182。

❸ 广州市城市规划局．《南沙地区发展规划》．2004．（导言部分）p3。

❹ 作为广州港的未来主港区，南沙港的天然深水良港条件正是广州寻求海港口岸的出路所在。南沙港地处伶仃洋深水航道北端的虎门要塞西岸，丰富的深水岸线资源为深水港的建设提供了良好的基础条件。南沙港与港澳地区毗邻，北到广州 54km，南距香港 35 海里，地理位置优越。1992 年南沙港被批准为对外开放一类口岸，设有客运和货运两大港区，共有海岸线 7km，水深 9～15m，陆地面积 25 万 m^2。南沙港区可满足广州港未来 30～50 年的发展需要，促使广州向海港性城市转变，真正成为华南的航运中心。南沙的港口建设还将成为深水港依托，带动钢铁、石化、造船等临海工业的发展。

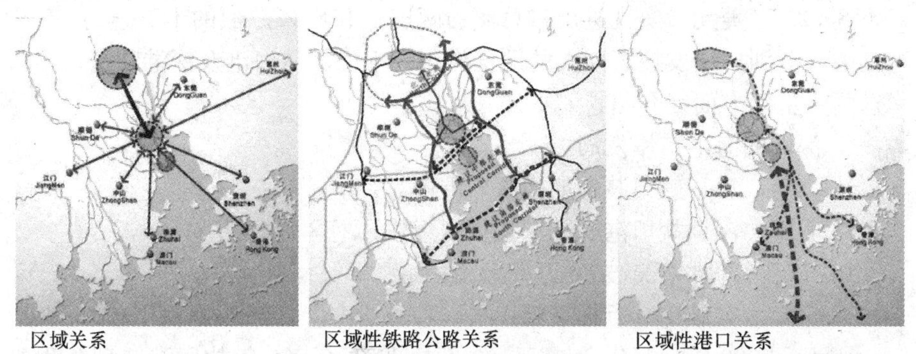

图 5-6　南沙港口岸的区位及区域关系图

资料来源：广州市城市规划局．《南沙地区发展规划》．2004

形式，与海滨环境相呼应并具有时代气息（图 5-7）。从新客运港乘高速客船前往香港中港城只需 72min。新码头出入境检查大厅设置了 8 条检验通道，旅客通关只需几秒便可。

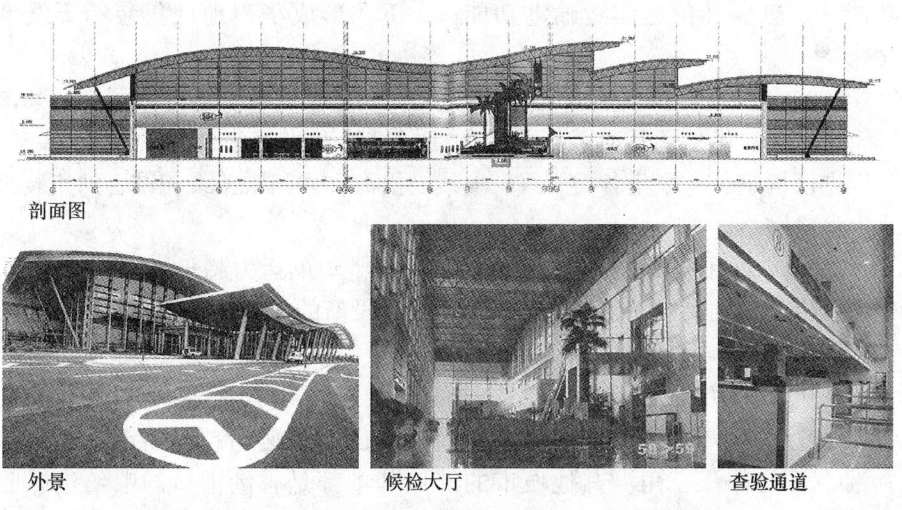

图 5-7　新南沙客运港的“叠浪”建筑造型及室内空间

资料来源：《以水迎天——广州南沙客运港》．《现代装饰》．2006．1．p58

5.2.2　深圳的口岸发展

深圳毗邻香港，是香港辐射作用的直接扩展空间，是引进资金、技术装备和拓展国际市场的最佳受益地区，是珠江三角洲和广大内陆腹地与香港经济联系的陆路必经之地。香港作为一个经济高度发展的“自由港”城市，是深圳得以迅速发展的最重要外动力。香港回归之后，这种作用更加凸显，深圳得“近水楼台”之利，在经济建设与城市建设上取得了长足的发展。至 2007 年，深圳外贸进出口总额 2873 亿美元，其中出口 1683.79 亿美元，进口 1189.21 亿美元，实现进出口总额的两连冠和出口总额的十五连冠。❶ 在这其中，深圳口岸发挥了巨大的助推作用。下面就从海港及深港陆路边界口岸这两个主要方面来介绍：

1. 深圳的海港口岸发展

1989 年，第一艘集装箱船在深圳港停靠；

1994 年，深圳盐田港一期工程投入运作；

1996 年，深圳港突破 50 万标准箱；

1997 年，突破 100 万标准箱；

1997～2000 年，每年递增近 100 万标准箱（1999 年盐田港二期工程投入运作）；

2000 年，399.3 万标准箱，世界第 11 位；

2001 年，507.64 万标准箱，世界第 8 位；

2002 年，507.64 万标准箱，世界第 6 位；

2003 年，突破 1000 万标准箱大关，位居世界第 4 位，初步具备工业港功能——初步具备远洋运输港功能——正在形成华南地区集装箱干线港功能；❷

2004 年为止，排名前 20 位世界班轮公司均已在深圳港开辟了 109 条国际轮班航线，另外还开通了至香港的捷运支线和内贸集装箱航线 30 多条。深圳港已构筑了一个集各类干线、支线、沿海和内河喂给线相结合的集装箱水上运输网络。

2008 年，在盐田、蛇口、赤湾、妈湾等港口的运力趋于饱和的背景下，于深圳市西部的大铲岛侧、伶仃洋边开发建设新的大型集装箱码头——大铲湾集装箱港。

从上面的历程回顾，可见深圳的海港口岸以其天然深水良港的优势，成为中国乃至世界发展最快的港口，已经迅速超越广州港甚至直追香港。目前珠江三角洲其他城市的港口基本都是香港港口的喂给港，唯深圳与香港的港口之间是竞争与合作并存的关系。深圳港已经成为我国华南地区的集装箱枢纽港，又是我国综合运输体系中的主枢纽港之一。远洋港口的发展使深圳作为珠三角城市群的口岸城市，通过它能连接香港、连通世界。

2. “深圳—香港”陆路边界口岸发展。

香港回归后，“一线”成为大陆与香港特别行政区之间的“一国两制”

---

❶ 深圳市口岸办公室.《深圳口岸有关情况》. 2007。

❷ 金心异等.《深圳港的大跃进》.《十字路口的深圳——英特虎深圳报告 2004》. 中国时代经济出版社. 2004. p176。

分界线。深港之间更加密切的往来对通关效率和通关环境提出了更高的要求；经济建设的积累又大大提升了建造实力。因此，深港口岸建筑与地段的改造和新建工程纷纷涌现，呈繁荣发展态势。

在罗湖口岸，联检大楼内部功能几经整改，通关闸口一再扩充。1999年12月深圳地铁正式开工，罗湖成为地铁一号线的东端终点站。这样，在罗湖口岸地段先后聚集了汽车站（包括巴士、公交、出租车）、火车站、地铁站，各类交通元素混杂。以地铁工程的到位为契机，罗湖口岸地段的整体改造工程于2001年全面展开；2003年，具有百年历史的罗湖铁路桥整体拆迁；2004年改造工程基本竣工，2007年底，深圳地铁与香港九广铁路完成对接，真正实现了深港两城间管道化交通的接驳。

皇岗口岸位于发展迅猛的新城市中心福田区南部，作为大型客货两运口岸，繁忙程度与日俱增。2004年，加建了连接皇岗与落马洲的公路大桥二桥，解决了皇岗口岸的运力瓶颈问题。作为纵向地铁四号线的南端终点站，在皇岗口岸的西南侧又新建了专供旅客通关的皇岗地铁口岸（后改名福田口岸），并于香港回归十周年庆典之际竣工投入使用。

同样作为回归十周年庆典工程的还有深港合作建设的深圳湾公路大桥。在这项跨境工程的北端，深港双方的海关边检等部门集中于深圳湾口岸（即西部通道）一地工作，这是全国首个采用“一地两检”通关检验方式的口岸。深圳湾口岸的开通，是深港连通需求不断扩大、连通能力不断升级的结果，更是事关深圳城市生长发展全局战略的重大举措（图5-8）。

总之，这些深港口岸在进入发展的兴盛时期后，对于两地人员往来、商务活动以及地产、旅游、教育、金融、服务业等的推动和促进作用已得到充分体现。可以肯定，随着深圳口岸建设的不断发展，口岸交通分布的不断优化，深港两地实现无缝连接，特别是随着“东进东出、西进西出、中进中出”总体战略布局的逐步实现，深港、粤港之间的合作将更趋紧密，深圳口岸对于深圳经济社会的发展，乃至整个珠江三角洲地区经济发展也将发挥出更加突出的作用。

5.2.3 珠海的口岸发展

珠海自1988年决定开发西区后，在整个20世纪90年代贯彻“先基础建设后生产发展”的思路，将有限的资金集中在几大“标志”性基础设施建设项目上，珠海机场、广珠高速公路、珠海港（高栏港）……。这些“命运工程”成为珠海在西区不断投入的重大筹码。在这种主导思想的长期建设下，珠海东西二元化的城市格局已经成型——工业的重心在西边，行政及文化中心在东边。

针对这种格局，如今却出现了诸多反思。珠海选择跳开主城开发西区，

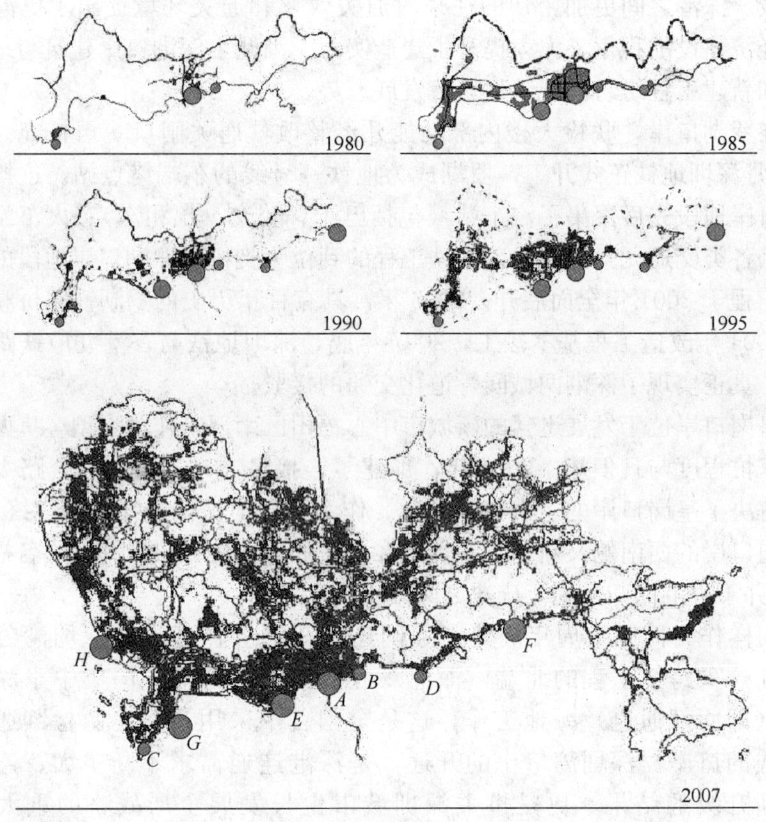

图 5-8 兴盛时期深圳的城市生长与口岸发展

A—罗湖口岸；*B*—文锦渡口岸；*C*—蛇口港口岸；*D*—沙头角口岸；*E*—皇岗口岸；*F*—盐田港口岸；*G*—深圳湾口岸；*H*—大铲湾口岸

资料来源：口岸分析标注自绘，底图引自《城市空间空间发展自组织研究——深圳为例》一文

导致了基础设施的浪费。[1] 巨额的投入抬高了土地价格等方面的门槛，造成了珠海引资的比较劣势，在一定程度上阻碍了珠海经济的发展。即便如今这些命运工程纷纷建成，西区仍然面临着空有骨架而无法填充血肉的窘境。这些项目建成后处于严重的闲置状态，如珠海大道、珠海机场，甚至珠海港投入使用后都没有充分发挥其功能和效益，港口和一些地区的开发并没有引来期望的大工业项目，也未能获得应有的投资回报。过度超前不但脱离了珠海当时经济发展的客观实际。而且因为珠海、澳门两地竞争的加剧，导致了大

[1] 珠海机场为例：投入使用多年来，旅客吞吐量仅为原设计能力的 1/10 多，货邮运量仅为设计能力的 2.6%，造成了资源的闲置和浪费。更为严重的是由于机场运营不能盈利，巨额投资无法收回，造成沉重的财政负担。

型基础设施建设的重复浪费，最典型的例子就是机场、赛车场的重复建设[1]（图 5-9）。

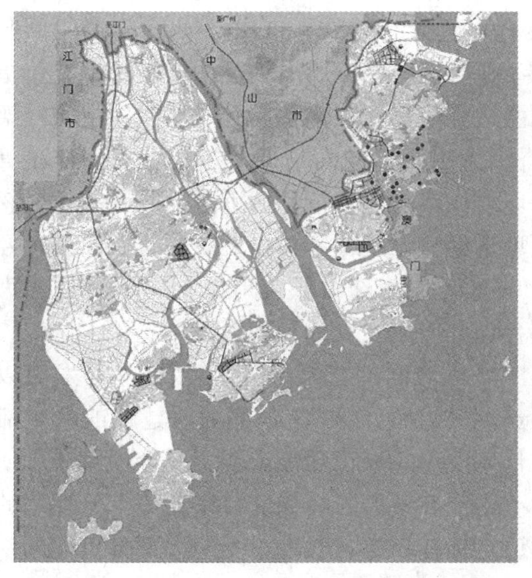

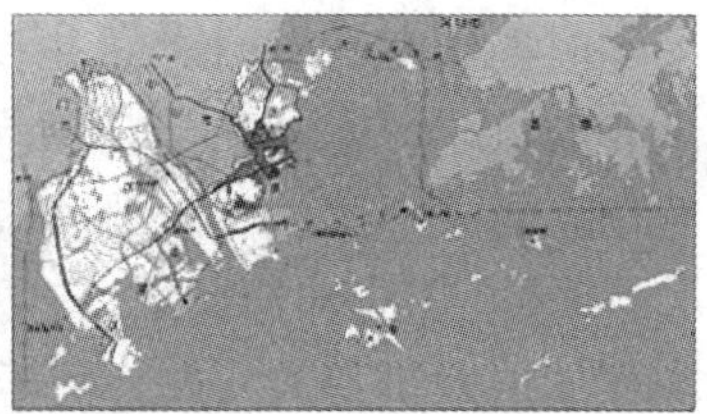

图 5-9　珠海东西分区的分散开发导致设施的低效

资格来源：熊国平．《当代中国城市形态演变》．p305

珠海长期执行的以“西区开发”为主的规划路线，是不利于珠海与其东侧的澳门之间的联动共进发展的。正因此，珠海在各个方面的口岸发展（海空港口岸以及珠澳边界口岸），都与深圳口岸形成很大差距，这种局面即便是在澳门回归之后仍然延续。

1. 珠海的海、空港口岸发展

作为一个海滨港口城市，珠海原有的九州、香洲、前山、井岸、湾仔等港口在 90 年代初就都已经无法满足现代集装箱航运发展的需求。为了特区的进一步发展，在西区开发战略之下，珠海选择在拥有深水良港条件的高栏岛建设现代化亿吨大港，意在沟通西江流域的贸易往来，并成为通向国际市场的大型枢纽港。在空港方面，珠海选择在市区西南的三灶岛南端建设珠海机场。海空港这两项大型口岸基础设施的选址都距离珠三角城市群中心过远，而广州、深圳、香港的机场与集装箱港已经完成了对区域市场的竞争布局与市场分割，吸引了珠三角西岸中山、江门等地的绝大部分客源和货源流，被甩在西岸线最南端的珠海，口岸区位渐渐“末梢化”和“边缘化”，口岸“出口通道”的作用被抑制。因此在珠三角口岸发展的兴盛时期，珠海

[1] 冯邦彦．《新时期粤澳经济合作的回顾、反思与前瞻》．《回归后的澳门发展与粤澳关系研究》．香港汉典文化出版公司．2003. p316。

的海空港基础设施都没能发挥预期效应。

2. “珠海—澳门”联系口岸发展

本时期珠海与澳门之间并没有再建设新的联系口岸，1999 年澳门回归前重建的拱北口岸和新建的横琴口岸，分担着联系两地的晌务。前文曾指出，珠海的城市建设应该围绕珠澳边界口岸，优先建立起“环澳门主城区架构”。但是，珠海却选择了以老香洲为出发点向西延伸，在新香洲、柠溪等板块作“摊大饼”式发展。由于珠海城市规划定位和城市建设发展的长期忽视，使得湾仔、横琴地区长期呈现未经科学规划和建设发展的落后面貌，经由对岸澳门这个国际窗口展示和放大，成为珠海城市形象上一块醒目的大“补丁”，同时成为珠海对外经贸合作和旅游发展的制约因素。

郊区化的湾仔还成为横琴与主城区之间的“断层”，导致横琴开发难以获得主城区的有效带动和辐射，长期“开而不发”。昌盛大桥建设的严重滞后又导致了湾仔、横琴城市化的长期滞后。城市功能未能实现合理布局，使得城市运转压力无法合理分流——即便在节假日，拱北口岸通关十分拥堵的情况下，许多过境者也不愿绕远道走横琴口岸，长期承受绝大部分负荷的拱北口岸面临着急需改造扩建的局面。

5.3 陆路口岸建筑工程改造案例研究

在第四章中，分析了发展时期口岸建设及运行的现象与问题。正是因为诸多问题的出现，发展时期的许多口岸在港澳回归后的兴盛时期都面临着不堪重负的局面，改建、加建等改造成为必要。下面对应前一章中的案例进行后续研究，分析其具体改造的经过与内容。

5.3.1 广九直通车口岸改造

一、改造背景与历程

广九直通车是一条维系粤港手足情以及共同繁荣的纽带，其所处的广州东铁路新客站于 1996 年开通运营以后，成为了一个复杂的车流和人流、地上和地下、铁路和公路的交通枢纽中心。并以其超前的规模、先进的设备、现代的建筑风格，成为广州市的对外窗口，同时也是广州城市规划的重点区域。

1999 年 6 月，广州地铁一号线开通，广州东铁路新客站成为地铁一号线的起终点站。此举引发了广州东铁路新客站的内部改造，在其中排第一位的功能要素——广九直通车口岸站也相应作出了很大调整。

之所以会在短短几年之后就作出大幅度的调整，是珠三角陆路交通事业全面迅速推进发展的结果。下面就给予简要分析。

1. 广九直通车自 1979 年开行了第一对后，运力顺利增长，分别于 1980 年、1984 年、1986 年各增开一对列车，车票一直供不应求。这种客流增长到1994年受广深高速公路开通后的大巴竞争而放缓——因为比火车更快、更便宜，很多赴港旅客选择乘坐大巴至深圳皇岗口岸通关。因此，广九直通车迁入广州东铁路新客站后的头两年保持每日4对的规模。

2. 到1998年，广深铁路电气化工程完成，广九直通车开始使用最高时速达200公里的“新时速”钟摆式高速列车运行，运行时间缩短至90分钟。从此开始，广九、广深铁路明确了“城际公交化”的发展目标，不断增开车次。1999年，广九直通车增开至每日7对，2003年增开至每日10对，2004年增开至每日12对，平均每小时都有一趟发车，运力充沛。[1] 往返穗港的旅客基本可以即来、即买（票）、即走，不需要长时间候车，这改变了广九直通车口岸的功能流程。

3. 广州东铁路新客站本身面临的诸多变数决定了改动调整的需要。由于原设计方案未能很好贯彻，造成“合理设计的不合理使用”，导致了许多功能组织问题的出现。借地铁工程之机，广州东铁路新客站对其内部进行了较大调整，比如将站前的长途巴士车站移走等，而最重大的变动就是将国内长途列车候车大厅与广九直通车联检大厅进行了位置互换对调。

二、广九直通车口岸的改造概况

从1979年恢复通行至2004年增开至每日12对（每日各有一对分别以佛山、肇庆为起点站），广九直通车累积运送旅客4500万人次；[2] 2008年，全年运送旅客304.3万人次。由于票价因素，也有很多赴港旅客选择乘坐广深城际列车至深圳罗湖口岸通关，因此广九直通车口岸的发展已经进入到一个平稳时期。下面分几点介绍广九直通车口岸在广州东铁路新客站之中的改造情况。

1. 由于采取“城际公交化”策略，广九直通车联检大厅及候车室的面积需求有所减少。为了实现更合理的调配，广九直通车出入境大厅与国内长途列车候车大厅对调。新口岸出入境大厅位于建筑的中后部，正对着建筑中前部的圆形进站大厅（大厅共享空间高30m，穹顶直径40.8m），出入境大厅的面积缩减为8066m^2，屋面为88m×72m钢网架结构覆盖。

2. 广九直通车口岸的出入境流线仍然采用“高进高出”的流线方式（图5-10）。

3. 出境的旅客，或由二层入口广场步行前来、或由首层公交、出租车站场而来、或由负一层地铁站而来，至二楼进站大厅及售票大厅后乘自动扶梯直上四楼至出境查验大厅，通过边检查证、检疫、海关抽查行李物品这三

---

[1] 王红敏等.《广州口岸建设硕果累累》.《广东口岸特刊》.2009.1。

[2] 参见网页：“黄金通道”系粤港广九直通车25年载客4500万。http://news.sohu.com/2004/04/28/54/news219975409.shtml

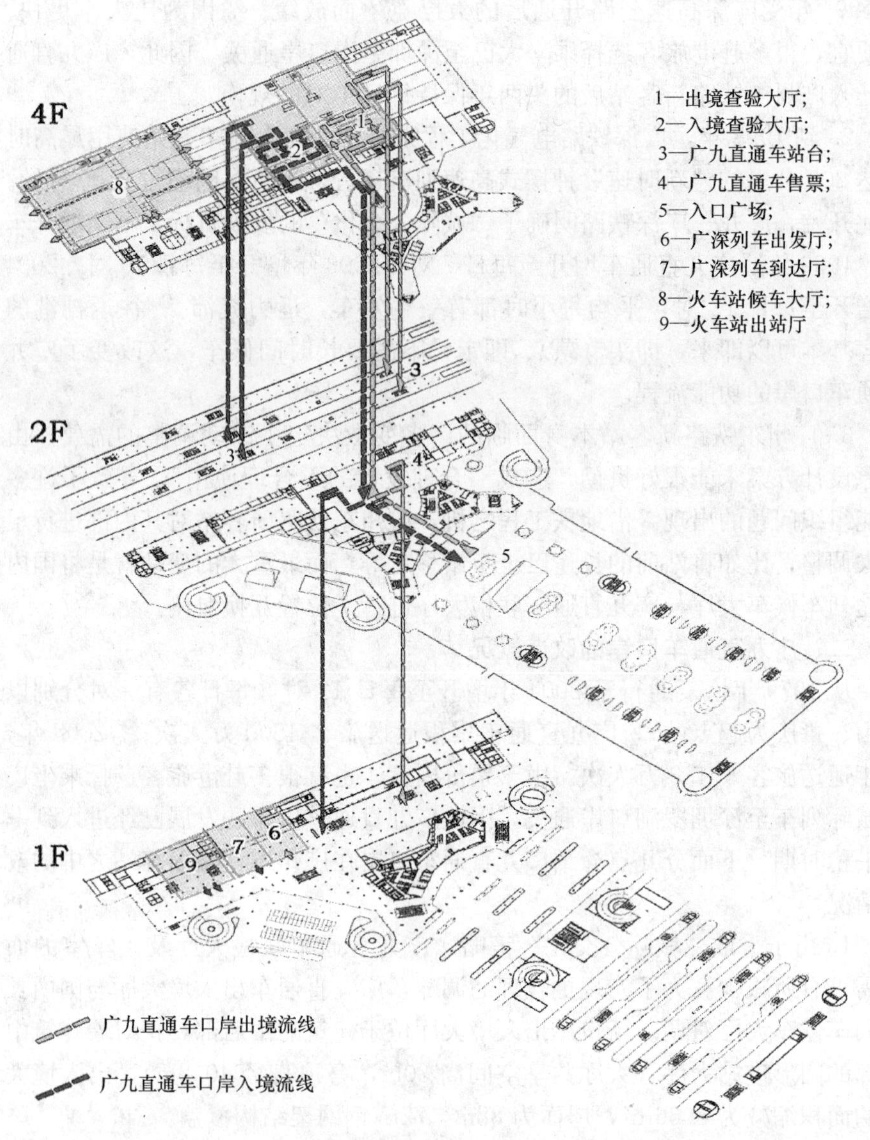

图 5-10　改造后的广九直通车口岸步行流线

资格来源：作者自绘，底图引自《当代中国建筑师——郭怡昌》

道查验程序后，进入候车室。候车室配有免税商店、兑币店等商业服务设施。然后通过检票，由自动扶梯下至二层的广九直通车站台，搭乘火车直达香港九龙红磡车站（图 5-11）。

4. 入境的旅客流线除不设候车大厅外，其余流程顺序可按出境反推。

出入境联检大厅

候车室及其配套商业（免税店等）

列车出发站台

图 5-11　广九直通车出境通关沿途照片

资料来源：广州海关主页，http：//guangzhou.customs.gov.cn

5.3.2　深圳罗湖口岸地段整体改造

罗湖口岸是中国对外开放和国际交往的重要通道与门户。它是深圳最早的口岸，也是我国最早实行联检的口岸，至今还是人们往返深港两地的首选口岸。改革开放以来，每天从罗湖口岸出入境的港澳台同胞、华侨、国际友人数以万计，发挥了巨大的桥梁和纽带作用。2005 年，在为庆祝深圳经济特区建立 25 周年而展开的“深圳改革开放十大历史性建筑评选”活动中，罗湖口岸联检大楼与上海宾馆、国贸大厦、电子大厦、市委大院及孺子牛雕塑、莲花山广场邓小平雕像、深圳博物馆、地王大厦、深圳大学主体建筑、世界之窗世界广场共十座建筑入选成为“深圳改革开放十大历史性建筑”。❶其承载的历史记忆与象征意义由此可见一斑。

至 1997 年香港回归之时，广九、京九铁路交通线南北纵贯整个罗湖口岸地段，罗湖口岸与深圳火车站已联合构成深圳市最大的交通枢纽，整个口岸地段连同北侧不远处的国贸地区、东门地区，共同组成了繁华的深圳市人民南商务区。在新的时期、新的形势面前，罗湖口岸地段面临着新的变局。

一、问题与契机

1. 罗湖口岸联检楼面对的困境

罗湖口岸联检楼从建成以来一直是内地与香港陆路主通道的咽喉枢纽，堪称全中国最为繁忙的边界口岸。为了更好地完成通关功能，在查验通关方式上进行了一系列变革。全国第一套边防检查计算机验证系统就是于 1988 年 10 月在罗湖口岸率先启用的，入境证件检查从此由手工查验转变为自动化查验，❷ 20 世纪 90 年代起又率先采取敞开式通道的查验方式。尽管查验方式有所变革与调整，重复管理、协调混乱的情况仍然存在。香港回归之前，罗湖联检楼就是香港及外国客商进出深圳的最主要口岸，回归之后伴随着 CEPA 签署和港澳自由行开通等进程，口岸的旅检通关量逐年激增。受

❶ 罗湖联检楼的入选颁奖辞这样写道：“她矗立罗湖桥头，稳坐深圳河边，对面是香港，远处是世界。……出去的，回来的，远归的，近游的，她都以开放的胸怀接纳他们，祝福他们。”

❷ 深圳市人民政府口岸办公室.《深圳口岸百年沧桑 1900～2000》.2000.p120。

限于建筑规模，查验大厅的拥堵现象越来越严重，通关效率低下、通关旅客候检时间漫长，更为严重的是拥挤状况还造成了混乱的治安情况，过境人士财物被盗的情况十分严重。❶ 口岸地带的特殊复杂性增加了深圳市公安部门执法断案的难度。

2. 口岸地段内其他重要节点的变迁

1）火车站加建南侧附楼。随着1996年京九铁路线的全线开通，深圳火车站作为京九线终端大站的作用越来越凸显。这段时期火车站最显著的变化是为配合广深城际铁路建设的需要，加建了南侧两层附楼。附楼（及火车站首层）的一部分开辟为广深城际列车❷的售票厅与候车厅；附楼二层全部为沿步行长廊的商业店铺，二层天面还被利用为火车站南入口广场和露天停车场。深圳火车站南侧附楼的加建，使联检楼前广场更加狭长封闭。甚至部分遮挡了联检楼面向广场的主立面，这既折射了口岸地段价值的寸土寸金，又反映了商业利益对公共空间的挤占。

2）罗湖商业城。见证着国门内外的政经风云，吞吐着两地之间在制度、金融、商品价格差下流动的庞大客流，罗湖商业城因地处口岸枢纽的得天独厚优势而名扬天下。商业城底层是罗湖长途汽车客运站，开往珠三角各地的巴士车水马龙。1997年香港回归后，两地通关的便利化掀动了港人过关消费的热潮，深港两地的币值价差让香港的低收入人群在关口这边享受到尊贵的礼遇，回内地探亲的港人在关口消费、兑换亦十分方便。而且当时深圳地铁尚未开通，关口的港人难以分流到市内其他商业区。罗湖商业城由此迎来了它的“黄金十年”，并有着独特的资源结构。这里充斥着大量以假乱真的“名牌”，吸引了大批前来批发“冒牌”货的外籍人士。它与北京秀水街市场、上海襄阳市场被并称为三大假货市场，在国际贸易摩擦中屡被点名。2004年以后，猖獗的假货使罗湖商业城成为政府重点整肃的对象，高烧式的繁荣开始降温（图5-12）。

3）星级酒店。罗湖口岸地段内的亚洲大酒店和华侨大酒店经历了经营体制改革，由世界知名的酒店集团承包，分别改名为香格里拉大酒店和富临大酒店，焕发出新的活力（此外还有火车站塔楼的火车站大酒店。）

3. 20世纪90年代中期整体改造后又暴露出的问题

虽然皇岗等其他口岸也有着长足的发展，但罗湖口岸仍一直是深港之间

---

❶ 梁伟浩．《深圳工业发展及口岸运输问题》．《科技导报》．1996.4。

❷（参见中国铁路网）广深城际铁路：即广九铁路的广州至深圳路段。广九铁路始建于1907年，它与京广铁路连接，是中国内地通往香港的惟一铁路通道。1992年到1993年是广深铁路发展的第一个黄金期，年发送旅客达到2600万人次。1994年广深高速公路的通车，曾对铁路客流有所冲击。此后广深铁路通过逐步实施城际“公交化”战略使客流逐渐回升，1997年香港回归祖国，广深铁路逐步改进成为粤港经济、文化交流的“黄金通道”如今每20分钟就有一趟高速列车往返于广州和深圳。高密度、快速度、公交化的列车开行，使铁路在运输市中恢复了竞争优势。

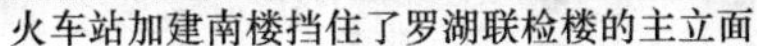
火车站加建南楼挡住了罗湖联检楼的主立面

罗湖商业城内的仿国际名牌商品吸引着顾客

图 5-12 罗湖口岸地段内其他节点元素变迁
资料来源：作者实地拍摄

通关客流量最大的口岸。罗湖口岸及火车站地区曾经是深圳现代化都市的缩影。然而面对着深圳近 30 年来超高速的建设发展，其疏通能力已难以跟上实际发展的需求。90 年代中期口岸地段的整合规划设计尚未完全落实，就又暴露出越来越多的问题，其直接诱因来自车流量大、人流量大、方向性多、空间资源有限等几个方面。

罗湖口岸地段三面临河，总面积不足 37.5 ha，空间资源有限，城市交通只能向北发散。口岸联检大楼、火车站、长途汽车客运站等，都给口岸地段带来了大量的人流。根据 1999 年统计数据，地段之内交通的日总客流量达到 30 万人次，高峰日更是达到 45 万人次（其中口岸过境人流每日 31.8 万人次，火车站人流每日 5 万人次，长途客运与侨社每日 5 万人次），并呈现加速增长的趋势（表 5-4）。车流方面，公共汽车、长途巴士、出租车、社会车辆等各种车行交通蜂拥而至。高峰时段出租车每小时进入 3261 辆，社会车辆每小时涌入 1548 辆，[1] 拥堵严重。逢节庆日黄金周等高峰时期，更是不堪重负（图 5-13）。

在巨大的交通压力下，口岸地段原有交通功能定位上的不当造成了车流阻塞、拥挤。场站设施布局与道路交通资源配置不合理，造成了车行、人行交通的混乱局面。整个口岸地段的现实环境品质已难以体现城市门户的地位，逐渐失去曾经的辉煌（图 5-14、图 5-15）。

4. 深圳地铁一期工程的建设成为口岸地段的综合改造的契机

深圳地铁一号线[2]的建设使深圳、香港、广州三个大都会之间实现城际

---

[1] 本段中数据来自：中国城市规划设计研究院深圳分院．《深圳．罗湖口岸及火车站地区综合规划》．2007.

[2] （参见网页 http：//news.sina.com.cn/o/2004－12－22/05124591341s.shtml）深圳地铁工程于 1998 年正式获得国家批准立项，2001 年一期工程全线开工，2004 年 12 月正式开通试运营。地铁一期工程包括一号线东段和四号线南段，共有 19 个站点。深圳地铁一号线东段自罗湖站起，经由人民南路、解放路、深南中路、福华路至香蜜湖，正线长 10.682 双线公里，设站 10 座。沿途站点依次为罗湖、国贸、东门、华强、会展中心（一号线和四号线交接站）、……、竹子林、世界之窗。

1997～2005 年罗湖口岸日均出入境客流量变化曲线 表 5-4

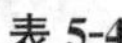

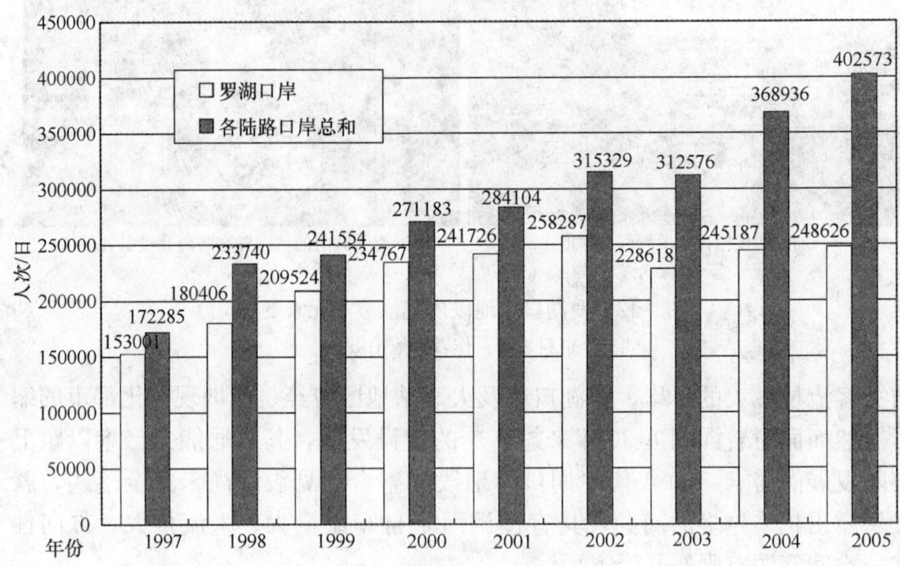

（含各陆路口岸的日均客流量总和的变化曲线图）

资料来源：根据深圳市口岸办公室统计数据编制

图 5-13　2001 年春节期间罗湖口岸通关人潮

资料来源：宋芸文，余朝东拍摄．新闻报导《情满罗湖第一春》．2001

图 5-14　改造前罗湖口岸地段的拥堵车流

资料来源：引自《深圳．罗湖口岸及火车站地区综合规划》

1. 道路交通配置不当

2. 各交通站场远离人流输出端，造成人车流的混杂

图 5-15　改造前罗湖口岸地段车流、人流的问题分析示意图
资料来源：作者自绘

轨道交通与市内轨道交通的无缝接驳。从香港中环到深圳中心区，能够通过轨道交通方便快捷地往来。地铁一号线将罗湖口岸与华强北、未来的市中心区、竹子林交通枢纽、华侨城紧密连为一体，避免了市内交通大量流入口岸。公共交通对轨道与综合交通的换乘，改变了市内交通组织、保证了地铁初运营效应和客流量。“口岸＋火车站＋地铁站”，已经是深圳最大的交通枢纽。罗湖口岸及火车站地区综合改造工程正是以此为历史契机全面展开，并与地铁一期工程同步落实建成的。

二、口岸联检楼及各相关建筑的整改

口岸地段最近（结合地铁）的这次改造，被立项为《深圳罗湖口岸及火车站地区综合规划》，由中国城市规划设计研究院深圳分院历时 4 年（2000～2004）完成策划与设计。

1. 设计目标

这次综合改造的目标是将整个罗湖口岸地段建设成为一个高效、舒适、安全，具有国际水准的立体化综合交通枢纽、一个园林式花园城市的标志性窗口地区。继罗湖口岸、火车站两个主要交通源之后又加入了地铁站这一新元素，改造完成后地段所能承担的总交通能力将提升为高峰日 60 万人次，平常日 39 万人次。

2. 作为交通源的各主要建筑的相应处理

1）地铁罗湖站。罗湖站是地铁一号线客流量最大的站点。地铁罗湖站在运行初期达到每小时双向 3.8 万人，其站台形式采用“两岛一侧”[1] 布置方式。地铁站与联检大楼之间的连接方式设计，集中体现了出入境人流管道化的原则：两侧梯道是将出境旅客直接由地铁站厅层送至联检楼 2 层出境，

[1] 中间“岛”为地铁上车人流，两边“一岛一侧”为地铁下车人流，下车人流与上车人流完全分离，互不干扰。

中间梯道是联检楼入境旅客进入地铁站上车，对来往于联检楼和地铁站的出入境人流实行完全分离的管道化组织。

2）联检大楼的整改。对联检大楼的内部功能进行了全面的调整：一方面，更新了联检大楼内的通关查验闸口等设备及通风、制冷与照明设备，将设备用房从原地下一层移到了联检大楼之外。另一方面，更新了出入关查验大厅的布局，采取“两进两出”的通关方式——联检楼二、三层出境，负一层和地面层入境。经过这样的扩充，出入境查验大厅的建筑面积都达到了 18000m² 左右，出入境验证通道共有 204 条，其中人工查验通道 128 条，（针对港澳台胞的）自助查验通道 76 条。扩充后罗湖口岸将满足高峰日 60 万人次的通关需求❶（图 5-16）。

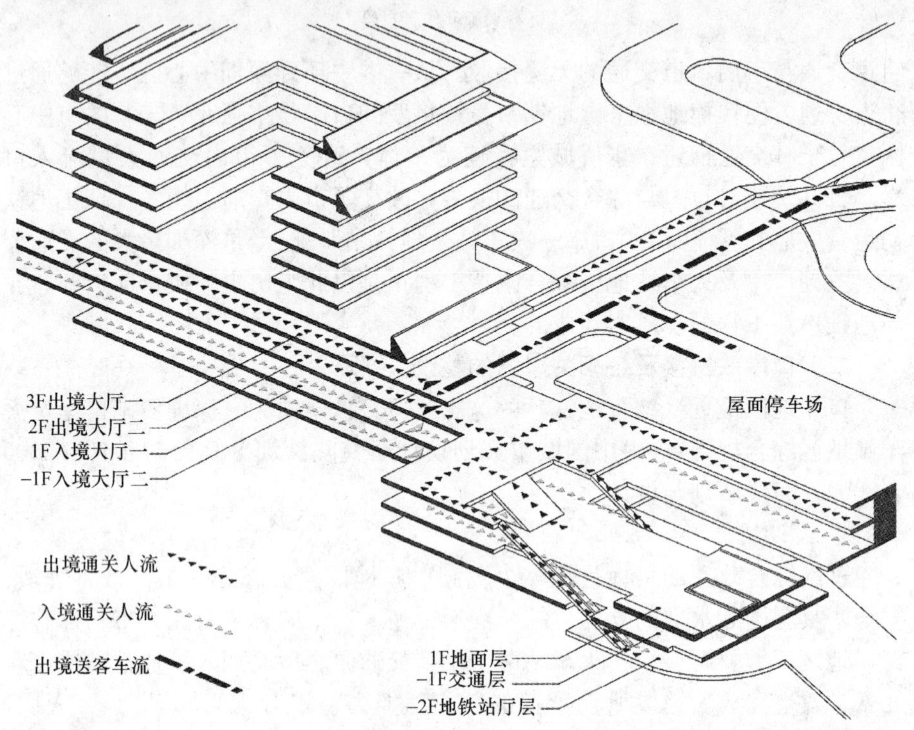

图 5-16　罗湖联检楼出入境大厅的空间分配与流线接驳组织分析图

资料来源：作者自绘

3）火车站的调整。火车站的高峰人流量将能达到日到发 10 万人次，其主要客流由东向和南向进出火车站。进站主要通过 3 层候车大厅，出站主要通过 3 层的南环廊和地下一层的出站地道，可以直接进入交通层，并预留地下一层的进站通道。

---

❶ 数据由深圳市政府口岸办公室提供。

3. 口岸地段容量评估

罗湖口岸的通关，最初是针对港人回大陆探亲、投资与消费的。而两地往来与融合在不断推进，从只限跟团旅游（团进团出）到开放港澳自由行。逢黄金周、圣诞节等假期，香港这个消费之都更是吸引了大量大陆游客前往。近年随着 CEPA 的签订，人们已经可以跨越深港两地工作生活，经济与生活进一步融合。罗湖口岸一直是最主要旅检出入境口岸，经过此次整改后，罗湖口岸平均每天的通关人数为 40 万人，这已经相当于一个中等城市的人口规模，再加上另一个主要交通源——深圳火车站的进出人流量，整个口岸地段全年累积集散人数能达到 1.2～1.5 亿人次，[1] 对于 37.5ha 的用地来说已经达到了极度饱和。而按照远期规划，今后深港之间再增加的通关量必须向福田口岸和深圳湾口岸等新增口岸分流。

三、口岸地段交通流线的整改设计

首先，重新划分了联检楼前广场和火车站东广场一南一北的布局形式。依就联检楼前广场 60 余米的宽度，向北拉出一条长达 412m 的矩形地块。于此布置了一条形式最简洁、指向性却最明确的带状步行空间，通过它串接联检楼、巴士站（商业城）、出租车站、地铁站、火车站等各交通源的接驳口，既把最简明、直接的路线留给了步行者，又实现了人车分流、各行其道。然后，重新精心设计了各类型车流进出的立体路网，实现了交通枢纽的“管道化”，将各类车流梳理得井井有条。另外，由于所有交通连接功能被集成于带状地块之中，原火车站广场比联检楼前广场宽出的那部分地块因此不需再承担交通功能，被解放为纯休闲景观功能的下沉式绿化坡地（图 5-17、图 5-18）。

1. 带状步行空间剖析

矩形带状步行空间由 6 个层面组成，从下至上依次为地铁站台层、地铁站厅层、地下交通层、地面层、二层平台、三层平台组成。在衔接地段内各主要交通源上，它们按管道化分区各有分工：1）旅客下至地铁站厅层购票后，再下至地铁站台层搭乘地铁；2）出联检楼入关的旅客进入到地下交通层或地面层，出关的旅客则由二、三层平台进入联检楼；3）火车站的进站旅客可从地面层、平台层入站，出站旅客朝东出至地下交通层；4）搭乘出租车离开的旅客在地下交通层的出租车站上车离去；5）公共汽车站及长途巴士车站位于地面层；6）前往罗湖商业城及其对面的商业走廊需上至二层平台。

立体化的综合人行空间系统，既解决了用地面积不足的瓶颈，又全面优

---

[1] 数据来自：中国城市规划设计研究院深圳分院．《深圳罗湖口岸及火车站地区综合规划》. 2007。

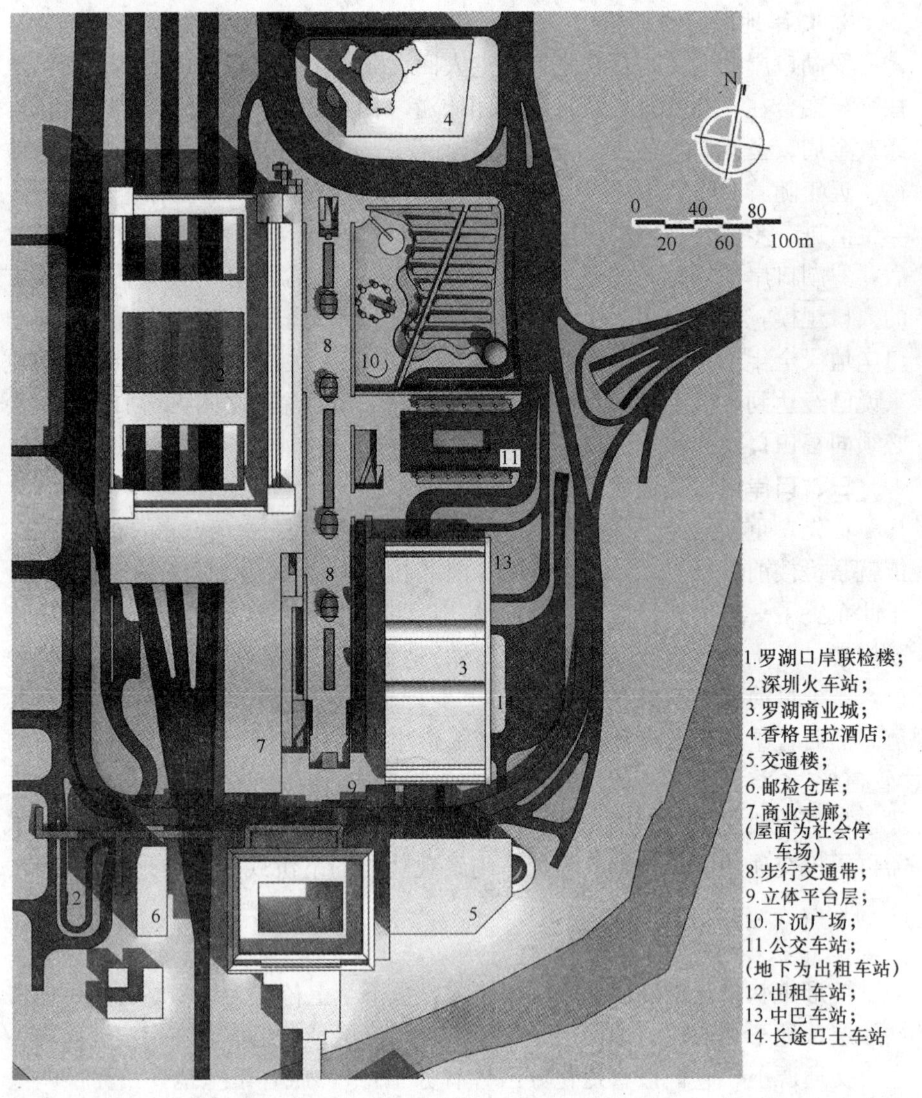

图 5-17　罗湖口岸地段改造后总平面图

资料来源：作者自绘

化了地段内的人流组织。其中，地下交通层是这 6 个层面的组织核心，通过它的串连做到了无缝式人行接驳，将人流输送至各个交通场站，实现轨道交通与常规交通的换乘（图 5-19）。

2. 车流的分类组织

1）将整个口岸地段分布在人行空间外围的各种交通场站与和平路、建设路、人民南路、沿河路进行一体化改造（人民南和沿河路利用地上、地下两个层面进行立体的交通组织），让车流按管道化组织运行，使公交、长途、

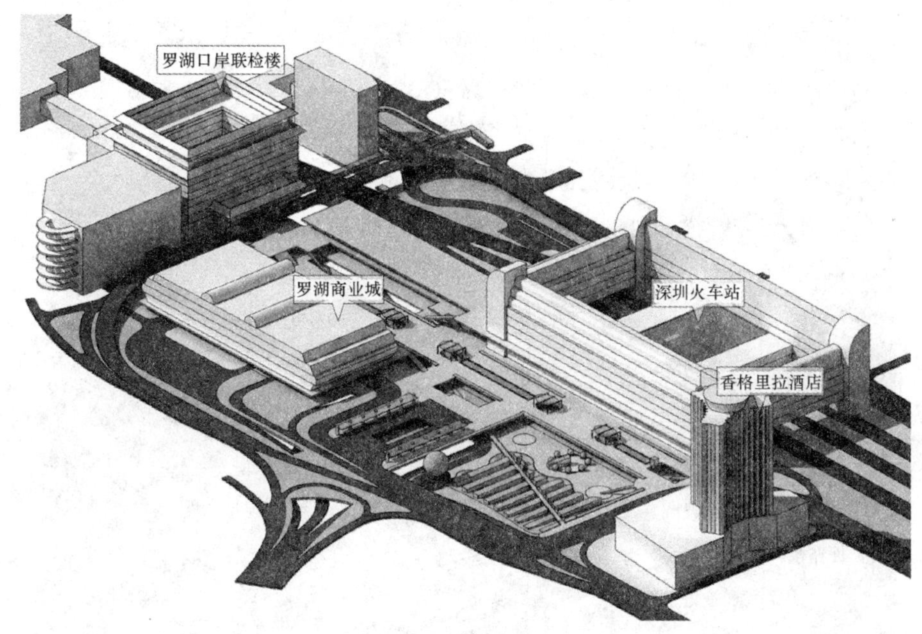

图 5-18 罗湖口岸地段改造后轴测鸟瞰图

资料来源：作者自绘

社会车辆、出租车自成系统，互不干扰。2）原火车站东西广场的 16 条大巴线路、30 条中巴线路被调整为 14 条大巴线路和 21 条中巴线路，采用人车完全分离的“港湾式”场站布局，公交车在专用车道上行驶，不与其他车辆混行，进站、出站井然有序。整个地区有三处出租车停靠场站，保留原有交通楼和西广场的出租站，改造原东广场出租车站，新建出租车站位于公交车站下层，立体的空间设计既节约了空间，又避免了车辆占道，还与下沉广场和绿化天井园林融为一体。3）位于罗湖商业城底部的长途巴士车站，将逐渐主要安排向东的长途线路，今后向广州方向的线路调整到竹子林长途客运站，通过地铁一号线实现交通换乘。4）本着“以人为本”，采取“人行优先、公交优先”的原则，在不影响公共交通前提下，保留原有建筑内的各处社会停车场。

3. 大量的自动化与信息化设施

用自动扶梯与透明电梯等衔接起立体步行空间的 6 个层面。地下交通层与口岸和火车站的接驳实现全面自动化、信息化，清晰的交通标识方便地为过往人流提供指引，等离子显示屏随时提供各种服务信息。自动化与信息化设施与管道化交通结合，大大提高了管理效率——目前整个口岸地段，需要 24 小时全天候的管理岗位仅 17 个。❶

❶ 此数据信息来自作者实地调研访谈。

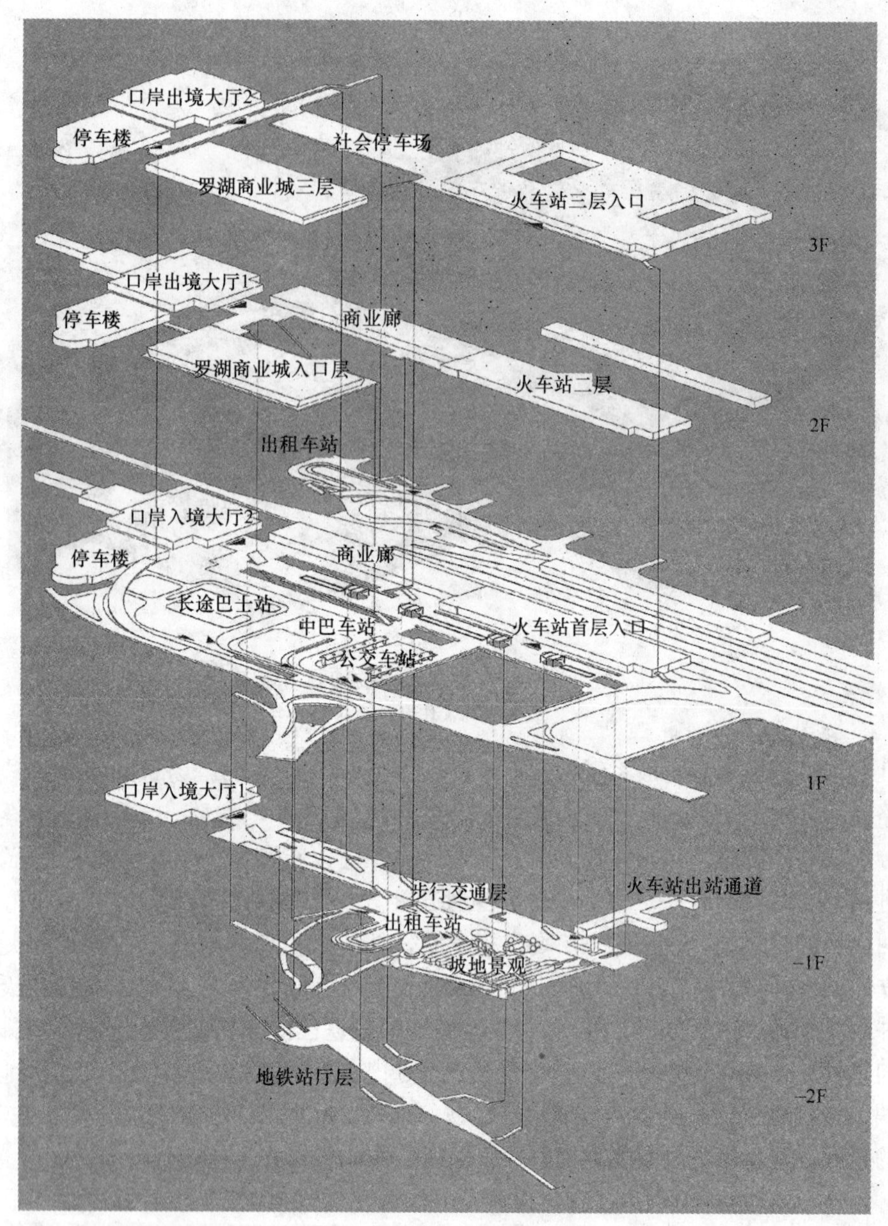

图 5-19 罗湖口岸地段复合空间流线逐层剖析图

资料来源：作者自绘

四、口岸地段生态景观设计

生态景观设计的重点集中于地面层与地下交通层。专门聘请了 EDSA（负责景观）和 KAMMAT（负责装饰视觉效果）进行详细设计，并将设计理念完整落实。

地面层的广场采用生态节能设计，覆盖有镜面水的长条矩形水池使得广场的热环境更宜人，挖空的绿化天井使探出头来的绿化植株给广场增添了绿意。

在地下交通层，地面层的水池成为这里的玻璃天窗，阳光穿透水面而入。绿化天井也将自然光风与新鲜空气导入交通层，绿化天井中科学地布置了丰富的绿色植物，构造出自然的生态空间。这种室内室外的园林环境融为一体的做法，不仅提升了环境效应，还为地下交通层防范各种突发事件提供了安全保障。

地下交通层的开发，还成就了坡状下沉广场的花园式生态空间。起伏的地形、自然化园艺、密林隔断，水面和瀑布相互交织，构成东广场优美的生态景观，百年古树再一次见证了罗湖口岸的历史变迁。立体交通造就的立体的丰富景观，正是罗湖口岸地段景观设计最为鲜明的特点（图 5-20）。

地面层的水池兼作(-1F)步行交通层的采光天窗

贯通交通层和地面层的绿化天井

出租车道从百年榕树旁蜿蜒而过

生态景观坡地

图 5-20 生态景观设计组照

资料来源：上排照片为作者拍摄，下排引自《罗湖口岸火车站景观设计》一文插图

五、建成回顾评价

罗湖口岸地段整体改造工程于 2001 年底开工，2004 年底建成投入使

用。工程的推进基本落实了整体设计的各项内容，完善了地区的空间结构，组成了高效的一体化城市综合空间体。改造之后的罗湖口岸/火车站地区，成为深圳市最大的人流集散地和最重要的区域性交通枢纽（以轨道交通为骨干，人行、铁路、大中巴、长途汽车、出租车、社会车辆、地铁等多元交通方式相结合的立体化、管道化、多层面的综合交通枢纽），彻底改变了原来混乱的交通和景观秩序。

完成改造的罗湖口岸地段，已经能够从容而井井有条的应对以口岸通关为主、日均达60万人次的客流。整个地段已成为集交通、信息、生态为一体、具有国际一流水平的现代化综合交通枢纽，是深圳通往香港及亚太地区的重要门户，体现深圳花园城市的标志性窗口（图5-21）。2006年，该项目获得了年度城市土地学会（Urban Land Institute）亚太区卓越奖。❶

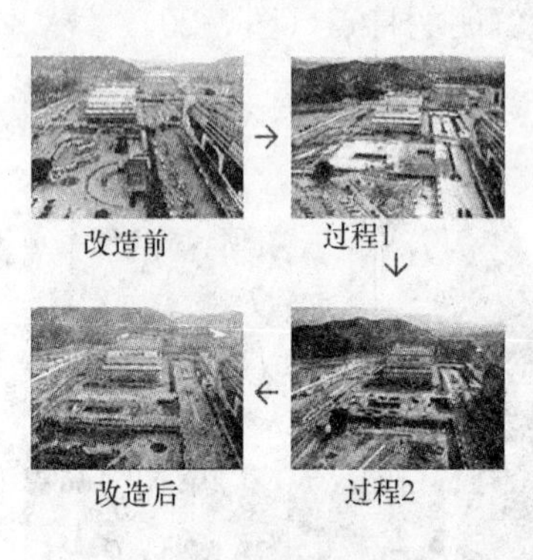

图5-21　罗湖口岸地段的改造过程及最后全貌

资料来源：图片素材引自"中国城市规划网"，经作者整理归纳

5.3.3　深圳皇岗口岸改造

伴随着高速公路时代的到来，与香港一河之隔的深圳成为珠三角制造业腹地与香港联系的必经地。港澳回归后，珠三角物流与香港这个国际航运中心的转口联系开始逐渐倚重陆路——1999年，在广东口岸经香港进出口集装箱中，通过（深圳）陆路口岸转口香港的份额首次超过了水路，占到57%。❷ 广深高速公路与皇岗－落马洲口岸的建设，开通了联系香港的一条主要公路通道，而这条通道的运力负荷也在节节攀升。

一、口岸已实施的改造

皇岗口岸落成之后，从20世纪90年代至21世纪初，深圳都没有再建设新的陆路口岸。而深港之间的人员及车辆往来却在逐年大幅增加，各公路

❶ 叶伟华.《深圳城市设计运作机制研究》.华南理工大学博士论文.2007.p45。

❷ 陈广汉.《粤港澳经济关系走向研究》.广东人民出版社.2000.p248。

口岸堵塞问题日趋严重，皇岗口岸首当其冲，堵车问题最为尖锐（表 5-5）。到 1999 年，货车需要 3 个多小时才能排队办好手续过境，车辆在市区道路排队时间过长，一些司机情绪烦躁鸣笛，严重影响到深港两地市区道路交通和部分居民的生活。[1]

1991～2005 年皇岗口岸日均车流量增长曲线　　　　表 5-5

（与之对应的是文锦渡、沙头角口岸日均车流量的持平甚至减少）

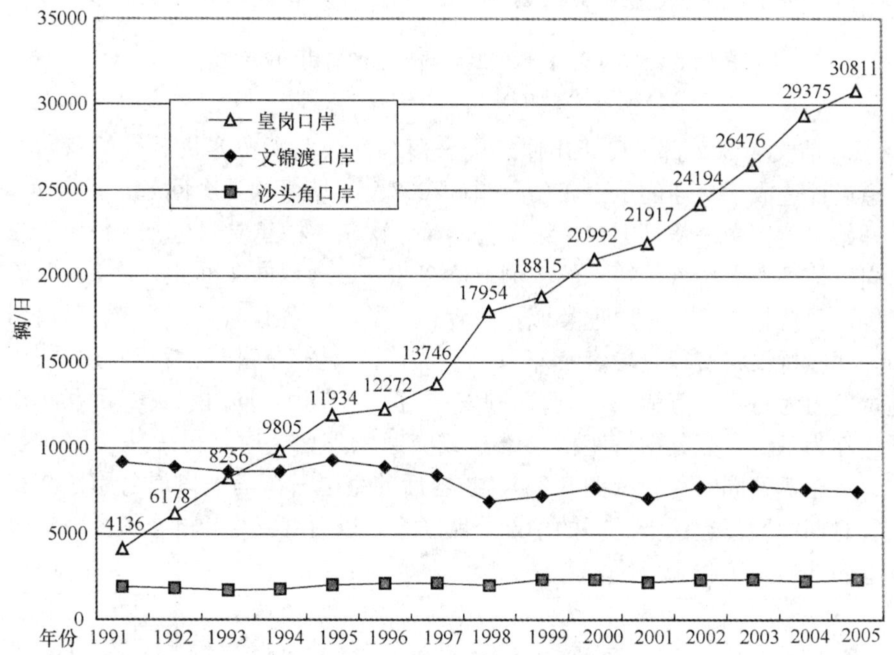

资料来源：作者根据深圳市政府口岸办公室提供数据绘制

针对此情况，深圳一方面试图通过挖掘文锦渡等老口岸的潜力来分流皇岗口岸的车辆、减轻其压力；更重要的，另一方面对皇岗口岸的场地建筑与设施设备从硬件和软件两方面加大了投入、作出了改善。

1. 首先是在口岸的软件条件方面作出了一系列改良。2000 年前后，由深圳市政府投资改造更新了口岸设施设备（如提高查验自动化水平、增加供电双回路、货检闸口加设地磅秤等），改进了检查检验的手续和方式（图 5-22）。口岸的通关时间也不断延长，最早是试辟两条 24 小时通关货检通道，至 2003 年 1 月，正式实行 24 小时通关。皇岗口岸于是成为全国第一个（也是目前惟一的）全天候通关口岸，实现了深港之间的人流物流全天候不间断交流和往来。

---

[1] 盘美昌.《塑造深圳口岸城市形象面临的问题与对策》.《特区理论与实践》.1999.9。

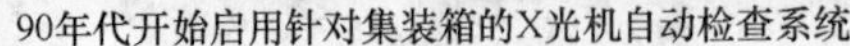

90年代开始启用针对集装箱的X光机自动检查系统

进出境通道安装的车辆自动识别系统

图 5-22　皇岗口岸 2000 年前后陆续启用的新设施

资料来源：《深圳口岸百年沧桑 1900～2000》. p84

2. 前文 4.3.2 部分已指出原皇岗－落马洲公路大桥客货混行的双向六车道设计造成了交通的运力瓶颈问题。2003 年，为解决这个问题，投资近 2 亿开始兴建皇岗－落马洲口岸第二公路桥，次年二桥建成通车。二桥位于原皇岗－落马洲大桥（一桥）的东侧，桥宽 23m，为双向 4 车道。"二桥"的螺旋形引桥与"一桥"原理类似，两者相互叠合，各行其道。"二桥"启用后，两座桥梁将实行过境客货车分桥行驶。"二桥"将作为货车专用桥梁，通过能力为每日 4 万辆；"一桥"则安排为客车专用，同时一、二桥互相连通，互为备份，当其中一座桥梁维修或交通意外堵塞时，另一座桥则承担客、货车辆的同时通行（图 5-23）。扩容后的皇岗－落马洲口岸公路桥将在较长时期内胜任起深港之间的中部公路联系。以后继续增长的车流量将通过深港西部通道工程来解决。

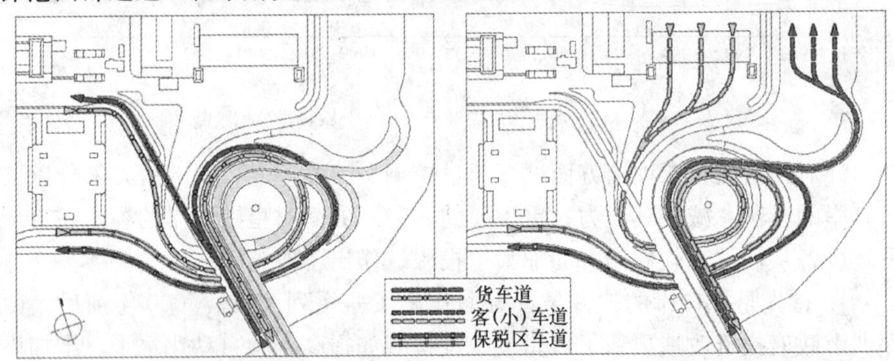

左图：一桥客运流线分析；右图：二桥货运流线分析。（浅色表示二桥，灰色与深色分别表示出入境路线）

图 5-23　皇岗－落马洲大桥的"一桥"、"二桥"及其引桥拆解分析图

资料来源：作者自绘

3. 前文 4.3.2 部分还指出了口岸带来的过境货柜车流对深圳市区城市环境的负面影响问题。为了解决这个问题，首先改造了进出皇岗口岸的道路网络，建设进出口岸的专用道路，使过境车辆能够从深圳市区及其外围半封

闭（甚至全封闭）地进出皇岗口岸，做到与市区车辆隔离并分道行驶，有效减少过境车辆争夺市区道路的现象，提高皇岗口岸行车速度。2006 年 9 月，经过与香港货运行业商会组织的多年来的反复沟通与谈判，终于通过了对皇岗路禁行货柜车的决议，香港的货柜车从此改由广深高速公路出入，皇岗路货柜车流影响福田区城市环境与形象的问题终于基本得到了解决。[1]

二、深港皇岗－落马洲口岸的对比

图 5-24 （1997 年）从香港鸟瞰落马洲－皇岗口岸

资料来源：深圳市口岸办公室．《深圳口岸》．1998. p35

在西部通道（深圳湾口岸）开通之前，所有深港及珠澳之间的口岸都是传统的“两地两检”口岸。皇岗－落马洲公路大桥北端接驳着深圳皇岗口岸，南端对接的则是香港落马洲管制站[2]（图 5-24）。这一对口岸在建设与投入运行的时间上都基本对应。大致与皇岗一落马洲公路大桥扩容工程同步，香港落马洲管制站的扩建工程于 2003 年完成，截然不同的设计思路使其无论是在建筑设计还是在场地规划设计上都与深圳皇岗口岸形成了鲜明的对比与反差。下面就详细分析这些差异：

1. 选址与用地

不同于深圳皇岗口岸为繁华城区所紧逼包围，落马洲管制站位于远离香港本岛及九龙半岛的“禁区”，[3] 这在选址上避免了口岸带来的繁忙过境交通对城市环境的负面影响。另外由于香港方面为开放的无税自由港制度，其货检方面的通关查验程序要比深圳皇岗口岸简化不少，因此落马洲口岸的占地面积仅为皇岗口岸占地面积的 1/3 左右（图 5-25）。

2. 场地规划与流线组织

与皇岗口岸的块状用地不同，落马洲口岸用地大致为一长条梭形，各类车流分叉再汇合，在纵深方向上的前进路线顺畅，杜绝了迂回与交叉。同样

---

[1] 参见：《南方都市报》网络版．《皇岗路明起禁行货柜车货柜车改由广深高速出入》．2006-09-15。

[2] 香港的落马洲口岸（管制站）扩建工程，由香港建筑署负责策划建设，香港王董建筑师事务有限公司负责设计，项目的设计与策划完成于 1998 年，建成于 2003 年。项目占地面积 292 879m^2，建筑面积 12 800m^2，造价合港币 7 亿 8 千 9 百万。

[3] “禁区”，指香港与内地之间的香港一侧的狭长地带，总面积 28m^2。1951 年 5 月 15 日港英政府颁布《1951 年边境封闭区域命令》设立。既因为新中国政权刚刚建立，港英政府出于对中国大陆进行封锁的需要，又因为港深边境的走私活动频繁和非法入境问题日趋恶化，港英当局于是根据公安条例设立禁区，目的是提供一片缓冲地带，以便保安部队能维持香港与内地间的边界完整以及打击非法入境及其他跨境犯罪。1962 年，边境禁区扩大至现有范围。

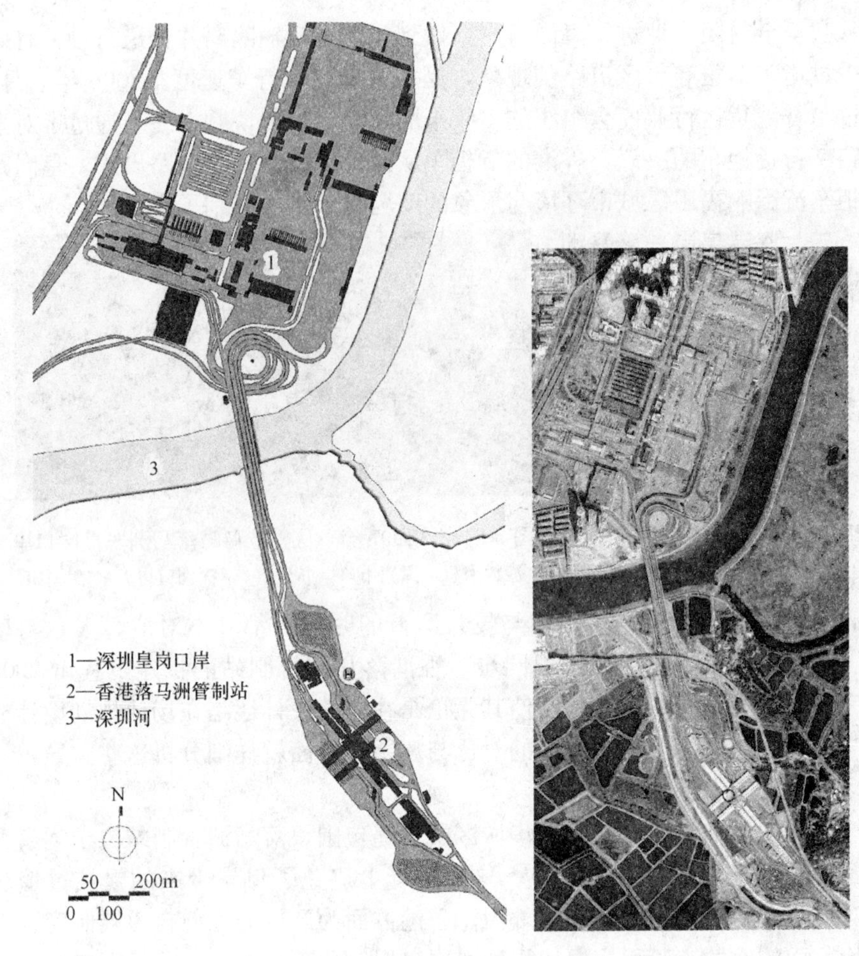

图 5-25 皇岗－落马洲口岸通道总图（2004 年）
资料来源：左图作者自绘，右图来自 googleearth 网站

由于香港方面对于货检程序的简化，落马洲口岸并没有采取旅检区、货检区分开的做法，而是利用梭形图案的契合与分叉构图，使客（小）车、货车各行其道，井井有条。整个场地布置完全围绕功能流线出发，建筑物与构筑物的设计都以遵从流线为首要前提。更为简单直接的方法，获得了更高的效率（图 5-26）。

3. 建筑的功能与形式处理

口岸各主要建筑在出境通道和入境通道之间一字排开，起到隔离并同时兼顾两侧的作用。以正中的验证大厅为中心点，朝纵向两端伸出客（小）车的上、落客廊，并朝横向两侧伸出海关及出入境事务车辆检查廊，形成“十”字形的建筑平面。建筑设计中将整个地段的功能流线摆在了首位，解决功能的同时，平面形式也就自然生成了。这首先是一个定位上的区别，香港方面并没有强调口岸建筑作为深港之间“关闸”的行政象征意义，而是强

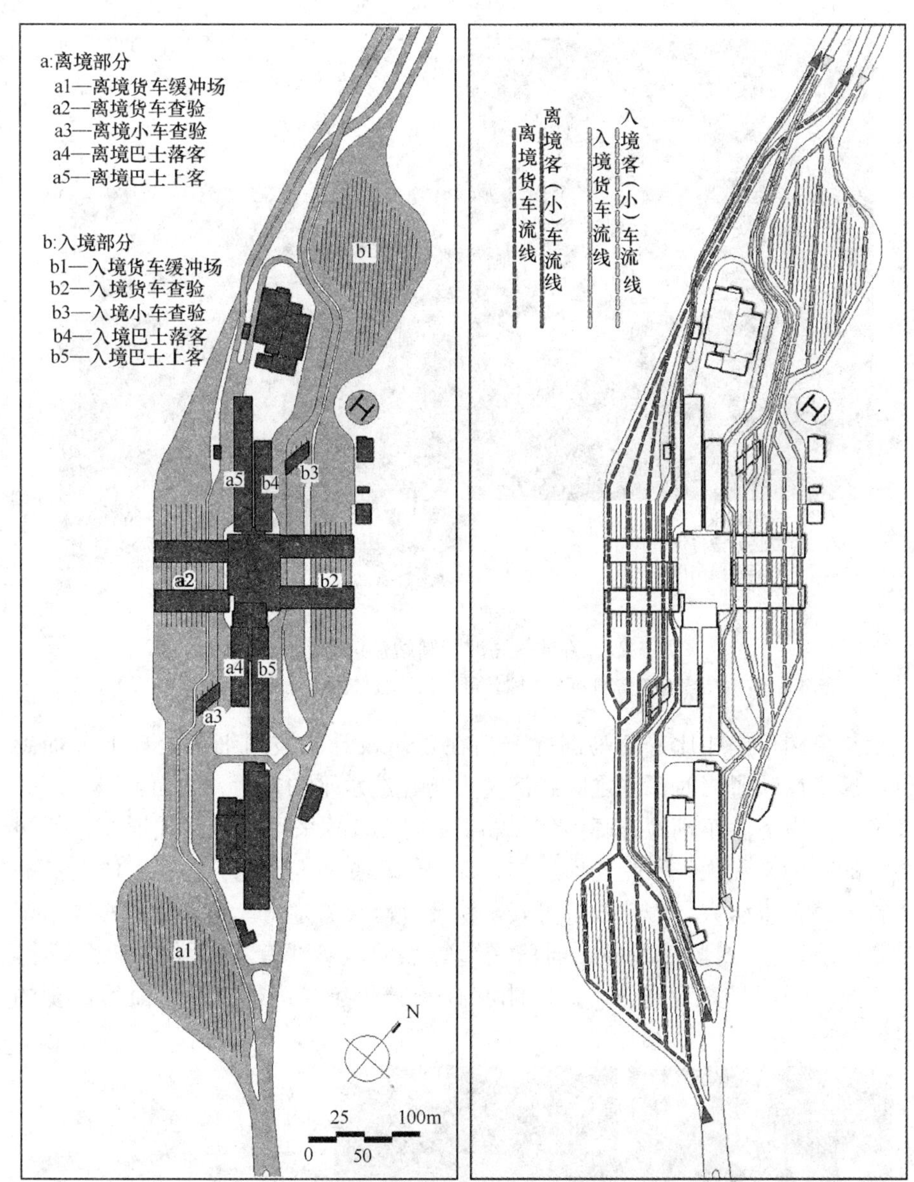

图 5-26　香港落马洲管制站总图与功能流线分析图

资料来源：作者自绘

调建筑作为“交通枢纽”的实际使用意义。定位的不同自然也就影响到建筑形象与造型处理的不同。落马洲口岸的建筑造型设计中，并没有刻意强调建筑单体，而是将各类交通廊道、闸口与建筑做成了一个整体，手法现代、简洁，造型充满动感与时代气息（图 5-27）。

4. 建筑设计的技术细节处理

左图：模型鸟瞰
右上：查验大楼与货车道
右下：货车查验闸口

图 5-27　香港落马洲管制站建筑造型组照

资料来源：香港王董建筑师事务有限公司.《香港建筑师协会 2004 年年奖》.p143

与皇岗口岸相比，落马洲检查站在建筑设计的技术细节处理上更加到位，这也反映了当时深港之间经济实力与建造水平的差距。下面就以（海关及出入境事务）车辆检查廊为例分析其优点：1）采用了悬臂式罩蓬，使岗亭内的查验人员视线不受任何遮挡；2）罩蓬之内还合成了查验工作人员的步行天桥，查验人员由此天桥可安全快捷地跨越各通行车道，通过楼梯下至各个岗亭；3）对监控录像、通信光缆等强弱电管线有着科学的统筹设计，与建筑装修同步安装到位，这样能够有效避免建成运行之后又面临反复的“拆、挂、挖”（图 5-28）。

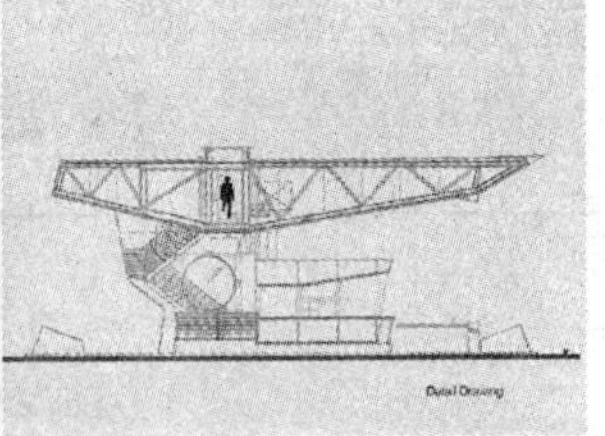

左：实景，中：立面，右：剖面

图 5-28　香港落马洲管制站车辆检查廊

资料来源：《香港建筑师协会 2004 年年奖》.p143

深港“皇岗—落马洲”口岸联系通道，一直是深港间规模最大、地位最重要的陆路客货运综合口岸。但是，口岸联系通道的深圳和香港两部分之间，无论是建成效果还是实际运行效果都存在着一定的差距。可以说，香港落马洲管制站的落成，对此后的深港口岸的建筑与地段设计都产生了一定的影响，也促使深圳皇岗口岸启动了进一步的整体改造计划。

三、口岸的改扩建计划（进行中）

由于双方运行效率的差距，深圳皇岗口岸的通行能力与香港落马洲管制站之间存在着级差。为了应对不断增长的出入境汽车、货运量和旅客流量，皇岗口岸开始了对旅检区的扩建改造。

前文4.3.2部分中，介绍了皇岗口岸旅检楼及其周圈的繁忙人流与车流，而与此形成鲜明反差的却是一旁车港城在建成之后的长期闲置。为解决这个问题，2005年开始动议改造利用车港城为皇岗口岸的旅检通关扩容。按照改扩建设计，皇岗旅检楼的整个首层将被改造为入境查验大厅（原先是半边入境半边出境），车港城的首层将被开发利用为出境查验大厅，并将配套新建出境的车道、车场及查验闸口。旅检出境与入境将被划分为完全独立的两区，避免了出入各类人车流线的交叉干扰。这项改造工程已于2007年3月动工，目前已完成市政道路的40%，计划将于2009年逐步交付使用。改造后，皇岗口岸的客流量将从5万人次/日增加到30万人次/日，客（小）车通关量将从3000辆次/日增加到2万辆次/日。[1]（图5-29）。

5.3.4 珠澳拱北口岸扩建（计划）

拱北口岸作为珠海与澳门之间最主要的联系纽带，迅速跻身中国发展变化最快、知名度最高的口岸，多年来旅客通关量仅次于深港罗湖口岸。早在1999年拱北口岸新联检大楼建成之初，曾有人提出过置疑：面对小小的澳门需不需要规模如此之大的口岸？此后10年发展对此给出了十分肯定的答案。

澳门回归后、进入21世纪以来，经拱北口岸进入内地的港、澳、台旅客以及来自世界各地的游客逐年递增，据统计澳门人中有90%以上每周都会北上珠海消费，其中一半的人每周往来3、4次。[2] 而随着CEPA的签署及港澳自由行的开通，经拱北口岸通关的内地出境旅客也以年均两成左右的速度增长。数据显示：经拱北口岸新联检大楼出入境的旅客数量由1999年的3000万人次大幅攀升到2006年的7650万人次。占2006年全国出入境人员总数的25%，增长幅度达155%。[3] 2008年再创新高，全年旅客通关量超过了8000万人次。每天排队过境的旅客摩肩接踵，逢节假日更是人山人海，珠澳的口岸查验机构不得不增派人手、加开通道。（图5-30）。当前的高峰日旅客通关量已达到28.3万人次/日，远远超过了口岸15万人次/日的承载

---

[1] 参见深圳市口岸办公室编制的《深圳口岸有关情况》.2008。

[2] 《珠海特区报》2005年的一篇报道显示：澳门人平均每周在珠海吃饭喝茶、购物的消费总额约为1.04亿元。

[3] 参见：珠海市口岸局.《珠海市口岸概览》.2007。

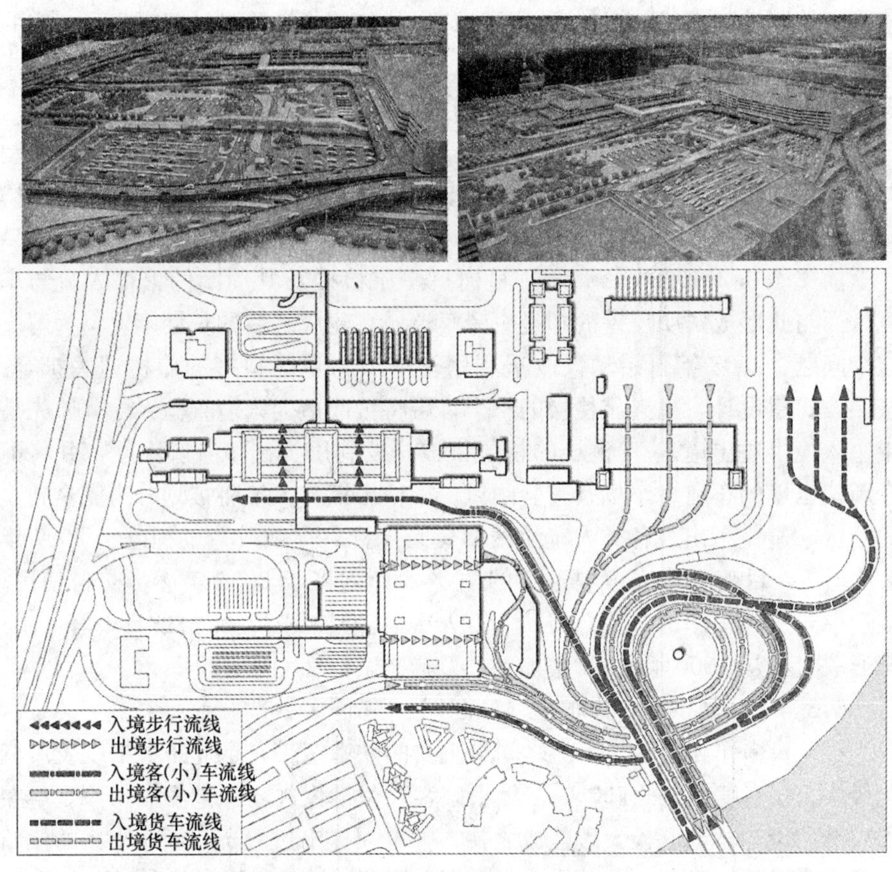

图 5-29　皇岗口岸旅检区扩建方案

资料来源：照片由深圳市口岸办提供，总图分析为作者自绘

图 5-30　拱北口岸联检大厅内等候通关的人群

资料来源：珠海市口岸局提供

极限。而 2010 年广珠城际轻轨按计划实现通车的话，将给作为其终点站的拱北口岸带来更大的通关压力。

另一方面，澳门关闸口岸已经按照 50 万人次/日的规模进行扩建，这使拱北与澳门关闸口岸之间形成 30 万人次/日的通关能力落差。❶ 因此，对拱

❶ 统计数据由珠海市口岸局提供。

北口岸进行整体改造与扩建已是势在必行。目前关于改扩建的方案设计正在进行中，其大致内容已经基本确定，并计划于2009年12月澳门回归祖国十周年庆典之前完成。

下面就从两个方面来介绍拱北口岸的改扩建计划。

一、口岸联检楼的扩建设计方案

联检大楼两侧的扩建是此次改造的核心内容，具体改造内容如下：

1）将联检楼两侧原客车通道拆除，分别新建出入境联检楼，通关人流由原来的单独两条主轴流线扩充为现在的“两主两辅”流线，两条辅助流线的开通将使旅客通关更为顺畅，通关流量增加至35～50万人次/日，届时，口岸广场集散人流的作用也将会更加突出。扩建施工在现有联检大楼的两侧进行，施工期间仍可按现状正常通关，待扩建部分完成后再对原联检大楼改造，将新旧联检大厅相互连通。

2）新建出入境联检楼南北均设风雨柱廊，与原联检楼风雨柱廊连通，解决了日晒雨淋的问题，使步行流线更加顺畅、安全。

3）新建的联检楼首层为出入境旅检大厅，二层为预留将来扩容大厅（在未用作旅检大厅之前，可暂作珠海口岸综合服务中心及口岸应急指挥中心），三层为查验单位办公用房。出入境旅检大厅的建筑面积分别为15000m^{2}和17000m^2，各能容纳70和80条通道。依据口岸查验监管的工作流程要求，新建的旅客出入境大厅内，按先后分为13m检验检疫区、34.5m边检区、8m旅客通道区，34.5m海关监管区。大厅周边设查验单位现场办公用房。新建联检楼平面上的大进深，满足了查验功能的要求，还有利于将来二楼大厅垂直交通的有效组织。

4）拱北口岸原先没有考虑工作人员停车位的需求，口岸工作人员只能把车停在联检楼两侧空地处，加剧了口岸地段的拥堵与混乱。联检楼扩建部分设有的地下车库，能提供200多个停车位，将解决口岸工作人员（数量还将扩编）停车位严重紧缺的问题。查验人员车辆将通过口岸广场地下通道进、出地下车库。

5）建筑形体方面，两侧扩建附属联检楼的首层与原先的主联检楼平齐，二、三层体块的前后都内收约9m形成退台，这样在立面透视上就形成了中间高两边低的整体效果，突出主楼，主次明确。扩建部分无论是色调、材质还是立面造型的细部都沿用原有主联检楼的中国传统建筑语素的处理方法，扩建后的整体效果统一协调，尺度则更加恢宏（图5-31）。

二、口岸整体规划的相应调整

拱北口岸的功能定位是以客运为主，客、货运兼有的综合性口岸，功能复杂，人、车流量大。口岸的现状分为三大区域，分别是入境区、出境区和人流集散广场，出、入境区又对人流和车辆各有划分。这种功能分区和流线

图 5-31　拱北口岸联检楼扩建方案透视图
资料来源：珠海市口岸局提供

组织在改扩建后保持不变，除联检楼有扩建外，其他建筑如报关楼、查货楼及靠澳门一侧的免税商场都基本保持不变。

联检楼向两侧扩建后，原“一站式”客车通道、联检楼东西两侧查货场等根据总体布置的需要作了调整。

东侧：原信禾停车场将被迁移出口岸用地；供澳鲜活商品和特许货车的查验场也要迁移，在此接受查验的供澳鲜活产品车辆经国务院批准后将移至跨境工业区的专用口岸通关。此举将解决此类车辆影响口岸周边的市容问题，能够改善口岸地段的整体环境品质。

西侧：在建的广珠城际轻轨将在此与拱北口岸接驳，这又将给口岸带来相当大的人流。联检楼扩建部分的柱廊、室外平台等设施为轻轨车站与拱北口岸之间的联系提供了方便（图 5-32）。

5.3.5　珠澳横琴口岸改造（计划）

一、口岸近年发展情况

作为珠海与澳门之间的另一个联系通道，横琴口岸在建成初期，分流效果一直不显著。究其原因，主要来自地理位置距离老城区过远、横琴岛（及澳门的澳凼新城）开发建设长期停滞这两方面。

2003 年珠海对珠澳之间的口岸联系实行出入境客货分流，规定出入境货车一律从横琴口岸通关，当年横琴口岸的出入境车辆就增长了 878.2%，

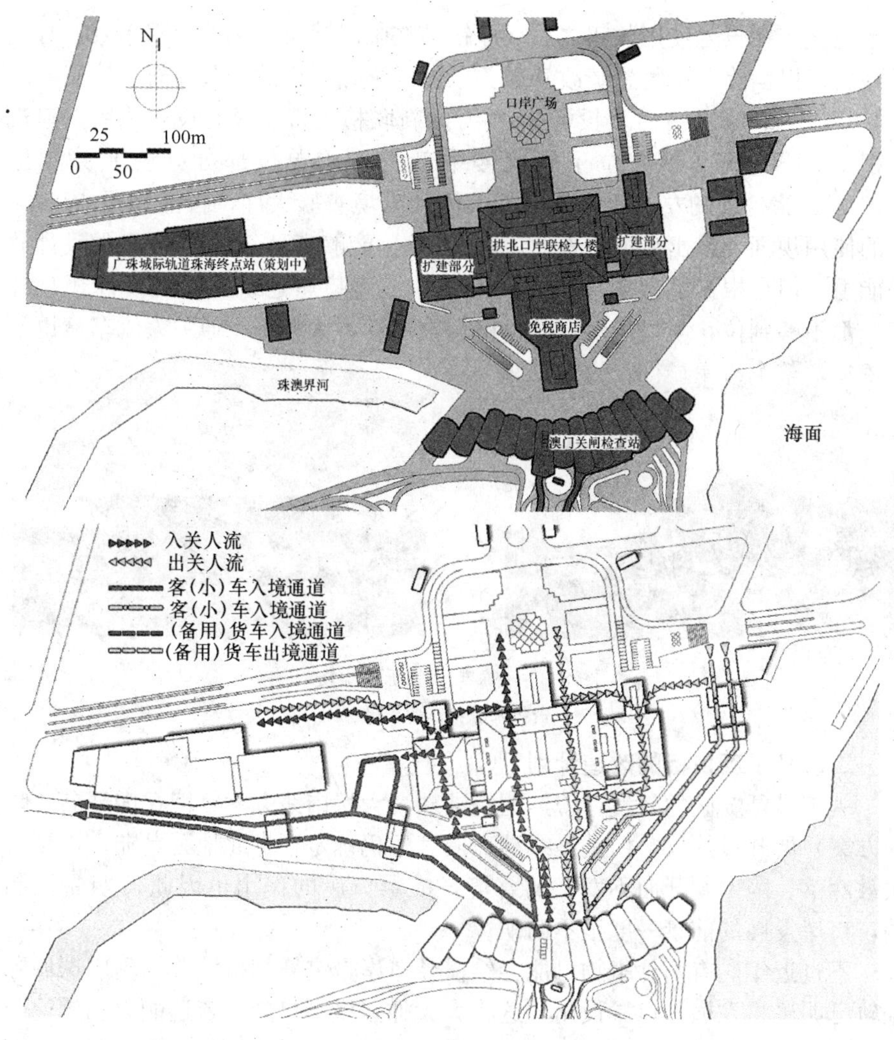

图 5-32　拱北口岸地段改扩建方案总图及流线设计图

资料来源：作者自绘

成为一个转折点，加上 CEPA 签署的因素，横琴口岸的出入境货流保持逐年稳定增长（表 5-6）。

横琴口岸出入境车辆年度统计数据对比　　　　**表 5-6**

	2000 年	2001 年	2002 年	2003 年	2004 年	2006 年	2007 年
出入境车辆合计	15559	20717	52887	517333	613870	651296	686699
同比增长	-	34.8%	155.3%	878.2%	19.0%	25.45%	5.44%

资料来源：珠海市口岸局提供。（注：2005 年横琴口岸的旅检及客车查验闭关）

但是在客流方面，拱北口岸一直占主导作用，横琴口岸的客运分流效果并不显著。在投入使用数年之后，原钢结构临时建筑已接近使用年限，必须拆除新建以消除安全隐患，改善通关条件。横琴口岸的永久性新旅检楼随即开始建设。2007 年 5 月，投资 8000 万的新联检大楼建成并投入使用，建筑面积 1.28 万 m^2。其中位于旅检楼中部的查验单位部分办公业务用房 3000m^2。旅检楼的左右两侧分别为入境和出境查验大厅，按照满足 15～20 年的使用规划，设出入境旅检通道各 28 条，能够满足 7 万人次/日的设计通关能力。但是根据笔者现场调研的感受，这座口岸建筑无论是设计还是施工，都不够到位，与口岸建筑的身份与重要性不太相符。通关人流车流也不够密集，整个口岸显得较为空荡。

图 5-33　横琴口岸新联检楼

资料来源：作者拍摄

二、基于新目标的改造计划

关于横琴新区的开发，曾经围绕港珠澳大桥南线方案（即在横琴岛登陆的方案）展开过热议，但是最终港珠澳大桥仍确定在拱北地区登陆，横琴再次被冷落、陷入"开而不发"的窘境，横琴口岸的作用也因此长期受到制约，口岸发展的前景一度很不明朗。

不过近年，有两件事物可能会给横琴口岸带来新契机。其一是广珠城际轻轨已明确将在横琴口岸设站，这将大大加强横琴口岸的疏运能力和旅检分流作用；其二就是 2006 年 11 月《横琴岛开发建设总体规划纲要》获得广东省政府的批准通过。

《纲要》提出了横琴岛的发展目标，是将其"建设成为一个携手港澳、服务泛珠、区域共享、示范全国，与国际接轨的复合型、生态化创新之岛"。按照总体规划，未来横琴岛将作为国内第一个对接粤、港、澳区域经济，辐射华南、西南、东南的经济合作开发区摆上了创新跨越发展的战略高地。具体将以科技研发、高新产业、会议商展、旅游休闲为主导职能，兼具物流贸易、培训交流、文化创意、商业服务、生态居住等辅助职能的区域性、国际化的高端服务中心和休闲旅游中心。❶

---

❶ 参见网页："横琴岛总体规划获省府审议通过将打造四大主导功能"
http://www.southcn.com/news/gdnews/sd/200612010035.htm

在横琴岛的开发战略中，横琴口岸的改扩建正是重要一环。在地理区位上，横琴口岸位于横琴岛开发带状核心区的东端，与澳门一水之隔，优势明显；而在经济区位上，口岸的辐射拉动作用也被寄予了很高的期望（图5-34）。

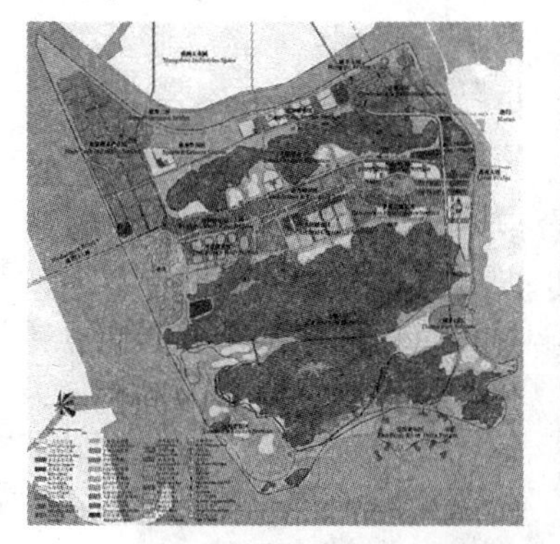

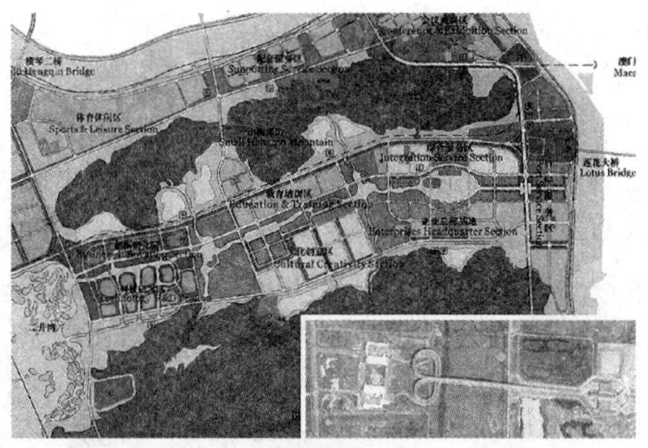

图 5-34　横琴口岸与横琴岛开发建设方案
资料来源：珠海市建设局横琴分局提供

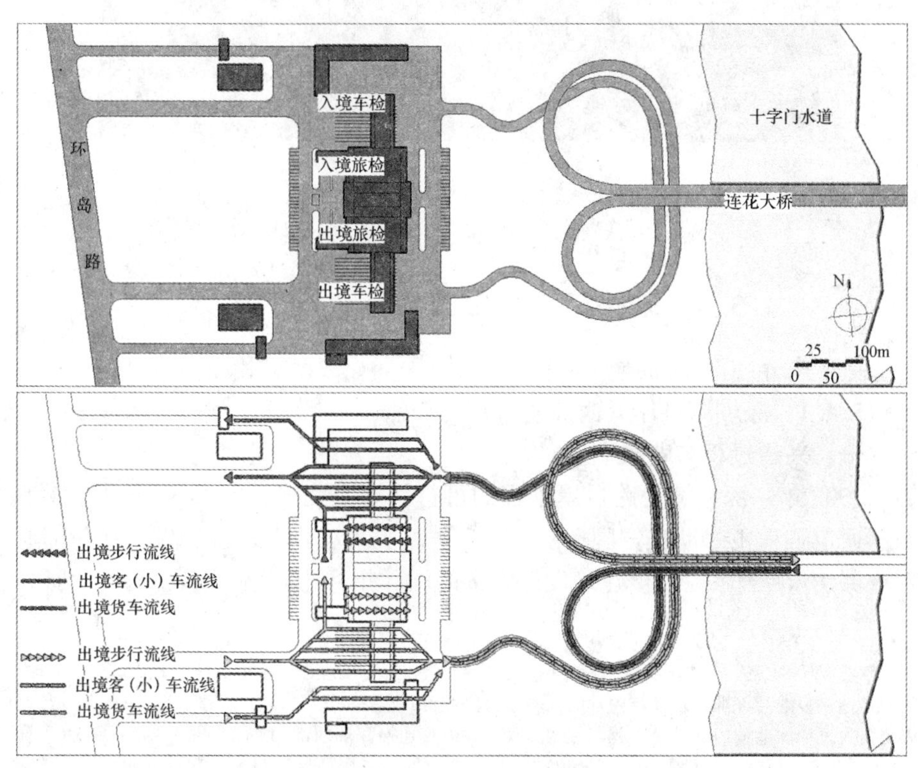

图 5-35　横琴口岸改扩建方案总平及流线分析图
资料来源：作者自绘

横琴口岸改造的总体规划，可实现与澳门莲花口岸及广珠城际轻轨横琴站的对接，将成为以货运为主，大物流与客流相匹配的客货运枢纽口岸，促进珠澳及珠江西岸经济的发展。按照口岸改造规划，口岸的管制区占地将从19万m^2扩展到67万m^2，口岸整体建设完成后包括：1）横琴口岸联检楼，出入境报关楼；2）出入境客货车通道；3）出入境货检场、货检平台及仓库，口岸查验单位办公业务用房、生活用房，口岸监管区道路及隔离围墙；4）横琴口岸配套设施工程：口岸配套服务用房、口岸信息中心、口岸物流中心、广珠城际轻轨横琴车站、公交客运综合楼、口岸生活区、口岸地区道路及停车场等。其中，按照15～20年的远期规模展望，出入境客货车通道各设20条，将满足1万辆次/日的车辆通行能力（图5-35、图5-36）。

图 5-36　横琴口岸改扩建方案鸟瞰图

资料来源：珠海市口岸局提供，中铁第四勘查设计院设计

5.4　陆路口岸建筑工程新建案例研究

接下来介绍两个新建型口岸案例——深圳福田口岸和深圳湾口岸。

5.4.1　深圳湾口岸（西部通道）

一、兴建过程与背景

2002年，深圳湾公路口岸工程的可行性研究完成。2003年8月，深港西部通道工程正式动工，国务院副总理曾培炎为工程奠基。同年，在西部通道深圳湾口岸[1]旅检大楼建筑设计方案的国际招标中，深圳市建筑设计研究

[1] “西部通道”与“深圳湾口岸”两个名词虽然常被通用混淆，其实各有所指。“西部通道”指的是连接香港与深圳、香港与内地的又一条公路通道，包括一座长4910m、宽33.1m的深圳湾跨海公路大桥和深港境内的填海工程与接线工程。并因为连接深圳西部的蛇口与香港西北部的元朗而得名。“深圳湾口岸”是设置在西部通道的关节位置上的“一国两制”口岸，起到管制疏通大陆与香港特别行政区之间的人流和物流的作用。因为其位置濒临深圳湾而得名。其性质是西部通道这项大型跨境交通设施上的一个配套节点工程。

院的方案以其简洁通畅特点赢得中标。经过4年建设，2007年7月1日，香港回归十周年庆典之日，西部通道深圳湾口岸正式开通。国家主席胡锦涛等领导人及香港特首都亲自出席了开通仪式，各大媒体均以首要篇幅给予了详细报导。作为连接香港与内地的第九个口岸和继皇岗、文锦渡、沙头角口岸之后的第四个跨境汽车通道，西部通道（深圳湾口岸）设计通车数量是其他3条通道总和的两倍。将取代罗湖与皇岗，成为深港最大的口岸通道，也是全国乃至世界规模最大、最现代化和智能化的陆路口岸通道。这项重大口岸工程的完成，既是对过去10年来大陆、香港双赢共进发展的极大肯定，又标志着深港两地的互动合作迈入一个新的阶段（图5-37）。

图5-37 位于海滨的西部通道及深圳湾公路大桥

资料来源：引自《30年深圳30年香港》一文

深圳湾口岸是深港双方协同建设程度最高的口岸，也是国内首个实施“一地两检”查验新模式的口岸，深港双方的查验单位集中于一地工作，出入境旅客只需要上下车一次便可完成两地的清关手续，通关货柜车由分两地接受查验到集中于一地。这大大缩短了通关时间，使深港两地的最短车程缩短为半小时。

要在“一国两制”政治基础下实行“一地两检”查验模式，从法律依据角度来看尚无前例，需要中央政府与特区政府协商一致以解决这个问题。2006年10月的十届全国人大常委会二十四次会议上，特别表决通过了《关于授权香港特别行政区对深圳湾口岸港方口岸区实施管辖的决定》，香港立法会也特于2007年4月通过了《深圳湾口岸区港方管理条例》。❶ 因此，深圳湾口岸得以实行“一地两检”查验模式，堪称内地与香港之间的融合迈上新台阶的标志性事件。

二、兴建目标与作用

西部通道的开通在深圳和香港之间搭建起了三条通道：从地理方位角

---

❶ 盘美昌.《加强深港合作的几点启示》.《特区理论与实践》.2008。

度，西部通道连接深圳蛇口的深圳湾口岸和香港新界西北的鳌磡石，成为连接香港与深圳的第四条行车过境通道；从经济意义角度，西部通道将在金融、物流和旅游业等方面强力助推深港的经济发展，促进两地经济进一步紧密化，促进深圳、珠江三角洲乃至华南地区经济与社会发展；从心理角度，西部通道揭开了深港同城化运动的序幕，搭建起深港两地人民的心理通道，拉近了两地人民的心理距离。

1. 宏观范畴－区域规划层面的作用分析

西部通道既是深港的联系新通道，又是新穗港公路通道的重要一环。将在多个方面起到重要作用。

1）在深圳湾口岸之前，文锦渡口岸和皇岗口岸先后承担着深港之间主要的跨境公路交通任务。文锦渡口岸于 80 年代中期已达到负荷极限；而皇岗口岸也在建成约 10 年左右就开始跟不上通关需求的迅猛增长，陷入超购荷运转的状态，不得不反复改建、加建。深圳湾口岸将取代皇岗口岸，成为连接深港规模最大、设施最先进的公路口岸。它的建成开通将大大减轻先前几个深港口岸的客货疏运压力，促成深圳市“东进东出、中进中出、西进西出”口岸格局的形成。

2）深圳特区内每个重要城市片区的生长发展都与深港口岸有着密切的对应关联。从罗湖区的罗湖、文锦渡口岸，到福田区的皇岗口岸，来自香港、通过口岸孔道的辐射拉动作用一直是深圳城市建设飞速发展的重要外力和特有优势。在“一线”、“二线”包夹的有限空间下，罗湖区、福田区相继饱和，城市发展重心自然向西“溢出”，特区内的城市发展重心朝着现有土地存量最大的城市组团——南山区转移。在西部通道之前，南山区仅通过蛇口港水运口岸联系香港，深圳湾口岸的建设显然有配合（牵引）城市重心向西迁移这方面动机，能够配合南山区的开发建设。

3）对珠三角城市群交通走廊格局的调整也将起到积极作用。广深高速公路在抵达皇岗口岸之前的深圳市区路段，繁忙的过境交通对深圳城区的交通与环境产生不利影响。而深圳湾口岸所衔接的广深沿江高速公路❶全部以桥梁形式建在西部城区外围的海域与滩涂之上。因此，西部通道建成后将大大缓解深港过境交通问题，改善深圳城市交通条件，减少环境污染。沿江高速公路的沿途，还串连起深圳西部的机场空港和大铲湾集装箱港。这条通道上的客流、货流，经西部通道连接香港，与香港西部的迪斯尼乐园、机场空

---

❶ （广深）沿江高速公路项目：将成为继广深高速公路之后，一条新的穗港陆路联系动脉，是广东省“十一五”规划重点建设项目。分广州、东莞、深圳三段，全长 88.08km，双向 8 车道，时速 100km。项目分广州、东莞、深圳三段，其中深圳段设计长度为 31.58km，南端通过深港西部通道连接香港，总路线长度的 99.7%为桥梁，于 2007 年开工，计划工期 3 年半。

港、葵涌集装箱货柜码头等客货流集中点的对接联系也更加顺畅，可以减少在香港境内的交通迂回。对于深港双方的口岸格局而言都非常有利（图 5-38）。

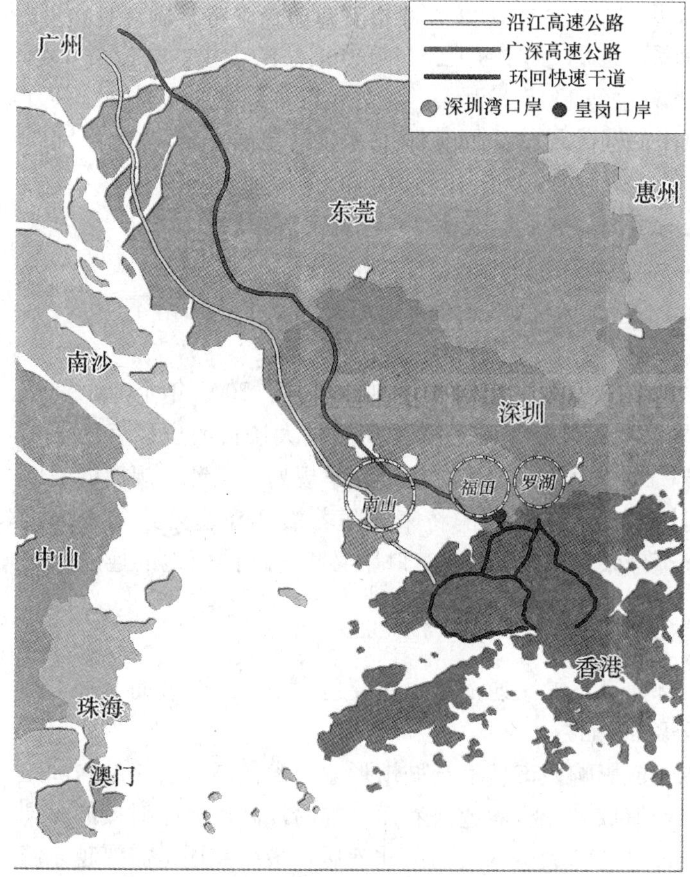

深圳湾口岸的建成开通将大大减轻先前几个深港口岸的客货疏运压力，促成深圳市“东进东出、中进中出、西进西出”口岸格局的形成。

深圳湾口岸所衔接的广深沿江高速公路全部以桥梁形式建在西部城区外围的海域与滩涂之上。因此，西部通道建成后将大大缓解深港过境交通问题，还将改善深港双方的口岸格局。

图 5-38 深圳湾口岸的区位及城际交通联系分析图

资料来源：作者自绘

2. 目前为止的运营效果

作为深港合作共建的大型基础设施工程，西部通道在香港方面荣获了英国结构工程师学会（IStructE）颁发的 David Alsop 可持续发展奖，还赢得了香港工程师学会环境分部与香港建造商会合作主办的“2005 年度环保论文奖”大奖。❶ 更具有里程碑意义的是，在西部通道及深圳湾口岸的建设中，香港与内地终于首次达成了一致共识，共同建设，并启用“一地两检”查验模式，使通关流程更加简化，效率也更高，极大地方便了旅客、车辆和

---

❶ AFUP 廖维武 .《基础设施——都市之原动力》.《世界建筑》. 2007. 10. p37。

货物出入境。

深港西部通道及深圳湾口岸的设计货柜车辆通过能力为5.86万辆次/日，客（小）车通过能力为1.4万辆次/日，旅客通过能力为6万人次/日。在建成投入运作的初期，实行6：30至24：00的17.5小时/日通关，并将在运行一段时期后考虑开通24小时通关。口岸开通后的次年，截止至2008年10月数据，通关人数达到1112.8万人，通关车辆达到177.5万辆。其分流作用已使得各老口岸的通关量纷纷回落。统计数据显示，与2007年同时期相比：

旅客通关量方面，罗湖口岸回落了5.4%，皇岗口岸回落了20.9%，文锦渡口岸回落了28.3%，沙头角口岸回落了10.5%；

车辆通关量方面，皇岗口岸回落了8.3%，文锦渡口岸回落了16.2%，沙头角口岸回落了3.4%。❶

目前深圳湾口岸的实际通关量还远未达到设计值：2008年全年，货柜车每日通关约6000辆，而设计值是6万辆；而旅检大楼目前也只启用了一层旅检大厅兼顾南行、北行通关。当然，经过科学规划与论证，规模的适度超前是有必要的。可以预见，在不久的将来，随着沿江高速公路的全线贯通，随着南山区的逐渐繁荣发展，❷ 深圳湾口岸必将对深港两地的连通起到越来越重要的作用。

三、口岸道路交通衔接

深圳湾口岸（西部通道）的交通衔接也主要包含如下三个方面：

1. 与沿江高速公路的衔接

为避免繁忙过境车流影响城市环境与城市形象，沿江高速公路的深圳路段沿着深圳西部的外围海域与滩涂而建。然而，与沿江高速公路对接的深圳侧接线工程在先后经过月亮湾大道和大南山北麓后，最终穿还是需要越东滨路建成区和后海湾填海区与深圳湾口岸衔接。为了避免过境交通造成的负面影响，在综合了市民和专家的各方意见之后，深圳侧接线工程的建设方案三易其稿，从最初的高架桥方案改为半敞开下沉式道路组合方案、最终确定为全封闭下沉式道路组合方案，工程造价也由最初的7.8亿元上升到了21.3亿元，从而使这条长约3.09km的下沉式地道成为国内目前最长的市政隧道。扣除掉拆迁、市政配套等成本，地下土建工程每公里造价高达两亿余

❶ 数据来自《深圳陆路口岸2008年1～10月流量情况表》，(参见附录二，附表-3)。

❷ 西部通道建成之后，南山区的发展前景看好，房价也被迅速带动。据房地产业内人士分析，南山是炒房人较为集中的地方。从2007年开始，受深圳湾大桥通车和新口岸通关的刺激，“深港融合”概念甚嚣尘上，南山区的房价一路飙升。

元。❶ 下沉隧道在进入深圳湾口岸范围后升至地面。隧道口对接着货检区的出入口，同时与旅检区的部分客（小）车车流的出入也有通道衔接。

2. 与深圳市区的连接

西部通道与深圳市区的连接主要是针对客（小）车的车流。旅检区出入口分别位于其北侧的东西两边，客（小）车向北穿过后海湾连接深圳滨海大道，然后沿沙河西路继续向北连接深南大道；向西则通过东滨路连接深圳南山区（图 5-39）。

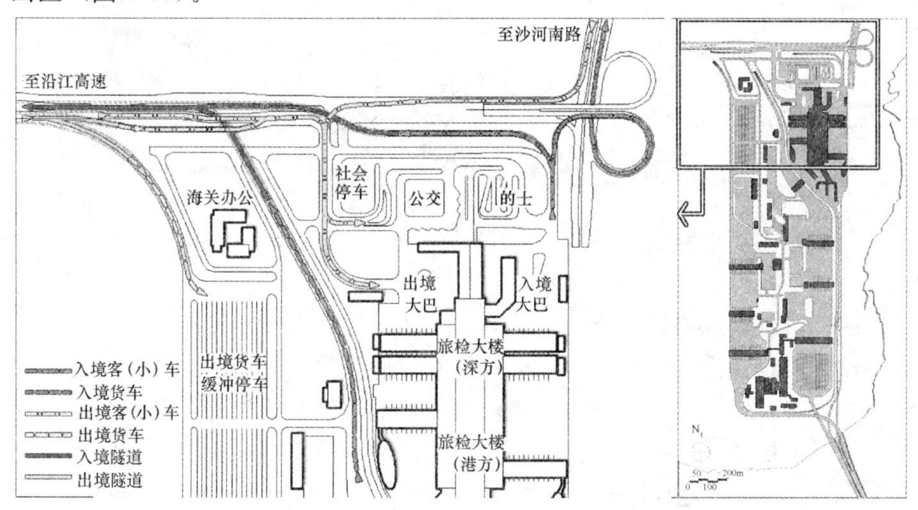

图 5-39 深圳湾口岸北端（深方）城市道路交通衔接关系

资料来源：作者自绘

3. 通过深圳湾跨海大桥连接香港

深圳湾口岸朝东南方向通过深圳湾跨海大桥连接香港的 2 号和 3 号干线。大桥长 4910m，为双向 6 车道，设计车辆通过能力为 5 万辆次/日。大桥的白色桥身以蜿蜒婀娜的姿态横贯海面，弯曲的路线设计能使司机开车注意力集中。桥身的中间还设有两座互仰向对方的斜拉索桥塔，表达了对团结繁荣的向往和隐喻。

大桥的东侧桥面为深圳向香港的南行车道，西侧桥面为香港向深圳的北行车道。南、北行车道上，都是客车道居右、货车道居左并在靠近深圳湾口岸时形成分叉路。分叉之后，南、北向行驶的货车道与南、北向行驶的客车道又各自通过一个立体交叉解决了内地与香港的左右行车之别。之后，又分别通向口岸的货检区与旅检区（图 5-40）。

---

❶ 参见：《国内最长市政隧道完工》http：//www.ycwb.com/misc/2006－08/29/content_1194944.htm。

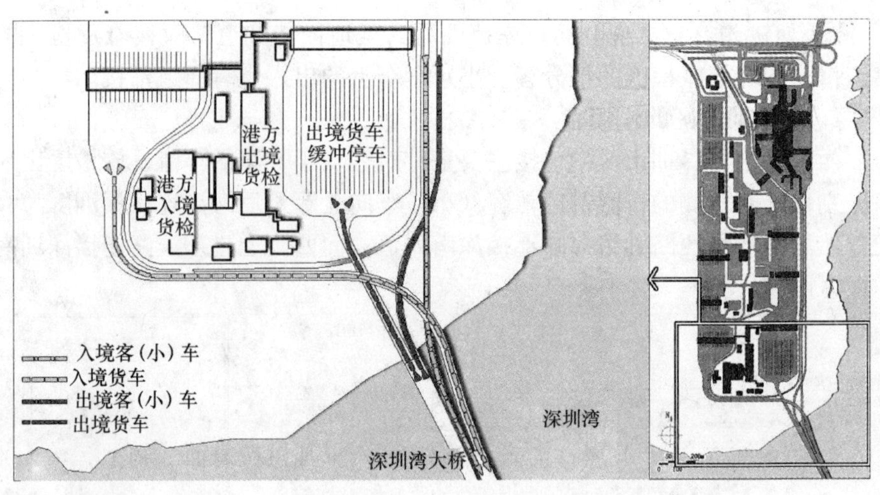

图 5-40　深圳湾口岸南端（港方）与深圳湾公路大桥的交通衔接关系

资料来源：作者自绘

四、口岸规划设计分析

作为最新建设的口岸，深圳湾口岸的建设标准相对超前。相比于之前的皇岗等陆路口岸，深圳湾口岸的规模更大，配套设备更先进齐全，场地规划与建筑设计更整体、完善到位。整个口岸区域为一个南北长 1900m，东西宽 650m 的矩形平坦用地，面积约为 120ha，大部分用地为滩涂填海所得。口岸的旅检区位于整个用地的东北，面积近 1/6，其余为货检区（图 5-41）。

1. 货检部分的布局与流线

货检部分的整个场地，被南、北向行驶分界线和深港双方口岸管制分界线划分为四个分区组成的“田”字形格局。深圳至香港的南行线路靠西，由北向南串连起深方出境货检区和港方入境货检区；香港至深圳的北行线路靠东，由南向北串连起港方出境货检区和深方入境货检区。深方出入查验区用地要比港方出入查验区用地大了将近 1 倍（深方 70 多公顷，港方 40 多公顷），这是因为香港的货检查验程序相对要简单。

在四个分区的布置中，报关楼、开箱查验平台、扣车场、X 光查验房等都集中于中部，形成纵向带状工作区，既将出入境车流隔离开来，又实现了各工作部门最短最快捷的联系路线。同时，海关、边检等各类查验闸口通道在两侧依次行列排布。这样，整个货检区的配套建筑及通关设施就形成“丰”字形布局。整个货检通关流线走势顺畅，秩序井然。

在深圳至香港的南行线路靠近隧道出口处，同步兴建了缓冲停车场以容纳等候查验的货柜车辆。这种一步到位，具有一定超前预见性的做法，显然是借鉴了皇岗口岸改建加建过程中的经验。

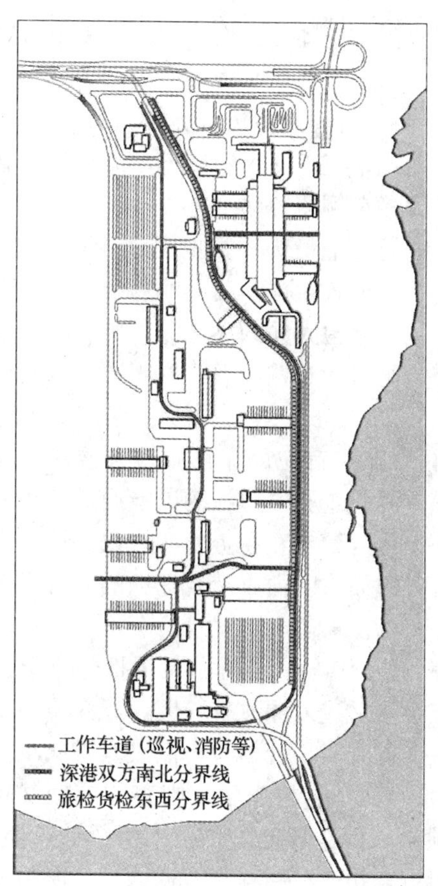

图 5-41 深圳湾口岸规划的分区与功能布置
资料来源：作者参考深圳市建筑设计研究院提供的《深港西部通道口岸旅检大楼及场地设计说明》绘制

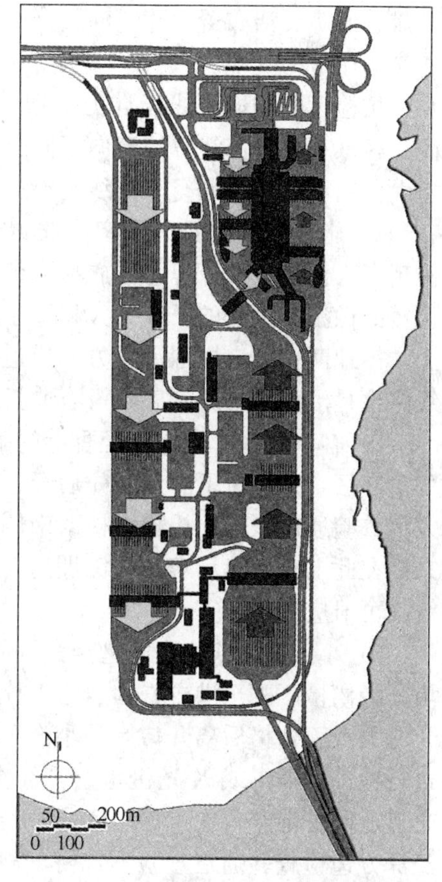

图 5-42 深圳湾口岸规划的流线分析
资料来源：作者参考深圳市建筑设计研究院提供的《深港西部通道口岸旅检大楼及场地设计说明》绘制

2. 旅检部分的布局与流线

旅检区位于深圳湾口岸的东北角，整个旅检区共占地 17ha，包含了针对小汽车、大客车及旅客的三类查验功能。旅检大楼的建筑面积约为 54000m^2，是旅检区的主要建筑，也是旅检区总体布局的中心轴。旅检大楼的南北两端为通关旅客的上落客区，东西两侧为客（小）车出入境查验通道（深圳侧的出境、入境各设有旅游巴士通道 2 条、小客车通道 17 条、旅客通道 40 条。年均日客流量按 6 万人次/日设计，旅游巴士过境旅客 4.2 万人次/日、小汽车过境旅客 1.8 万人次/日）。

旅检区正中部，深港双方口岸管制分界线横向贯穿，将旅检大楼及客（小）车查验通道划分为深方和港方两个部分。深方东西两侧的查验通道及旅客通廊依中心轴呈对称布局，港方则根据不规则的用地轮廓而将查验通道及旅客通廊灵活布置。建筑的整体布局也因此严谨而不失变化，体现出口岸建筑的庄严与气魄。

旅检区的场地流线设计力求便捷通畅，旅客通关流线走中间旅检大楼内，客（小）车流线分按流向不同分走两边，互不交叉。南行车流线沿于旅检大楼西侧布置，北行车流线则沿旅检大楼东侧布置。

1）旅客流线。通关旅客流线置于中间，把最为便捷的路线留给步行，体现了人性化的设计思想。旅检大楼的平面形式，也一改之前罗湖、皇岗联检楼的做法，进深的长度大大超过了面宽。旅检大厅的大进深，可以满足这个“一地两检”口岸深港双方一道道查验闸口的布置需求，旅客通关的步行线路也是沿直线贯穿到底，没有曲折迂回。

2）客车流线。由深圳至香港的南行客车，首先停靠在旅检大楼西北侧的落客区，待旅客下车后，先后经过深方海关查验、边检的出境通道和港方入境查验通道，前往旅检大楼西南侧的上客区，旅客经查验从旅检大楼内出来后在此上车，然后客车向深圳湾大桥方向而去。由香港至深圳的北行客车流线可对应反推。

3）小汽车流线。由香港至深圳的北行小汽车，经跨海大桥抵达查验区后，经候检区驶至港方查验通道，检查合格后进入深方查验区，经深方边检及海关查验合格后离开口岸；小汽车在港方查验不合格时，需驶入查扣场地进行检疫、消毒或 X 光机检查，经查验确认不合格车辆，则查扣或经回程车道返回香港。首次入深车辆，须经预录入停车场办理预录入手续后入境，经深方边检查验通道查验不合格车辆则被查扣或沿回程车道返回；经海关查验通道查验不合格车辆则在海关扣留场对车辆进行检疫、消毒或 X 光机查验，确认不合格车辆查扣或经回程车道返回。由香港至深圳的南行客车流线亦可对应反推。

4）汽车流线上的通道监控。深方边检及海关实行无人监控，在通道两侧分别设有边检及海关监控楼对通行情况实行监控；配合无人监控，每条边检通道均设可升降快捷通设施，海关设地磅及地检槽。港方则在通道相应位置上设检查亭、搜查平台及更亭。

5）工作人员及车辆流线。场地流线设计中，还同步考虑了口岸各工作部门的车辆及人员通道，尽量使口岸的对内、对外的流线功能互不干扰。其中包括了消防站和消防通道的设计，7.5m 宽的消防通道沿口岸监管区西侧贯穿南北，而且在紧急情况下可经应急消防通道横穿联检大楼进入场地东侧（图 5-42）。

五、口岸建筑设计分析

深圳湾口岸位于深圳市南山区后海东角头，东南两面紧邻深圳湾。深圳湾口岸联检大楼与深圳湾跨海公路大桥一起，既构成了“西部通道”的主体内容，又成为深圳湾海滨的一道美丽风景。深圳市建筑设计研究院的设计团队在2003年获得项目竞标后，投入了长达4年的设计跟进工作，直至2007年建成❶。

旅检大楼的建筑面积约54000m²，为过境旅客及行李进行查验服务，港方、深方两个监管区域各居南北，其功能、管理及结构相对独立。旅检大楼共三层，首层为北行查验大厅，二层为南行查验大厅，三层为辅助办公（图5-43）。

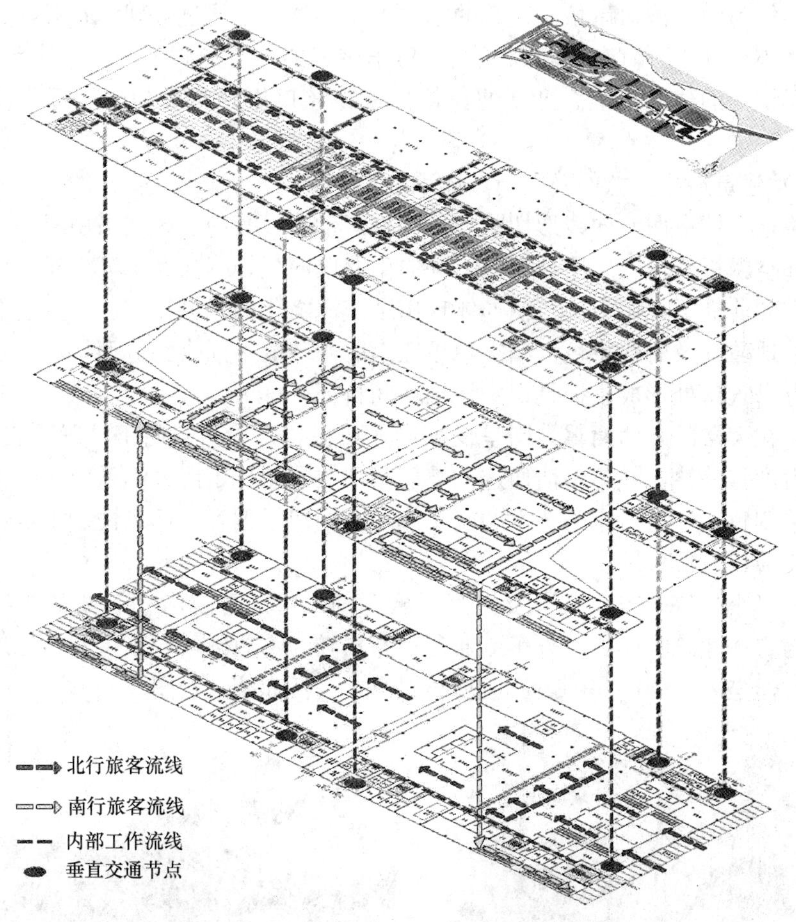

图5-43　深圳湾口岸旅检大楼各层平面功能与流线的叠合分析图

资料来源：作者自绘（各层平面图由深圳市建筑设计研究院提供）

---

❶ 在与该项目主创建筑师访谈中笔者了解到，由于整个深圳湾口岸的旅客联检大楼等数10个大小单体建筑，深港双方的建筑都由深圳市建筑设计院设计。香港一方的建筑，也委托深方设计施工，但是规范等技术问题上按照香港的标准执行。设计团队在这方面不仅要向西通办，深方的边检、海关、国检等部门了解需求，还要和香港多个部门进行沟通，包括建筑署、入境事务处、香港海关、警务处、渔农署、卫生署、机电工程署、路政署。工作之复杂超乎想像。工程交付使用后，设计单位还将为之提供长达12年的修改设计与维修设计的服务。

在深圳湾口岸的设计构思理念中，体现了两点设计宗旨。其一，强调其作为交通枢纽工程的性质，力求体现交通建筑的便捷、通畅及高效；其二，充分发挥建筑坐拥深圳湾美丽开阔海景的优势，力求体现滨海地域的文化特性。围绕这两点设计宗旨，建筑设计构思从以下几个方面入手：

1）对地段内建筑整体统一性的强调。

首先是深港两边功能各自独立的旅检通道集中在同一栋建筑内，强调旅检大楼作为深圳湾口岸核心建筑的主导地位；然后是通过合理的布局，将旅检大楼与客（小）汽车查验廊亭及上落车旅客的步行通廊连接为一个整体，并采用统一的建筑语汇。高度的整体性使得该口岸建筑成为区域标志性的建筑。

2）建筑造型立意的确定与具体手法。

旅检大楼沿南北向线形切割，形体富有动态，其中心区域采用起翘、舒展的漏空飘板覆盖三层屋顶花园，并向南北两向延伸。在满足滨海建筑抗台风要求的前提下，用力度与飘逸体现出了滨海文化的轻灵与空透，并创造出浓郁的地域性及时代特色。漏空飘板在南北两端的不同收头造型处理，在深港双方出入口处形成了极具识别性的空间特征。

而在大楼的东西两翼，则呈反翘向外悬挑，外缘由斜向钢柱阵列支撑，极富力度与韵律，并与整洁通透的玻璃幕墙共同弱化了巨大体量产生的压迫感和单调感。建筑技术与艺术的交相辉映，构成了创意、标志性及观赏性俱佳的交通建筑形象。

客（小）汽车查验廊亭及上落车旅客的步行通廊也沿用起翅的折线母体，与主体建筑呼应；港方车流通道因布局较为不规则，以微拱的弧形屋面覆盖，但是采用了同一的表面肌理与材质，灵活而统一（图 5-44）。

图 5-44　深圳湾口岸旅检大楼建筑造型

资料来源：鸟瞰图由深圳市建筑设计院提供，照片为作者现场拍摄

旅检大楼采用钢筋混凝土框架+轻钢的结构体系来实现其造型。通过对结构体系及建筑材料的有效控制来确保经济可行性，将工程土建总投资控制在 2.5 亿元人民币。

3）建筑空间与外部景观的结合。

与简洁外形相一致的是内部空间的顺畅流线。口岸的东西两侧均面向深圳湾海面，外部空间开阔大气。由南北场地进入旅检大楼，两出入口处分设架空外廊，形成旅客分流的灰色空间。首层大厅入口空间上、下贯通，二层大厅直面深圳湾，室内外空间及深圳湾景色相互交融、渗透，气势恢宏。置身其中少了一份急躁，多了一份舒缓与平静。建筑在吸纳海景的同时又以其轻灵飘逸的造型升华了深圳湾的海滨风景。

4）绿色设计。

在景观绿化方面，室外场地以散布的绿地为主，辅以乔木、水体等天然要素，给过境旅客创造了一个舒适宜人的通行环境。在旅检大楼的三层设空中花园，给办公人员提供了一个休憩、交流的绿色空间，其上部的漏空飘板使空间富有开合及光影变化，也强化了建筑的地域特色。

在环保生态方面，宽阔的深圳湾海面不仅给人视觉上的愉悦，还具有净化空气，调节温度和湿度等难以估量的生态价值。设计中利用旅检大厅入口处两层通高门厅及二层大厅可开启天窗，形成室内空气的自然对流，从而减少对空调系统的使用。而在屋顶则布置了太阳能聚热板及光电池系统，将太阳能转化为电能，供部分用电设备使用（图 5-45）。

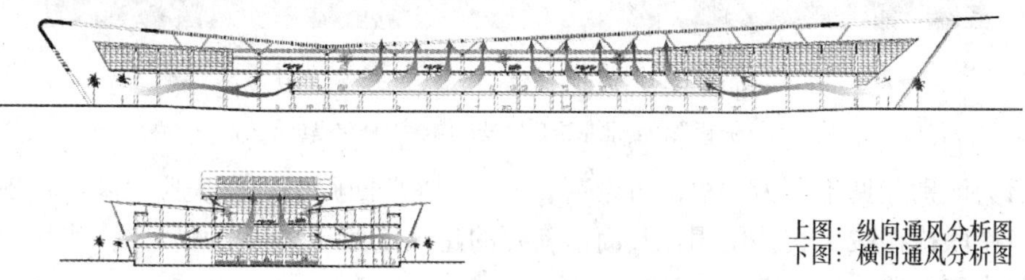

图 5-45　深圳湾口岸旅检大楼剖面通风分析图

资料来源：由深圳市建筑设计院提供

5.4.2　深港福田口岸

一、兴建过程与背景

对应着深圳福田区的皇岗口岸，虽然旅检通关能力正在扩充之中，但是仍然跟不上深港两地跨界客流的增长预期——2000 年通关客流量就已达到 8000 万人次，预计到 2010 年和 2020 年，这个数值还将上升至 10500～12000 万人次和 12500～14000 万人次。❶ 基于此，深港双方经共同研究，决定利用深圳地铁四号线和香港西北铁路的建设契机，在深圳地铁福田站与香港西北铁路落马洲（支线）站，隔深圳河的深港两侧各设联检楼，两联检楼之间设跨河人行桥以接驳跨界客流。此项目初始命名为“皇岗地铁口岸”，

❶ 深圳市地铁有限公司．《福田口岸设计招标标书》．1999。

图 5-46　福田口岸全貌的模型与实景照片

资料来源：北京市建筑设计院深圳分院提供

后为区别起见正名为“福田口岸”。2007 年香港回归十周年庆典之际，福田口岸联检楼竣工交付使用，其简洁新颖的建筑造型，塑造了深圳又一个城市门户与形象地标（图 5-46）。

作为深圳市第五个一线口岸、深港之间跨界客流的又一个联系途径，福田口岸的建成将达到高峰日 25 万人次的通关能力，可以大大缓解罗湖以及皇岗口岸的客运接驳压力。其接驳客流量预计于 2010 年超过罗湖口岸，成为我国跨界旅客最多的陆路客运口岸（表 5-7）。

罗湖口岸与福田口岸的通关客流预测表　　**表 5-7**

年　份	罗湖口岸		福田口岸	
	年流量	日平均流量	年流量	日平均流量
2010 年	4700 万人次	12.88 万人次	5598 万人次	15.34 万人次
2020 年	5068 万人次	13.88 万人次	6562 万人次	17.98 万人次

资料来源：深圳市地铁有限公司．《福田口岸设计招标标书》．1999

而与皇岗口岸相比，福田口岸在通关流程方面的优势也很明显。皇岗口岸是机动车交通接驳的客货综合陆路口岸，旅客乘各类汽车前来皇岗口岸，在旅检楼内通过查验后，需要再乘坐汽车（如黄色穿梭巴士）沿公路大桥前往落马洲管制站，整个过程需要上下车四次，非常不便；福田口岸是连接深圳地铁四号线和香港轻铁东部支线的口岸枢纽工程，真正实现了两者之间的无缝（全程室内）接驳。旅客在管道化步行体系中通关，更加方便快捷，只需30分钟便可互通于深港市区之间。

二、福田口岸建筑设计分析

福田口岸旅检大楼的最独特之处就在于它是一个集中了口岸检查站与地铁站双重功能的建筑综合体。其实，在香港、东京、纽约、伦敦等国际大都市、包括我国大陆地区地铁发展程度较高的大城市之中，地铁站域的公共空间发展已经呈现出功能复合、从单一交通枢纽向城市多元化积极空间转变的趋势。❶ 不过将地铁站与口岸的旅检大楼合二为一，尚无先例，福田口岸堪称首创。

福田口岸的建筑设计的招标于2000年举行，最终德国欧博迈亚（OBERMEYER）与北京市建筑设计研究院的合作方案赢得了国际竞标第一名，并成为实施方案，此后历时近7年实施建成。项目的总用地面积62962m^2，总建筑面积约82000m^2。下面就从几个主要方面来对其建筑设计进行分析：

1. 设计既定条件分析

建筑选址位于福田区南部原皇岗砂码头处，南靠深圳河与香港西部铁路落马洲口岸隔河相望：北临福田保税区一号通道、广深高速公路及福强路，但被裕亨花园、海悦华城、天泽花园等住宅小区隔开；西临福田保税区（保税区东端与国花路相连，将与福田口岸共用国花路联系市区）；东傍金地名津高层公寓楼盘（原渔农村）与皇岗口岸。整个周边环境属于密集城市建成区。

地铁站是建筑设计展开之前的先决制约条件。深圳地铁四号线❷以福田口岸为南端起终点站，这也是深圳地铁工程中规模最大的地面站。其进入福田口岸区域后的线位走向、转弯半径、站台、站厅层标高及其最小净空等技术参数在口岸的建筑设计之前都已经明确。（位于地面层的地铁站厅的室内净空明确不得少于5.3m）。按照设想，地铁福田口岸站将承担绝大多数跨界旅客的集疏转乘。

另一个先决制约条件是横跨深圳河的人行通道桥。由于人行通道桥连接着福田口岸联检大楼和香港九广铁路落马洲管制站，涉及双边协调问题。因

❶ 黄骏.《地铁站域公共空间整体性研究》.华南理工大学博士论文.2008。

❷ 深圳地铁四号线：2004年1月15日，深圳市政府与香港地铁公司签署协议，总投资60亿元的深圳地铁四号线将由该公司投资、建设、经营。地铁四号线的起点为福田口岸，贯穿南北向主轴线经梅林至终点站观澜，全长约26km。

此除外装修以外，其他参数条件（具体桥身及桥墩位置、桥体层数、桥面标高及净宽等）都提前确定。通道桥长 240m（其中深方 116m，港方 124m），宽 16.5m，上下两层，上层为出境方向、下层为入境方向，桥内有自动步行梯辅助人流更快通行❶。

2. 功能分区与布局分析

负一层层高 5m，其东侧为设备用房区、联检楼库房区及车库区（供口岸内部工作人员停车）；西侧为地铁站的站台区，站台形式为一岛两侧式，垂直方向的交通能将旅客快捷而无交叉地送至首层地铁站大厅。

地面层层高 9.45m，其西区为占地面积约 1 万 m^2 的地面大厅，东侧中段为占地面积 5000 多 m^2 的架空多功能区（含一条穿越建筑底部的消防车道），东端为消防控制中心和工作人员餐厅等内部用房。

二层和三层层高 7.5m，主要分别为入境和出境大厅，并各自与跨河人行通道桥的下层、上层接驳。出入境大厅过境旅客日通过能力按 25 万人次设计，三层出境大厅内设有边检通道 78 条（自助式通道 20 条、人工验放通道 58 条），二层入境大厅内设有边检通道 68 条（自助式通道 20 条、人工验放通道 48 条）。入驻的口岸查验机构有海关、检验检疫局、边检，服务机构有公安厅驻深签证处，经营单位有中国银行、中国旅行社、深圳免税店等。

各层都利用其充足的层高设置了夹层。二层、三层的夹层获得了更多的办公管理用房，首层则利用 4.95m 标高处夹层设计了地铁出境客流的分流厅。

3. 出、入境流线设计

福田口岸的地铁站和口岸联检楼这双重身份，决定了设计中除考虑联检楼自身庞杂功能的组合，还必须合理组织人流，避免交叉混杂。细分各种人流，主要分为出境人流（包括搭乘地铁而来人流和从首层室外进来人流）、入境人流（包括搭乘地铁而去和向首层室外出去人流）、普通乘坐地铁人流。

1）出境人流：搭乘地铁而来的出境人流由地铁站台层上至首层的地铁站厅层，再直接上至一层半位置的出境分流夹层，出地铁验票闸口后搭乘自动扶梯由建筑北侧交通分流空间直接上至三层的出境大厅；首层室外的出境人流则由东部架空广场或西侧室外楼梯上至出境分流夹层，再上至三层出境查验大厅。通过各项查验程序后，经人行通道桥的上层去往香港。

2）入境人流：入境人流由人行通道桥的下层自香港方向而来，首先进入二层入境查验大厅，通过各项查验程序后，搭乘自动扶梯（有并排两处可选）由建筑北侧交通分流空间下至首层。然后，或直接向首层室外散去，或进入首层地铁站厅区再下至站台区搭乘地铁而去。

---

❶ 米俊仁，蔡克等．《逻辑的真实与手法的灵动——深圳福田口岸》.《建筑创作》. 2008.4.p102。

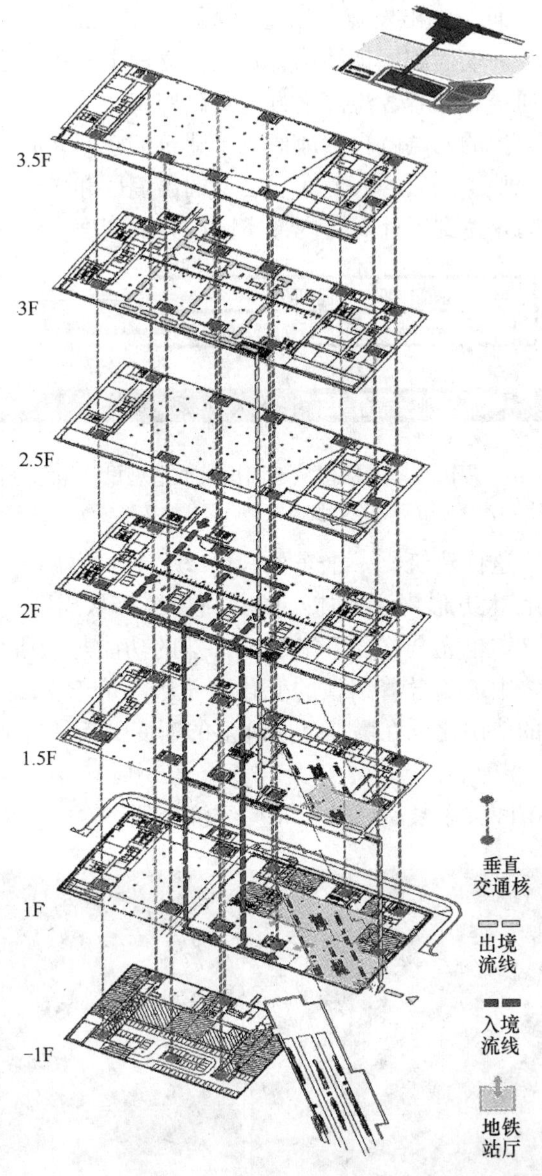

图 5-47　福田口岸联检楼各层平面功能与流线的叠合分析图

资料来源：作者自绘（各层平面图由北京市院深圳分院提供）

3）普通乘坐地铁人流：可由地面大厅的东、西、北三个方向的出入口进出地铁站厅层，再与负一层的站台层联系（图 5-47）。

4. 从剖面出发的造型设计

来自地铁站与人行通道桥等方面的既定条件，实际上决定了建筑内部从上到下的各层功能布局及其标高，也就是明确了建筑剖面关系，建筑设计构思以这个既定的剖面作为出发点，沿着剖面关系求出一个蜿蜒的折叠形卷筒，形成了地面、外墙面和屋顶结构。在南北立面上，折叠形卷筒朝着客流的前来方向开敞通透、朝着客流离去方向封闭密实，形成对流线方向的一种强烈暗示。而折叠形的两端就自然地形成了建筑的东西立面，卷筒在两端的断面形状忠实地反映了二层的入境厅、三层的出境厅和建筑北侧垂直方向贯通的交通分流空间，达到了外观与内部实际内容的高度一致（图 5-48）。

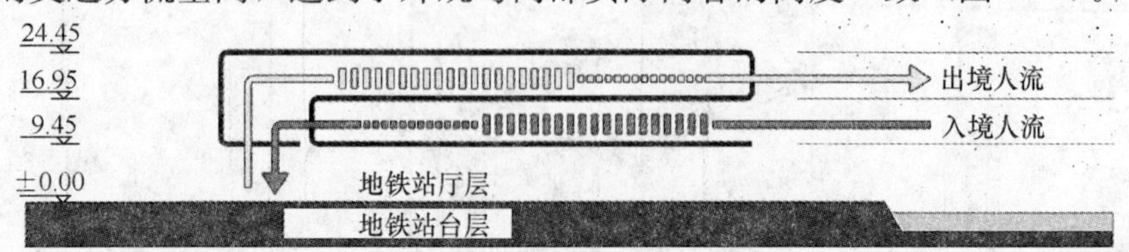

图 5-48　福田口岸联检楼从剖面出发的造型设计构思分析

资料来源：作者自绘（参考了《深圳地铁皇岗站及口岸联检楼》.《世界建筑导报》.2003.5）

从城市中观摩这栋建筑，一个东西长 212m（含两端各 3m 悬挑边沿）、南北深 88.5m 的巨大方形飘浮形体，以其简单纯粹从周围大片无序的建筑形态中突显出来（这也完全符合口岸建筑特殊的功能与性质）。当然简单不等于单调，纯粹之中还蕴含着细致的变化——从建筑正立面的边缘到中心，玻璃相对于钢材的使用比例在增加，肌理上的渐变赋予了这个矩形建筑一个生动的外观（图 5-49）。

整个建筑的空间关系紧凑、功能布局经济合理、立面造型简约、节制而

图 5-49　福田口岸联检楼建筑外观照片

资料来源：部分由北京市建筑设计院深圳分院提供，部分作者现场拍摄

又精致，体现了交通建筑“便捷、顺畅”的特点。建筑采用 12m×12m 的圆柱柱网支撑，而不是墙，以保证充分的视觉沟通，在这个格网结构的基础之上排列若干模数化立方体作为核心筒和通道部分，成为贯穿于折叠形体之中的垂直连接体。❶ 由于材料、结构上的合理控制，这栋面积超过 8 万 m^2 建筑的建设投资成本被控制为 4.1 亿元。

三、福田口岸规划设计反思

福田口岸与皇岗口岸同属深圳福田区，两者直线距离仅 500m，从地段的角度看，福田口岸是对皇岗口岸地段的一种扩充。新建福田口岸的初衷之一，就是为了缓解皇岗口岸客货混杂、车水马龙的繁忙局面，并进而改善深圳市内的交通结构。然而，尽管相对于罗湖、皇岗口岸而言，全新的福田口岸拥有许多优势。但是目前为止，福田口岸预期的分流作用还没有得到显著体现。根据统计数据，2007 年 9～12 月期间福田口岸的日均通关量为 3.4 万人次/日，2008 年 1～10 月略增为 4.85 万人次/日，距离 25 万人次/日的设计峰值差距甚大。❷ 近在咫尺却不能有效分流，究其缘由，除了知名度与认知度方面的因素，笔者认为从皇岗及福田口岸地段的整体考虑出发，尚有两方面问题需要反思调整：

其一，交通接驳方式过于单一。

在福田口岸招标时的设计条件中，就明确了仅以地铁对人流交通进行一对一接驳方式。其服务的人流主要是“散客”，拟采取如下方式实现其集散：1）基地周边的人流以步行方式进出站前广场集散；2）基地周边以外的人流采用地铁交通方式集散。即：换乘市内交通的人流由福田口岸地铁站——金田地铁站、益田地铁站、老街地铁站集散，各地铁站安排有市内公交接驳场；换乘长途交通的人流由皇岗地铁站——竹子林地铁站集散，竹子林地铁站边的福田长途汽车站，设有开往全国各地的长途巴士；3）除了地铁、口岸内部工作人员自用的机动车外，其他机动车形式（公交巴士、长途汽车、出租车、私家车等）不考虑引入基地内部，基地北部的国花路不允许任何车辆停靠，周边居住小区的机动车不允许由基地北端的国花路进出。❸ 这种主要考虑通过口岸内的地铁站来完成人流集散接驳的做法显然是出于提升口岸地段整体环境品质的目的——密集的人流主要穿梭于地下和建筑内部，有助于口岸的外部环境与形象。

---

❶ 在这些贯穿的垂直连接体内，所有疏散楼梯间的大门都设有闭门保持器，平时采取常闭状态，并配备了报警系统和录像监控系统。当发生火灾等紧急情况时，疏散楼梯间会解除常闭状态，进行人员疏散。

❷ 数据由深圳市口岸办公室提供。另参见：《配套设施仍未完善 福田口岸日均通关量仅罗湖口岸一成》. 南方日报网络版. 2007.9.20。

❸ 深圳市地铁有限公司.《福田口岸设计招标标书》. 1999。

但是在深圳地铁仅两条线路部分开通、覆盖范围非常有限的情况下，集散旅客往来福田口岸的交通换乘非常不便，又没有其他集散方式可以选择。这个问题在建设进程之中，也逐渐被交通部门意识到，认为该地段为繁华区，不宜仅做一对一接驳方式。为此，在项目建成投入使用之后，又将福田口岸西南侧的河涌内湾填平，建起公交车站及社会车辆停车场。但是由于没有设置出租车站场，要乘出租车前往或离开仍然很不方便。

过于简单化和理想化的处理方法忽视了城市行为活动的复杂性，这直接影响到新口岸吸引通关客流与效能发挥（图 5-50）。

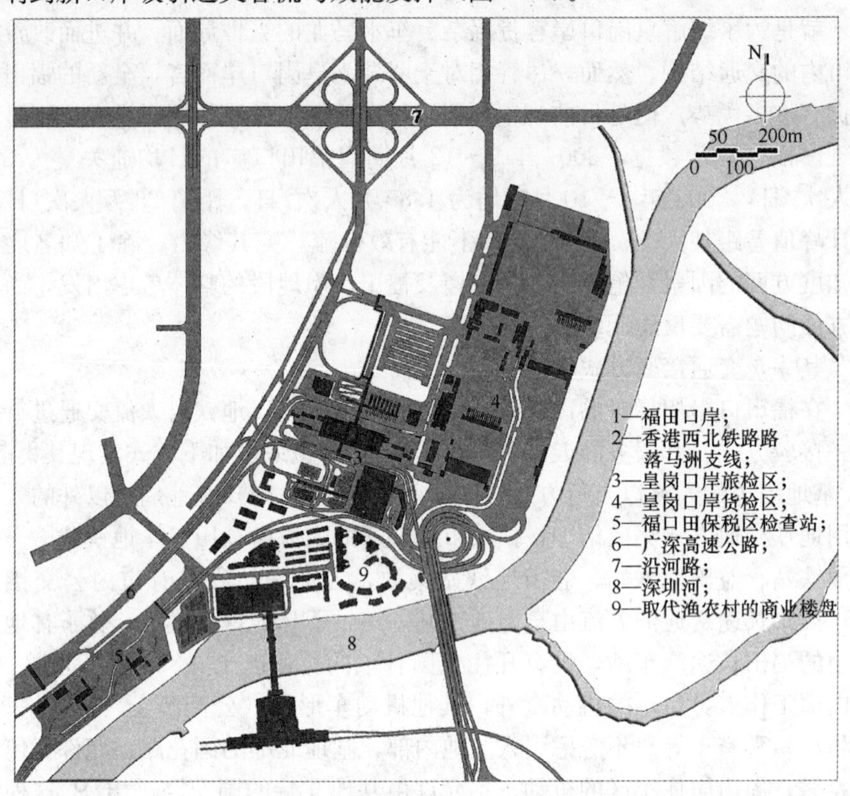

图 5-50 福田口岸及皇岗口岸的城市地块总图（2008 年之后）
资料来源：作者自绘。

其二，新口岸的设计缺乏对整个口岸地段的城市设计层面的考虑。

可以说福田口岸联检楼是构思非常新颖的建筑佳作，但是在城市设计层面却明显考虑不够，存在许多争议。1）相对于 25 万人次/日的设计峰值，缺乏疏散缓冲空间，缺乏应有的商业服务等配套设施，这一点与罗湖口岸形成了鲜明的反差；2）原先皇岗口岸不得以保留下来的几片渔农村，被尽数拆除并开发为高层商业楼盘，虽然原先城中村环境的治安、卫生与形象有所改善，但过高的开发密度却又加剧了整个皇岗口岸区域的拥堵（图 5-51），还带来了口岸通关与生活居住这两项不同功能之间的相互干扰；3）也正因为这些楼盘在东、北两面的阻隔，福田口岸与市区的地面交通联系仅依靠福强路这一条四车道公路，而且还是尽端式交通，不够灵活便利；4）由于这些楼盘的阻隔，福田口岸与皇岗口岸虽然直线距离不过500m，但要绕行很远才能彼此联系，这加大了福田口岸分担皇岗口岸客流的难度。

2007 年，最后一片渔农村终于被新建起的商业楼盘取而代之，“毗邻香港，口岸物业”成为这些超高密度楼盘的最大卖点。

图 5-51　最后一片渔农村被改造为高密度楼盘

资料来源：《时代楼盘》. 第三十六期 . p22

5.5　兴盛时期社会空间要素演变下的物质空间变迁

港澳回归再加上中国加入 WTO 的影响，已使粤港澳之间的边界更加“柔化”，并使口岸定位从“行政权威”向“行政服务”的转变。口岸“国门关卡”的行政意义在减化、“交通节点”的管制疏导作用在增强。在口岸通关管理上，不再片面强调通关时的戒备与政治威严，而是兼顾注重通关服务效率与通关环境的质量。各种社会空间要素的逐渐演变，影响着口岸建筑物质空间的进一步发展。建设及运行经验的积累，加上经济、设计、建造实力的提高，使得口岸发展迎来了兴盛时期。进入“兴盛时期”的口岸建设，无论新建或改建，较“发展时期”都有了很多调整与进步，接下来仍从“规划设计”与“建筑设计”两方面来对之进行分析。

5.5.1　口岸规划设计的调整变迁

对于口岸规划设计之调整变迁的分析，仍将分“管制区外围”与“管制区内部”两部分展开。

一、口岸管制区外围

1. 选址

港澳回归后，进入兴盛时期的口岸建设有两种选址原则。其一仍是配合城市生长发展与交通干线建设，如深圳湾口岸的选址就有配合南山区开发以及广东沿江高速公路建设的意图；其二是改造旧口岸或在旧口岸旁边建设新口岸，使其更好地胜任通关交通负荷，如皇岗口岸附近新建的福田口岸，旨在利用地铁交通的优势分担皇岗口岸的客流。

2. 交通衔接

口岸管制区外围交通衔接的规划设计，从发展时期到兴盛时期，基本呈现一种延续态势，但在延续为主的同时也存在新的变迁，例如以下两点：

1）与境外方向的交通连接。这方面的新类型出现在深圳湾口岸（西部通道），采用了“一地两检”通关模式使深港双方口岸集中于一地，省去了之间的联系距离。（图 5-52）其实在“一地两检”中，口岸双边的查验程序并没有合二为一，但是将双边口岸串连在一起能使通关候检从两次减少为一次，能够提高通关效率。

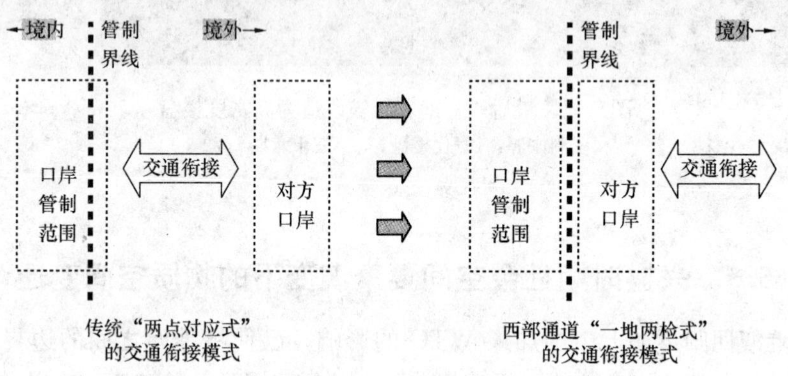

图 5-52 “一地两检”交通衔接模式对比分析

资料来源：作者自绘

2）与境内方向的交通连接。这方面的新类型出现在广九直通车口岸以及深圳罗湖、福田口岸。地铁成为（公交、出租等之外）新增加的交通集散方式，此举使深港两城实现了城市轨道交通的无缝对接，能够大大提高步行散客的通行效率。

3. 口岸外围城市地块的城市设计引入

前文已指出在有些口岸的外围城市地块，既是城市的特殊入口空间，又聚集着以交通和商业为主的多种城市功能。使得这种特殊的城市地块迫切需要引入地段级城市设计方法来进行整改设计。而进入兴盛时期的口岸发展，已开始通过地段级城市设计的手段来解决前一时期出现的一系列问题。具体主要包括如下几个方面：

1）各类交通换乘出入地段的流线组织与站场设置。随着城市交通的发展进步，继公交车站、长途汽车站、出租车站、火车站等之后，地铁站与城际轻轨车站也成为口岸地段外围的新内容。通过合理设计出入流线与站场设置，实现各类交通接驳的各行其道、杜绝交叉干扰，成为口岸地段设计中需要解决的核心问题。例如深圳罗湖口岸地区，就通过整体改造大大优化了整个地区的交通组织。针对密集于一地的公交车站、出租车站、地铁站、长途巴士车站，设计通过地下一层设置的纵贯整个区域的交通层，使得人群可以在无风雨日晒的情况下快捷地出入口岸，并方便地在各种交通方式之间换乘。沿这些交通方式进出口岸地段的路线也都各行其道、井井有条（图5-53、另见图5-19）。

图5-53　罗湖口岸交通层对口岸及各类交通站场的串连（组照）
资料来源：作者现场拍摄

2）分析并协调口岸外围城市地块内聚集的其他城市功能。由于口岸特殊的辐射与拉动作用，除各类城市交通站场外，还会聚集酒店、商场、楼盘等其他城市功能——这种聚集效应还会与口岸的运行效果与历史成正比。比如罗湖口岸外围地块的香格里拉、富临酒店和罗湖商业城，又比如拱北口岸外围地块的宾馆群和地下商城，……（图5-54）。对于这些与口岸相关联的城市要素，应当从城市设计的视角与意识出发来分析（要认识到口岸带来的人气与商机是这些元素聚集而生的动因），并在合理、适度地调配经济要素的前提下，使这些聚集元素能够丰富、完善口岸外围城市地块的功能。

3）通过引导、控制行为空间要素来优化地块内的形象与功能。这一点需要在城市设计中与城市管理决策部门配合协调。一是要控制口岸繁忙的人流车流对周边城市环境的负面影响，比如人员密集混杂带来的秩序管理难题（比如乞丐、黑车拉客现象）、进出关过境车流对周边城区的噪声与空气污染问题等；二是要合理设置方便口岸通关的设施元素，比如现场签证处、超市、公用电话亭、银行、兑币店、公共洗手间等。

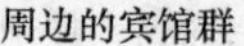
周边的宾馆群

地下车辆站场

地下商城

图 5-54　珠海拱北口岸外围聚集的各类城市功能

资料来源：作者现场拍摄

图 5-55　拱北口岸拱门遗迹成为景观节点

资料来源：http://bbs. qoos. com/viewthread. php? tid=1434118&exta=page%3D6&page=1

图 5-56　深圳沙头角中英街警世亭

资料来源：余加.《深圳沙头角中英街警世亭设计》.《世界建筑》. 2004. 01. p88

4）挖掘自然景观资源与人文景观资源以提升口岸外围城市空间的特色与环境品质。例如罗湖联检楼与拱北联检楼，作为“国门”的象征，又见证了改革以来的历史风云变幻，建筑成为整个地段最首位的要素与城市节点；又如在拱北口岸的澳门关闸，将拱门遗迹按原址原貌保留，成为景观标志节点；类似的例子还有中英街警世亭（图 5-55、图 5-56）。

二、口岸管制区内部

前一章中从“分区”与“流线”两方面讨论了口岸管制区内部的规划设计，这些设计原则在港澳回归以来的口岸迅猛发展之下，进行了若干调整：

1）多数口岸的旅检、货检区的规模得到了大幅提升。这既是港澳回归后，珠江三角洲口岸建筑更进一步发展的必然需要，也是在总结前一时期各大口岸纷纷面临的通关能力吃紧问题后所作出的调整。在新建或改扩建设计中，无论是旅检大楼建筑面积、旅检通道数量，还是货检场地面积、货检通道数量，都在直线增长。例如皇岗口岸，先是于2003年修建了皇岗－落马洲公路二桥以增强通行运力，目前又正在对旅检区进行全面的扩建改造。

2）更倾向于对旅检区和货检区进行“调离分设”。相对于“隔离分区”，这更加有利于实现“货畅其流、人便于行”的设计原则。实例如珠海拱北口岸，最新改造计划中已明确要将其货检功能移至跨境工业区的专用口岸通关；另如福田口岸的建设，其实质就是要分流皇岗口岸的客流（此外，最早的罗湖口岸其实就是客货分设，“三趟快车”的货检被安置在深圳火车北站）。

3）之前发展时期过于强调联检楼“关楼”式的地段核心与标志地位，这样易导致旅检区内建筑的摆放设置与功能流程规划设计之间的冲突，并容易造成对周边城区与自然景观条件的关注。进入兴盛时期，在口岸管制区内部的规划设计上，对此给予了反思与调整。

4）更加重视旅检区旅客步行流线的空间与环境。这是体现人性化设计的一个重要方面，珠江三角洲地区气候湿热、阳光充沛，必须尽可能减少烈日、暴雨、台风等不利自然因素的影响。因此当通过各种形式的无风雨通道（空中廊桥、地下通道等），为穿梭于整个口岸管制区内各人流集散点之间的行人提供全程庇护。

5）货检区与时俱进的科学规划。从初始时期的文锦渡、沙头角口岸、到发展时期的皇岗口岸、再到兴盛时期的西部通道公路口岸，这些客货运综合公路口岸的货检区部分随时代步伐得到了不断发展。究其原因，首先源于软件方面的改进，“24小时通关”、“一关到底”等新举措大大方便了物流；另外源于通关设施硬件的改善，目前各口岸都启用了自动感应式的报检窗口，针对货检车辆运用了电子自动核放系统并在货车通道闸口设置了地磅秤❶等形式监管，从皇岗口岸开始还配套建设了货车缓冲候检场以避免货车排队长龙对市区交通的负面影响。

5.5.2 联检楼建筑设计的调整变迁

仍以联检楼为代表，分析单体层面的口岸建筑设计。在兴盛时期，一方面之前发展时期的联检楼纷纷进行了改扩建调整，另一方面一批全新的口岸联检楼建筑也应运而生。

一、建筑功能

“港澳自由行”、“二十四小时通关”、“八秒自助通关”、“电子口岸”、

---

❶ 采用地磅过车，通过核对重量、对重量有很大差异的车辆进行查验，起到打击走私作用（因为货品生产厂家装货时必须对货物描述有一定的准确性），同时还能防止超载，有利于公路桥等基础设施的路面维护。最早在皇岗口岸实行。

“无纸化通关”等事物的出现，制度、设施、设备的软、硬件的更新，影响着口岸建筑设计更加关注于人性化的通关环境。

影响最大的事件当然是“港澳自由行”的开放，内地居民可办理签证自由前往港澳，结束了长期以来针对内地一方的单向严格限制。“管制”向“开放”的转变，也使得通关人群的目的与行为更趋多样化乃至复杂化，当然也对旅检通关的规模与效率提出了更进一步的要求，促使着口岸建筑设计内容的变化（例如开设紧急救助通道和走读学童专用通道等）。

一方面，前一时期的口岸建筑纷纷面临着改扩建的功能重整。例如已经完成改造的罗湖口岸，正在改造的皇岗口岸，即将改造的拱北口岸。这些改造的核心内容之一是为满足通关需求增长而作出的“扩容”，即增加候检大厅的数量和面积、扩展查验通道数量（图 5-57）。而另一个改造核心内容就是在与城市（城际）交通衔接上的与时俱进，比如深圳罗湖口岸，改造时要实现其与深圳地铁一号线的对接，再如珠海拱北口岸，改造中需要考虑其与广珠城际轻轨站的流线衔接。

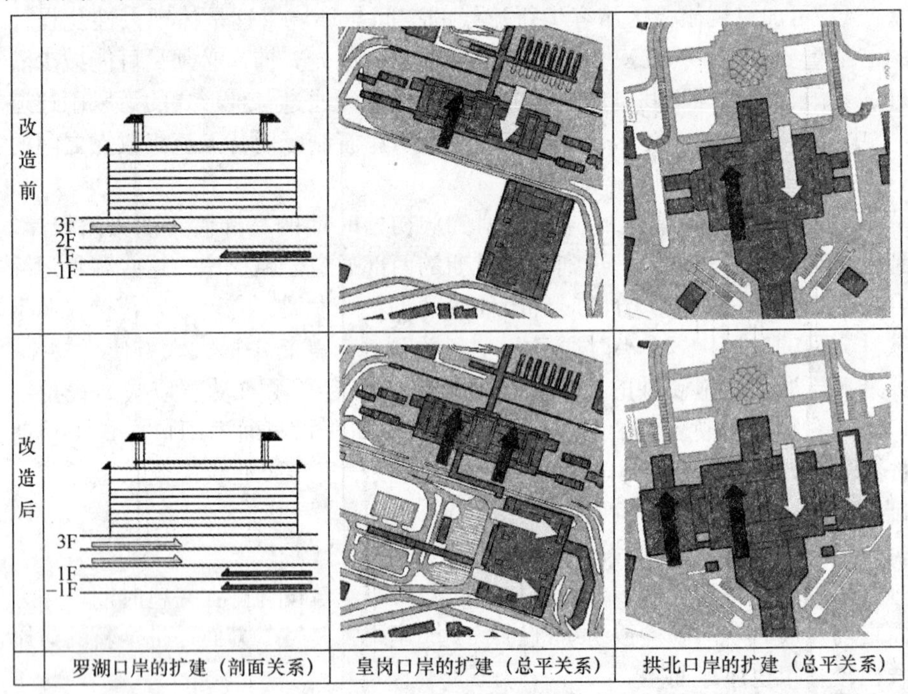

图 5-57　罗湖、皇岗、拱北口岸旅检部分的改扩建情况（三个案例，三种扩建方法）
资料来源：作者自绘

另一方面，港澳回归十周年庆典之际新建成的深圳湾口岸与福田口岸联检楼，其功能设计都体现了全新的立意——不再把口岸建筑当作“国门关卡”，而是更注重“交通枢纽”的含义。从“卡”到“通”的转变，正是本时期社会空间要素演变与文化意识形态演变的体现。在这种转变下，新建的口岸建筑功能设计的重心便落在交通流线组织和通关环境营造这样两个方面。

1. 交通流线仍然不外乎出境、入境、内部工作流线三个方面，这基本是对前一时期的延续。设计中一方面是要注重处理不同功能流线的区分以避免不同其相互之间的交叉干扰；另一方面是注重流线的行程设计以实现快捷顺畅与导向明确的目的。后者的具体原则包括：1）建筑内部的通关流线指向应尽可能与边境线的内外指向大致相若；2）通关流线应直接顺畅，尽量减少前进时的变向幅度，不宜迂回曲折，不宜采用弧线、折线等容易影响前进方向感的流线形式。

2. 作为流线设计的内容之一，这些新建口岸建筑与城市的交通衔接，更加注重对各类交通接驳方式的预见与统筹考虑，从口岸建筑集散的各类线路或交通廊道从初始就被纳入建筑功能流线设计（图 5-58）。

图 5-58 深圳湾口岸联检楼前的牵引廊道
资料来源：作者现场拍摄

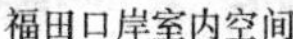
福田口岸室内空间

深圳湾口岸室内空间

南沙客运港口岸室内空间

图 5-59 本时期新建口岸建筑室内空间图例
资料来源：照片或效果图由各设计单位提供

3. 空间与环境品质方面也发生了很大转变。在新建的口岸建筑中，出、入境的候检及查验大厅的内部空间由抑（戒、防）向扬（开、明）转变，更加通透、明亮、高敞，视线开阔（图 5-59）。这当然得益于不断进步的建筑构造技术和建设能力的支持，也反映了建造经济实力的提高，其结果就是获得了更好的视觉效果与空间感受。高敞通透的空间显然更适合珠江三角洲地区炎热、潮湿的南亚热带海洋性季风地域气候——口岸建筑内部，通关人流庞杂密集，湿热的气候条件（春夏季尤甚）会让人觉得心闷气逼、非常不适，[1] 容易导致排队等候的通关旅客中暑晕倒现象出现，更为严重的是可能导致流行性疾病[2]的蔓延。对于此，除了借助空调与机械通风等人工技术手段，开敞高拔的空间是非常有助于空气流动、缓解闷热，符合人性化理念。而这基本上也是前一时期口岸建筑普遍缺乏考虑之处。

二、建筑造型

关于新时期口岸建筑形象设计的转变，可以从以下几个方面来分析。

深圳皇岗口岸联检楼（1991）

深圳罗湖口岸联检楼（1985）

广州南沙客运港口岸（1994）

深圳福田口岸联检楼（2007）

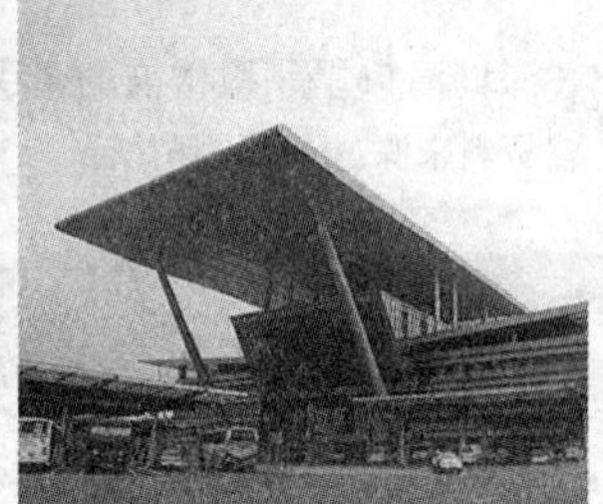
深圳湾口岸联检楼（2007）

广州南沙新客运港口岸（2004）

图 5-60　“兴盛时期”与“发展时期”的口岸建筑造型对比组图

资料来源：主要为作者实拍

1. 建筑通关规模的扩大和建筑内部空间的开阔、高敞化走向，决定了新时期口岸建筑外部尺度的更加宏大（这同时也是中国经济实力与重视程度增长的结果）。

2. 从“国门关卡”到“交通枢纽”的设计定位转变，使得新时期口岸

---

[1] 陆元鼎.《岭南人文・性格・建筑》. 中国建筑工业出版社. 2005. p7。

[2] 比如 2003 年突发的“非典”（SARS）事件。

建筑不再沿用此前“发展时期”几成模式化的“关楼式”建筑造型语言。在全球化背景下，新时期口岸建筑设计的思维趋向于开放多元化，新的大型口岸工程都引入了国际竞标的形式征集设计方案，其结果就是新出现的口岸建筑展现出充满时代气息的全新构思立意（图 5-60）。

3. 新时期口岸建筑还改变了“关楼”式的封闭建筑形象，建筑的外围介质更加通透，在积极回应周边城市或自然环境的同时，也从中挖掘出了构思立意的主题。比如深圳湾口岸联检楼，就以其飘逸舒展的形象与深圳湾的优美海景对话；而福田口岸联检楼则以一个简单纯粹的漂浮矩形体从周边杂乱的城市环境中脱颖而出。

4. 珠三角的地域气候决定了需要从通风、隔热、防日晒辐射几个方面来维持室内环境的适宜程度。这种来自特定地域的自然与文化因素，会影响到口岸建筑造型的风格走向。比如在深圳湾口岸联检大楼的造型设计中，运用水平方向上低平舒展的立面构图和轻灵飘逸的顶层飘翼、遮阳百叶等造型元素，既有利于室内环境，又与海滨景观相得益彰（图 5-61）。

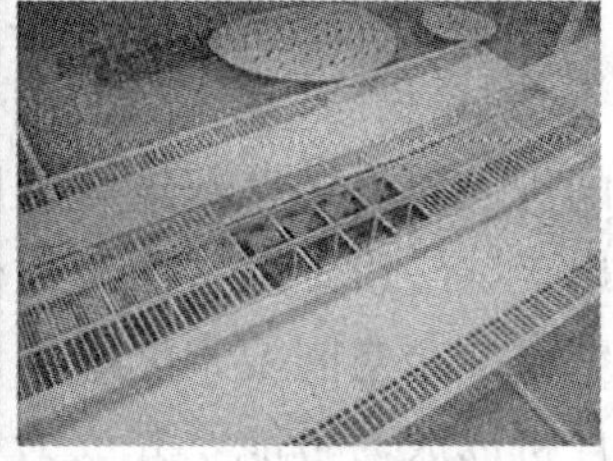

图 5-61　深圳湾口岸联检楼富有地域特色的建筑细部造型

资料来源：作者调研拍摄

5. 将车辆站场、人行廊桥通道等各类配套设施纳入到建筑造型设计的整体考虑中来。如深圳湾口岸中，与建筑主体在材质、造型语言上相似的各类交通廊道、车辆停靠站场，仿佛从大楼伸展而出，整体效果相得益彰、和谐统一；另如福田口岸之中，旅检大楼实际被架在了空中，通透开放的首层之中就包含着地铁站的站厅层，旅检大楼和地铁站完全被统一在一栋建筑之中。

5.6 本章小结

本章研究的时间跨度是港澳回归一直到当前这样一个“兴盛时期”。整章内容分五个步骤展开：

首先，分析了政治、经济、行为这三个社会空间方面的要素在港澳回归之后的进一步转变；然后，仍以珠三角的广州、深圳、珠海为例，分析其各类口岸工程发展与兴建的总体概况；进而又分“改造型”与“新建型”两个部分来详细解析各口岸案例；最后回归到“规划设计”与“建筑设计”两个层面，分析了口岸建筑物质空间所发生的变迁。

最后我们仍运用社会空间视角的钻石模型，概括并分析在发展时期与口岸建筑相关联的各社会空间要素的情况与特征（图 5-62）：

1）政治空间要素。近 10 年来，中国的政治姿态更加开放，与世界各国、尤其是港澳之间的合作与融合不断加深、口岸的管理意识也在此影响下从“权威型”向“服务型”转变。从社会空间视角看，政治空间要素的突出程度已回归理性。

2）经济空间要素。港澳回归之后，珠三角已成为中国外向型经济的中心地；以 CEPA 的签署为标志，珠三角与港澳之间的经济融合进一步加强。各口岸对于经济发展的作用愈发重要，经济空间要素也从而得到了更进一步的发展。

3）行为空间要素。政治突出程度的收缩，使针对对各种通关行为的约束与限制进一步放宽，人员与物资的往来开始更加便利，也使口岸更加繁忙，如开放“港澳自由行”、“24 小时通关”、“香港原产地产品免税通关”等。这些都使得口岸的行为空间要素得到了更进一步的发展。

4）物质空间要素。前一时期暴露出的种种问题与进入新时期通关需求的进一步发展，促动着口岸建筑的物质空间建设。或改造、或新建，大批口岸工程纷纷上马。由于政治空间因素的收缩和经济、行为空间因素的发展，整个社会空间要素之中，设计可干预的成分相对增多，这让科学、人性化设计得以成为可能，并成为新的趋势。

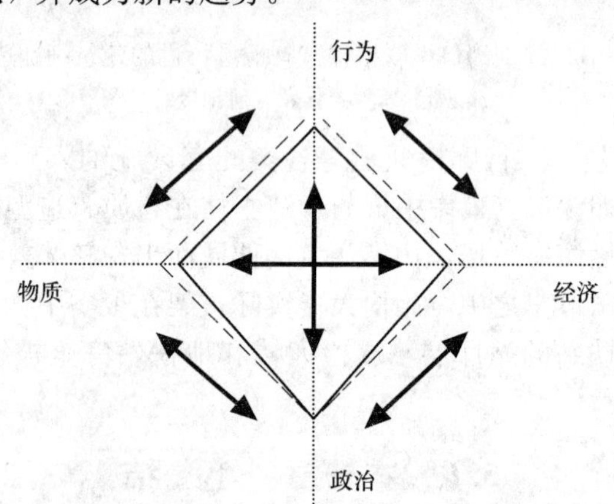

图 5-62 兴盛时期口岸发展的社会空间钻石模型示意图

资料来源：作者自绘

第6章　口岸建筑发展前景及应对设计策略

前文按照时间线索分析了初始、发展、兴盛这三个不同时期的珠三角陆路口岸建筑发展历程。本章将沿着这条线索继续向前，分析当前及至今后的口岸建筑的发展前景，并结合其中探讨口岸建筑设计的应对策略。

6.1　当前口岸建筑发展之下的设计难点

回顾珠江三角洲陆路口岸建筑从发展到兴盛的历程，可以发现在口岸的飞速发展面前，口岸建筑设计总是显得非常被动与不适应。这其中的原因，笔者认为大致来自以下几方面：

1. 口岸建筑工程有其特殊性，相对于其他公共建筑，可循前例较少，而且分布散、偏。同时口岸建筑及规划的功能设计较为复杂，工程性质又极其重要。因此设计工作推进经常会遇到意想不到的反复与困难。

2. 口岸建筑工程牵涉到的部门很多，功能非常复杂。仅内部办公部分，就有口岸办、海关、边检、检验检疫等多个部门介入，各部门都有非常专业的功能要求。口岸作为特殊交通节点的性质又决定了与各类交通工程设施的协调与衔接也是设计的主要工作内容，这就牵涉到更多的部门。以深圳罗湖口岸地段为例，除了口岸内部的各部门，还需要处理与市政道路、地铁、火车站、长途车站等多个部门的统筹与配套的工作衔接，已成一个庞杂的系统，梳理与协调难度可想而知。

3. 作为"国门工程"，口岸建筑工程的意义特殊、性质极为重要。口岸的开放与建设，本就是取决于中央国务院的集权决策。所谓"外事无小事"，口岸工程因其特殊性往往备受各级领导（甚至经常是国家级领导）关注，是"领导意志"影响决策的高发领域。这些都给设计工作带来了难题。

当前珠江三角洲的口岸发展已步入兴盛时期，在口岸建设迅速发展的带动下，口岸建筑设计已取得长足的发展与进步。但是应该认识到，限于现有体制及国情等种种原因，现阶段的口岸建筑设计仍然面临一些值得深思的难题。下面我们就对之逐一进行详细剖析。

6.1.1　口岸建设及管理负责部门的体制

口岸建设及管理部门的体制，本不属于建筑设计的研究范畴。但是建筑设计活动作为一种社会行为，不可能脱离与建设方、使用及管理方的合作而独立进行。这些关于体制方面的问题，必然会影响到设计信息的准确获取与设计工作中的交流沟通，因而不可避免地会对设计产生不利影响。

引用一名口岸管理部门资深干部的话，"难协调"一词，是对口岸管理运营工作中突出问题的概括。各口岸管理工作涉及单位多、层级多，协调难度比较大，一定程度上影响口岸整体功能的发挥。目前口岸规划审批、进出口监管等事权集中在中央，而口岸的建设和管理则往往由地方政府承担，“条”、“块”关系交织，加大了协调难度。❶ 在我国现行的口岸管理工作机制中，海关、边检、检验检疫等部门与负责统筹协调工作的地方政府口岸办公室之间是互不隶属的平行关系，口岸办只有协调权而无调度指令权。这使得一般情况下只有机会面对口岸办公室的设计方，很难准确有效地获取设计所需信息。

除工作机制外，各运营部门之间的利益平衡问题也是造成“难协调”的原因。珠三角的各大陆路口岸目前实行的是“以口岸养口岸”、不给国家财政带来负担的政策，允许口岸管理部门对人、车流收取通关服务费用、获取经济效益。❷ 庞大的通关流量能带来可观的经济效益，使口岸各部门的利益平衡成为难题，环节与流程中出现“重复查验、重复收费”等饱受诟病的现象也就不足为怪。这个难题必然影响到口岸的建筑设计——出于自身利益，各部门都希望通过干预建筑设计争取更大利益空间，争执不下的结果就是各部门在协调工作中的不配合态度。

此类问题，笔者在参与友谊关口岸改造的工程实践中就曾有切身体会。早在旅检大楼的建筑方案设计之初，作为设计方，我们就提出希望能与将要进驻口岸的各工作部门点对点地详细沟通设施设备安装需求，便于深化设计进行。但无奈的是在当时口岸办公室根本无法取得与海关等各部门的协调结果。而这种重要的国门工程，工期非常紧张，于是只能大致参考原有旧联检内的相关标准进行深化设计。等到工程的土建及外装修完成、将要进行内装修时，海关、检验检疫等部门才迟迟提出许多新的查验及监控设备方面的智能化、自动化技术参数指标。于是出现冲突的地方就只能临时再改，造成“拆、挂、挖”对室内空间效果的影响。而在笔者调研访谈过程中，发现自己遇到的这种因协调困难而影响设计工作有效推进的事情其实有相当的普遍性。

又如在深圳最新建成的福田口岸与深圳湾口岸的旅检楼建筑设计中，设计方都曾提出口岸公共图形标识系统的混乱问题（在口岸建筑及其地段中，各部门的公共图形标识符号五花八门、高低不一、大小混杂，有时还会引起误导），并主张统一设计这些公共图形标识，实现指引系统的科学化与人性

---

❶ 引自：盘美昌．《口岸发展的新趋势、新问题与新举措》．会议报告文稿．2007。

❷ 这种收费与“机场建设费”十分类似。在美国、澳大利亚等国，对这种费用收取，采取“收支两条线”的方法来杜绝口岸执法部门自收自支或收费与本部门利益挂钩的现象，而中国则不然。参见：中国口岸协会.《中国口岸与改革开放》．中国海关出版社．2002. p191。

化。这些意见得到了深圳口岸办的支持，却因其无形之中挑战了海关等部门的标准权威而遭到这些部门的一致否决。使得最终的室内效果与指引系统仍然存在不尽人意之处。

6.1.2 规模预判与快速发展之间的偏差

当前珠三角地区口岸的发展运营，呈现快速增长与发展的新趋势，口岸通关模式早已从“橄榄型”转变为“哑铃型”。我们又可以用三个“不适应”来概括口岸管理运营工作面对口岸快速发展时的突出问题：口岸综合管理体制和协调机制还不够顺畅，与行政高效的要求不适应；口岸管理法规建设滞后，与依法行政的要求不适应；口岸联检配套设施、作业流程等不够完善和规范，与口岸现代化建设、与口岸通行量迅猛增长的形势不适应。[1]

同样在口岸迅猛发展面前显得“不适应”的还有口岸工程的设计与建设。在粤港澳经济合作一次次迈上新台阶的历程中，人员往来以及商品和生产要素跨境流通的需求也一步步推进着作为通关基础设施的口岸建筑及其地段的建设。然而我们看到，一直以来珠三角跨境基础设施的建设步伐总是落后于区内跨境人流、物流、资金流和信息流发展的实际需要，缺乏应有的长远意识与超前性。[2] 到近两年正值港澳回归十周年庆典活动，珠江三角洲口岸建筑及其地段正经历一个建设高峰，新建成的西部通道与福田口岸又显得过度超前，运营与分流效率尚不理想。

当然，造成这种“不适应”的有诸多客观原因：口岸通关量在平时与高峰期的巨大起伏；新通关查验技术、设备的引入；新政治、经济政策的出台；新城市交通发展战略的实施；……。这些变量充满了复杂性与不确定性，因此在口岸工程的现实操作之中，往往很难准确预判规模的合理数值，用通俗的话来说就是“计划赶不上变化”。

此外，还有来自设计方法与程序方面的主观原因：根据我国现行建设程序，规划立项后就直接进入建筑设计，缺少建筑策划环节，设计者只能根据招标方提供的任务书来获得设计参数。而这些参数依据的制定缺乏科学预见性，依据其而得出的设计结果就难免会与实际需求产生偏差。

6.1.3 实际需求与现有规范之间的冲突

规范是人们通过对经验的总结而形成的习惯方法和程序的记载。设计规范是各级建设主管部门从社会和各自城市地整体利益出发，为了保障使用者相应的权益，保证建筑业良性健康的发展，制定的各种正式的、外在的、成文的、法定的规则，例如城市规划、建筑标准和规范、卫生防疫、消防安全

---

[1] 引自：盘美昌.《口岸发展的新趋势、新问题与新举措》. 会议报告文稿. 2007。

[2] 陈广汉.《粤港澳经济关系走向研究》. 广东人民出版社. 2006. p68。

等方面的法规。熟悉和掌握规范对于建筑设计来说非常重要。❶

但是我国的建筑标准和规范比较笼统，一些规范条文还可能相互矛盾，而且在建筑技术的革新面前，相对没能做到及时有效的更新。所以有学者发出这样的评论："规范学的建筑策划方法是单纯摒弃对现实生活实态的实地调查，不关心社会生活方式因时代而发生的新变化，只凭规范、资料及专家的个人经验而进行的建筑策划。规范学不承认建筑也是一门不断发展的科学，不屑去关心社会生活方式的改变对建筑的影响。总是以既成的、有限的建筑作为新建筑的蓝本。因此规范学策划方法所创造的建筑是停滞而僵死的空间"。❷ 可见，对于规范既要认真对待又不能僵化迷信，在设计过程中要仔细研究实际情况，抓住设计的本质，及时发现执行标准和规范的问题，提出解决问题的方法的和途径，这在一定程度上还能推动我国建筑标准和规范事业的发展。

以旅检大楼为代表的口岸建筑，因为尚不构成独立的建筑类型而只能参照大型公建的设计规范来进行建筑设计。实际上口岸旅检大楼既不同于剧院、会展等大空间公共建筑，也不同于机场、车站等班次式的交通公建。其功能之根本宗旨在于方便大量人流的快进快出。因此，在很多时候，设计本质会与设计规范产生冲突。这就给设计工作带来了问题与难度。

例如，在深圳福田口岸的深化设计中，就采用了"性能化防火设计"❸来协调建筑消防规范带来的问题。设计方与建设方都认为在这种人员密集、快速流通的大空间中，如果遵循现有消防规范，会导致防火卷帘、防火墙、防火门等设施的大量出现，会影响空间的视觉畅通和人流的快速疏通，反而容易造成安全隐患。最后，通过性能化防火设计报告的科学论证，消防部门批准了这个项目中突破常规的防火分区方案，建成后的出入境查验大厅空间高敞通透，使用效果良好（图 6-1）。

同样采用"特事特办"原则处理消防问题的还有深圳湾口岸旅检大楼。由于史无前例地采用了"一地两检"模式，深港双方的通关查验集中于一栋建筑内进行。也就是说这栋旅检大楼一半由深圳管辖、一半由香港管辖。于是经过多方特别审批采用了"深港双方各自管辖范围之内依据各自消防规

---

❶ 郭卫宏.《基于系统观的建筑创作实践研究》. 华南理工大学博士论文. 2008. p90、92。

❷ 庄惟敏.《建筑策划导论》. 中国水利水电出版社. 2000. p38。

❸ 所谓性能化防火设计，是建立在消防安全工程学基础上的一种新的建筑防火设计方法，是针对特定建筑对象确立消防安全目标，提出消防安全问题的解决方案，并采用被广泛认可或验证为可靠的分析工具和方法，对方案设计在建筑对象中的火灾场景进行确定性和随机性定量分析，以判断不同解决方案所体现的消防安全性能是否满足消防安全目标，从而得到最优化的防火设计方案，为建筑结构提供最合理的防火保护。它是传统消防设计方法的一种替代办法，描述能够达到某种规定性能水平的设计。

范”的做法，设自动喷淋后，深方按每区≤5000m²标准，港方则按每区≤20000m²标准，差异较大（图 6-2）。

图 6-1　福田口岸查验大厅室内空间

资料来源：北京市院深圳分院提供

图 6-2　深圳湾口岸查验大厅室内空间

资料来源：作者拍摄

6.2　针对难点的设计应对策略

前文三、四、五章分析了口岸建筑从初始时期到发展时期再到兴盛时期的发展历程，在各章的最后，应用社会空间钻石模型的方法分析了各个时期影响口岸建筑发展的社会空间要素。在此，我们将三个时期的社会空间钻石模型图叠合在一起，可得出图 6-3 所示的结果。

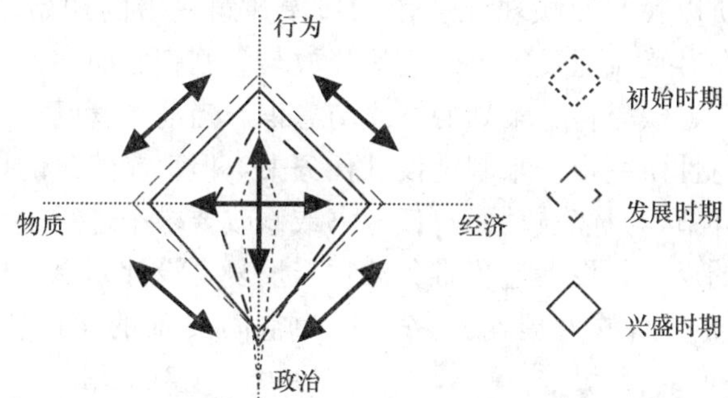

图 6-3　不同时期社会空间钻石模型横向对比图

资料来源：作者自绘

从图 6-3 中可大致归纳政治、经济、行为、物质这四方面社会空间要素所占权重的演变趋势——政治空间要素在收缩，其他三方面要素在增长（物质空间建设跟进着经济、行为空间的需求增长而迅速发展），四大要素构成的社会空间钻石模型图在向着均衡与和谐的理想形态靠近。这反映在口岸建筑设计上，体现为设计的重要性与作用在增强（因为设计可干预的成分在增强），设计本身的发展也更趋科学合理。

回顾历经不断适应与调整的过程，考虑当前面临的难点，笔者认为今后的口岸建筑设计将非常有必要超出传统、狭义的范畴，向广义的建筑项目运作全过程扩展延伸。

6.2.1 应对策略之一：设计向策划环节延伸

之前已指出口岸建筑设计中关于功能协调、规模预判、规范变通这三个方面的问题，它们都预示着口岸建筑设计的发展将更多地向策划环节延伸。

一、建筑设计与建筑策划

“策划”，通常被认为是为完成某一任务或为达到预期目标，对所采取的方法、图景、程序等进行周密而逻辑的考虑而拟出具体的文字与图纸的方案计划。英文词汇中，“规划”对应着 planning，“设计”对应着 design，而“策划”则对应着 programming。建筑的“策划”可以理解为根据总体规划而进行的对建筑本身的规模、性质、容量、性格等影响设计和使用的诸多因素做深入的调查、研究、归纳分析，从而得出定性、定量的结论和数据这样一个环节。[1] 其得出的结果能够有效指导、协助设计工作的展开。

然而一直以来，由于口岸作为国家门户的高度政治敏感性，在珠江三角洲口岸建筑的发展建设历程中，策划的概念与意识是相对缺失的。当政治空间要素占据绝对主导地位时，可能一个政策变动就会对口岸功能、内容带来决定性影响。所以我们回顾珠江三角洲口岸建筑发展的初始时期与发展时期，可以看到在客货流通关需求的迅速释放与急剧膨胀面前，口岸的工程建设却在粗放进行、缺乏科学策划的概念与意识。当前尽管已进入口岸建设兴盛时期，有可行性研究报告来制定设计任务书，但口岸建筑的设计者仍然没能介入到策划环节，只能被动面对任务书或修改要求来进行设计。缺少通畅的交流与逻辑的反馈，设计过程难免波折与反复，设计结果出现不尽人意之处，并导致物质空间的发展与经济、行为空间要素的实际需求之间产生偏差。

笔者认为解决此问题的根本出路就在于必须使口岸建筑设计向建筑策划适当延伸。学者庄惟敏在《建筑策划导论》一书中大力倡导建筑策划环节的重要性，其大意如图 6-4 所示，主要是强调建筑师也应该积极参与到建设项目的总体规划立项、确定规模、性质等环节之中，使建筑策划的结果能够为建筑设计提供科学而逻辑的设计依据。根据这个观点，笔者认为口岸建筑设计至少应该在“定性”与“定量”这两个方面介入到建筑策划中。

---

[1] 庄惟敏.《建筑策划导论》. 中国水利水电出版社 . 2000. p4、p8。

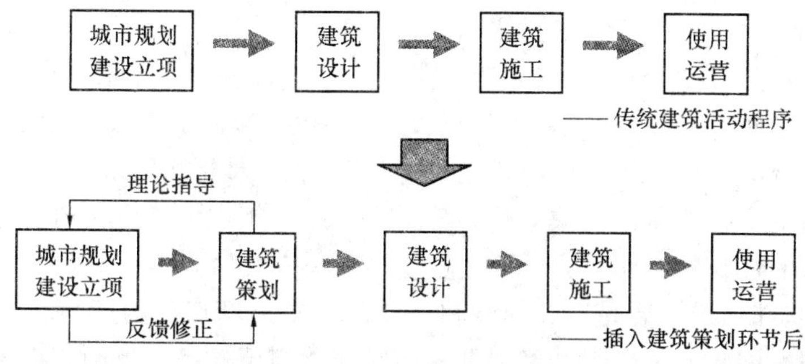

图 6-4　建筑创作过程中插入建筑策划环节的示意图

资料来源：庄惟敏.《建筑策划导论》. 中国水利水电出版社. 2000. p10。

二、定性策划

意在明确口岸建设功能定位的“定性策划”，需要考虑的问题主要集中于几个方面，下面分别讲述之，并以深港口岸为例指出定性策划的具体内容：

1. 从城市发展总体规划的角度出发，如何考虑口岸的功能定位？

各个时期的深港口岸对于深圳城市总体规划的影响与作用贯穿于深圳城市生长发展的各个阶段。从早期以罗湖为重心的“据点式”城市片区发展，到 20 世纪 90 年代城市中心向福田区转移，再到进入 21 世纪以来城市重心进一步向西部南山区溢出。在这三个阶段当中，罗湖口岸、皇岗口岸、深圳湾口岸依次成为各个城区连通香港的主要口岸通道，体现出来自香港的辐射拉动作用对深圳城市生长发展的影响。

2. 从城市交通发展战略的的角度出发，如何考虑口岸的功能定位？

口岸作为特殊交通节点的性质，决定其功能定位的建设决策必然与城市交通发展战略密切相关。在深港口岸中：1）罗湖口岸是京九铁路深圳站所在，同时是深圳地铁一号线端点和深港两地轨道交通的无缝接驳点；2）文锦渡口岸是 107 国道（原省港公路）与香港的公路 1 号干线的对接点；3）皇岗口岸是广深高速公路的终点，向南连接着香港公路 1 号和 2 号干线；4）它旁边的福田口岸作为深圳地铁四号线与香港轻铁东部支线的无缝接驳点；5）深圳湾口岸是广东沿江高速公路与深港西部通道战略中的重要一环，向南连接着香港公路 2 号和 3 号干线；……。

3. 根据其在城市总体布局中的区位，口岸承担着怎样的分工？

深圳的“西进西出、中进中出、东进东出”的口岸布局，决定了各口岸对接的不同腹地及其承担的不同分工（图 6-5）。

1）中部。皇岗—落马洲口岸向北沿深圳市中部发展轴向外辐射，经深圳福田区，连接至观澜、常平、东莞等中部腹地片区。加上福田口岸（皇岗地铁口岸）的兴建，其口岸功能为“承担中部过境客运交通和货运交通的综合性口岸”。

2）西部。深圳湾口岸向北沿深圳市西部发展轴向外辐射，经深圳南山区，连接至西部城镇、虎门、广州及珠江三角洲西部等片区。能够将西向及部分中部流向的中长距离过境货运快速分流到二线以外，缓解其对周边区域城市交通的干扰。所以口岸的功能分工为“以承担过境货运交通为主、客运交通为辅的综合性口岸”。

3）东部。最主要是以文锦渡和（拟建的）莲塘口岸为起点，向北沿深圳市东部发展轴向外辐射，经深圳盐田区，承担至龙岗、惠阳、惠州、汕头及粤东等片区的过境货运交通。前者将成为“以承担东部过境客运交通为主，兼顾鲜活产品的辅助性口岸，其中客运交通以直通巴士为主”。后者则将成为“主要承担东部过境货运交通的综合性口岸”。

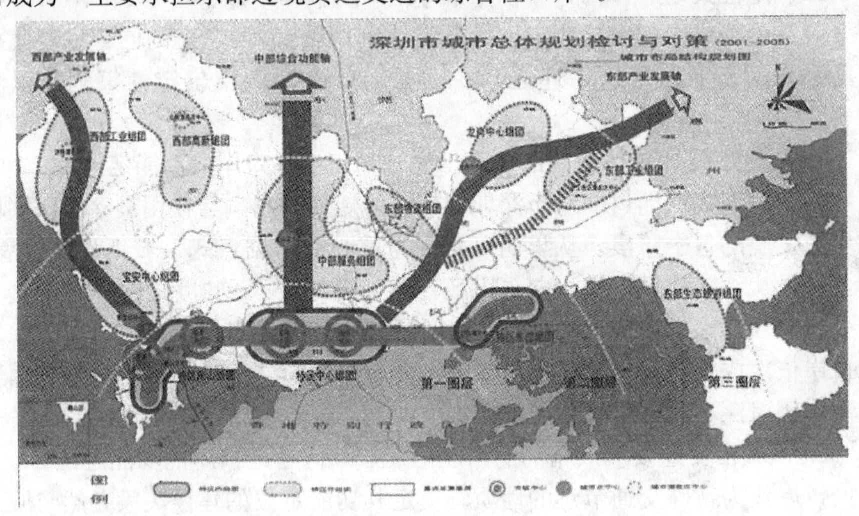

图 6-5　深圳城市空间的“西进西出、中进中出、东进东出”格局

资料来源：深圳市城市规划设计研究院提供

三、定量策划

意在明确口岸建设规模预判的“定量策划”，主要任务就是在发展规模与设计通行能力这两个方面确定合理的量化依据，两者分别需要考虑的内容如表 6-1 所示。

定量策划中需要关注的问题列表　　**表 6-1**

确定适当的发展规模所需要考虑的问题：
1. 口岸出入境交通需要预测；
2. 口岸管制区外围的集散交通通行能力分析；
3. 口岸管制区内部的穿越交通的通行能力分析；
4. 其他限制性因素（如用地供应等）

续表

确定具体设计通行能力所需要得出的数值：
1. 类接驳车场用地规模；
2. 查验通道数；
3. 各类查验建筑规模及车场用地规模；
4. 查验单位办公建筑面积

来源：作者编制。

接下来几个步骤，将介绍“深圳文锦渡口岸旅检场地改造”项目❶的策划环节，是如何在前表所述的两方面进行量化求解。通过这个案例推演过程的示范，将有助于了解与口岸建筑设计有着密切关联的定量策划过程与方法。

四、定量策划案例分析之一：需求预测的数值确定

1. 方法步骤：

1）获得“深港公路口岸交通总量预测”的数值；

2）根据“东部”、“中部”、“西部”各自所占比例得出东部流向的预测交通量；

3）根据文锦渡口岸在东部所占交通荷载份额得出其过境交通需求预测值；

4）根据各类交通的载运系数得出过境旅客流量预测统计数值。

2. 案例中的量化求解过程：

1）首先获得表 6-2；

深港公路口岸交通量预测结果 单位（绝对数/日） **表 6-2**

特征年	私家车	旅游巴士	集装箱	普通货车	客车合计	货车合计	总计
2013 年	12550	4400	19100	17400	16950	36500	535450
2020 年	20750	6350	25550	22250	27100	47800	74900
2030 年	30850	8550	33350	28600	39400	61950	1001350

2）根据深圳市过境交通 OD 调查❷获得表 6-3；

❶ 参见：《深圳文锦渡口岸旅检场地改造可行性研究（2006～2020）》。由深圳市城市规划设计研究院于 2006 年 7 月完成。总负责人为院长王富海，项目负责人为莫汉康。

❷ OD（Origin-Destination ）调查，即起讫点调查，是为了全面了解交通的源和流，以及交通源流的发生规律，对人、货、车移动，从出发到终止过程的全面情况，以及有关的人、货、车的基本情况所作的调查。城市交通枢纽客流 OD 调查的内容包括各客运交通枢纽发出、接收旅客出行的起点、讫点、时间、距离等。城市交通枢纽货流 OD 调查的内容包括各货运交通枢纽发出、接收货物出行的起点、讫点、时间、距离以及货物的种类、吨位等。前者可到有关单位收集有关资料与对旅客直接询问相结合的方法。参见：王炜等.《城市交通规划》. 东南大学出版社 . 1999. p12、p24。

2030 年深港过境交通空间分布趋势表　　表 6-3

分　区	比　重
深圳市（含宝安、龙岗）	60%
东莞	25%
惠州、惠阳、博罗、汕头、惠东	6%
广州及珠江三角洲西部	6%
广东省其他地区及省外	3%

进而得出表 6-4；

2030 年深港过境交通流向表　　表 6-4

流　向	比　重
东部	22%
中部	35%
西部	43%

注：各轴线包括的范围分别是——东部轴：惠州的 1/3，汕头和粤东，东部城镇；中部轴：罗湖上步，福田，中部城镇，东莞的 1/3，惠州的 2/3；西部轴：南山、西部城镇，广州及珠江三角洲西部，东莞的 2/3。

3）结合表 6-2 与表 6-4，得出表 6-5；

深港东部轴向过境交通需求预测表　单位：（绝对数/日）　　表 6-5

特征年	私家车	旅游巴士	集装箱	普通货车	客车合计	货车合计	总计
2013 年	2510	880	3820	3480	3390	7300	10690
2020 年	4150	1270	5110	4450	5420	9560	14980
2030 年	6170	1710	6670	5720	7880	12390	20270

目前深港东部轴向过境交通由文锦渡口岸与沙头角口岸共同承担，文锦渡通行量占了其中的 75%左右，因此在表 6-5 基础上得出表 6-6。

文锦渡口岸过境交通需求预测表　单位：（绝对数/日）　　表 6-6

特征年	私家车	旅游巴士	集装箱	普通货车	客车合计	货车合计	总计
2013 年	1883	660	2865	2610	3390	7300	10690
2020 年	3113	953	3833	3338	5420	9560	14980
2030 年	4628	1283	5003	4290	7880	12390	20270

4）根据 2005 年的情况调查，有 15％的公路跨界旅客选用私家车出行，而私家车平均载客为 2.5 人/车（包括司机）；有 85％的公路跨界旅客选用旅游巴士/穿梭巴士，巴士车平均载客为 30 人/车（包括司机）。因此结合表 6-6 可得出表 6-7。

文锦渡口岸过境旅客流量预测表 单位：（绝对数/日） **表 6-7**

特征年	私家车	载运系数	旅游巴士	载运系数	旅客	年均增长率
2013 年	1883	2.5	660	30	24500	12.5％
2020 年	3113	2.5	953	30	36370	5.8％
2030 年	4628	2.5	1283	30	50060	3.2％

五、定量策划案例分析之二：口岸设计参数与通行能力计算方法

1. 设计参数之一：K——高峰小时交通量系数❶

1）货车和小汽车的高峰小时系数。根据深港公路口岸的经验，取该值为 0.10；

2）旅游巴士与旅客高峰小时系数。根据深港公路口岸的经验，取该值为 0.17。

2. 设计参数之二：D——方向不均匀系数❷

根据目前调查，深港公路口岸的方向不均匀系数普遍在 0.6 以内。

3. 设计参数之三：t——通道查验时间

1）小汽车高峰小时通道查验时间。近期 2010 年前 50s/辆，远期 2020 年前 35s/辆。

2）旅游巴士通道查验时间。近期 2010 年前 45s/辆，远期 2020 年前 30s/辆。

3）旅客通关查验时间。根据目前在各深港口岸的现场实测结果，港澳旅客 15s 以内、平均 10s 左右，内地和持护照旅客在 45～60s 之间（建议 2010 年提高为 36s/人，2020 年提高为 30s/人）。

4. 口岸设计通行能力计算公式之一：V_k——设计单向高峰小时交通量

$$V_k = V_d \times K \times D$$

式中 V_d——年均日交通量。

5. 口岸设计通行能力计算公式之二：N_o——设计单向通道数

$$N_o = V_k / n$$

式中 n——每个通道每小时可查验的车辆或人数，n=3600/t。

---

❶ 高峰小时系数：指高峰小时流量占年平均日流量的比值。是对交通流出现集中程度的反映，其值越大，则产生交通堵塞的概率也就越大，此时段的服务水平越低。

❷ 主要（偏多）方向交通量与断面交通量（出入方向总和）的比值，比值为 0.5～1.0 之间。

6. 计算时将交通强度[1]的值控制在0.8以下，并计算出实际所需的通道数（确定通道数），再加紧急通道和备用通道，就得出设计通道数。

六、定量策划案例分析之三：旅检区改造内容及规模的数值确定

1. 旅客查验通道数

1）首先从表6-7中得到2020年文锦渡口岸的旅客年均日交通量为36370，取值为36500（人）代入计算；

2）根据公式 $V_k = V_d \times K \times D$ 计算，36500×0.17×0.6＝3723。得出单向高峰小时交通量为3723（人）；

3）在这3723人中，81.5%为港澳旅客，其 V_k 值为3034。持回乡证通关，按10s通关一人计算，每小时可通关360人。将数值代入公式 $N_o = V_k / n$ 之中计算，3034/360＝8.42，得出设计单向通道数为9（交通强度控制为0.72）；

4）3723人中，18.5%为内地及其他国家地区的持护照旅客，其 V_k 值为689。按36s通关一人计算，每小时可通关100人。将数值代入公式 $N_o = V_k / n$ 之中计算，689/100＝6.89，得出设计单向通道数为7（交通强度控制为0.79）；

5）两部分设计单向通道数再加上一条紧急通道和备用通道，9＋7＋1＝17，即旅客查验通道总数。该值将成为新旅检查验通道数量设置的依据。

2. 大客车查验通道数

1）首先从表6-7中得到2020年文锦渡口岸的大客车年均日交通量为953，取值1000（辆）带入计算；

2）根据公式 $V_k = V_d \times K \times D$ 计算，1000×0.17×0.6＝102。得出单向高峰小时交通量为102（辆）；

3）2020年大客车查验时间为30s/辆，每小时可通关120辆，将 V_k 值代入公式 $N_o = V_k / n$ 之中计算，102 / 120＝0.85，得出设计单向通道数为1。

4）根据交通强度控制在0.8以内的调整，出入境客车查验通道数取值为2。

3. 小汽车查验通道数

1）首先从表6-7中得到2020年文锦渡口岸的小汽车年均日交通量为3113，取值3200辆带入计算；

2）根据公式 $V_k = V_d \times K \times D$ 计算，3200×0.17×0.6＝326.4。得出单向高峰小时交通量为326辆；

---

[1] “交通强度”（traffic intensity）也就是“利用系数”。当该值超过0.8时，平均排队长度快速增加，而系统不稳定因素迅速增加；当该值超过0.9时，排队长度增长更快，系统更加不稳定。

3）2020 年小汽车查验时间为 35s/辆，每小时可通关 103 辆，将 V_k 值代入公式 $N_o=V_k/n$ 之中计算，326/103＝3.16，得出设计单向通道数为 4。

4）根据交通强度控制在 0.8 以内的调整，出入境小汽车查验通道数取值为 5。

4. 旅检综合楼的建筑面积

建旅检综合楼，为旅客出入境等候查验和查验单位办公综合场所，由出入境旅客查验大厅、查验单位办公用房和查验配套设施用房构成。

1）出入境旅客查验大厅建筑面积＝旅客设计日流量×高峰小时系数×人均额定建筑面积＝30000(人)×0.15×1.2(m^2/人)＝5400m^2

2）查验单位办公面积＝海关进驻旅检大楼办公人员数×海关人员人均额定办公面积＋边检进驻旅检综合楼办公人员数×边检人员人均额定办公面积＋国检进驻旅检综合楼办公人员数×国检人员人均额定办公面积＋口岸办进驻旅检综合楼办公人员数×管理人员人均额定面积＝100(人)×20(m^2/人)＋150(人)×20(m^2/人)＋60(人)×20(m^2/人)＋50(人)×20(m^2/人)＝7380m^2

注：各部门人员数由口岸办公室提供；各部门人均额定办公面积根据国家经济贸易委员会、国家计划委员会、财政部《关于开放口岸检查检验配套设施建设标准及经费来源的通知（国经委［1993］520)》确定。

3）其他用途建筑面积＝查验设备房＋消防控制中心＋查验监控室＋机房＋食堂 ＋会议室＋贵宾室＋检验检疫隔离室＋货物退港仓库＝600m^2＋200m^2＋400m^2＋200m^2＋800m^2＋200m^2＋800m^2＋800m^2＋300m^2＋200m^2＋1000m^2＝5500m^2

注：其他配套设施用房及其建筑面积由深圳市口岸办提供。

4）旅检综合楼建筑面积＝出入境旅客查验大厅建筑面积＋查验单位办公面积＋其他用途面积＝5400m^2＋7380m^2＋5500m^2＝18280m^2

6.2.2 应对策略之二：设计向运营环节延伸

设计向策划环节的“朝前”延伸，能够使设计的结果更趋科学合理。但是由于口岸建筑所面临的功能诉求乃是一个持续变量，其变化有些可以预见、有些难以预见。因此在功能诉求的持续变化面前，口岸建筑工程在建成之后往往还会面临变化调整。如何变？这个问题需要通过设计向运营环节的“向后”延伸来解答。

一、基于建筑过程观的范畴延伸

用信息论的观点来看，建筑就是一个事件，建筑的含义可以抽象地概括为经过信息交换和转换以及相关量作用协调的物质再现。[1] 而正如我们所

---

[1] 庄惟敏.《建筑策划导论》. 中国水利水电出版社. 2000. p37。

知，任何事件都必须经历发生、发展再到结束的全过程，这就引出了建筑过程观的概念。在建筑过程观的理论中，认为广义的建筑师创作过程没有开始也没有结束，它是一个不断反馈、循环的多变量函数的系统运作过程，并会渗入到建筑项目运作的“策划－设计－施工－运营”全过程。❶ 如图 6-6 所示，广义的建筑设计全过程将会延伸到建筑的使用运营环节。

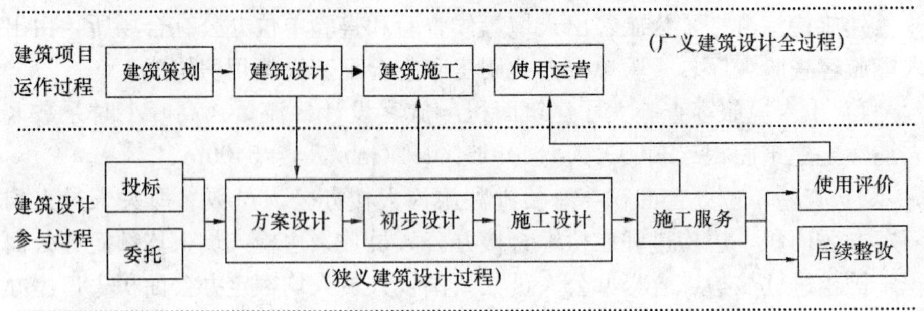

图 6-6　建筑过程观下的建筑设计过程延伸

资料来源：参考《基于系统观的建筑创作实践研究》一文中的插图“建筑师参与工程的全过程”改绘。

二、设计向运营环节延伸的具体内容

对于口岸建筑而言，设计在某种程度上除需要关注其建成物质形态，同样还需要关注其建成后的运营状态。这就需要主管方、建设方、设计方就口岸建筑的“过程观”达成一种共识：应当以建筑过程观的思想为指导，共同去理性地预见变化、应对变化，使建筑设计的控制作用向运营环节延伸。而这种延伸可体现在“使用评价”与“后续整改”这两个方向。

1. 使用后评价

关于在中国建筑设计行业中推广“使用后评价”方法的呼吁已有时日。使用后评价（Post Ocoupancy Evaluation 简称 POE）在国外已经被普遍应用。它是指在建筑建成若干时间后，以一种规范化、系统化的程式，收集使用者对环境的评价数据信息，经过科学的分析，了解他们对目标环境的评判；通过与原初设计目标作比较，全面鉴定设计环境满足了使用群体需求的大程度；通过可靠信息的汇总，对以后同类建设提供科学的参考，以便最大限度地提高设计的综合效益和质量。❷ POE 的具体技术手段本文限于篇幅不做介绍，其包含的具体方法步骤如图 6-7 所示。

回顾发展历程，发展时期建成投入运营的口岸建筑，在进入兴盛时期后

❶ 郭卫宏.《基于系统观的建筑创作实践研究》. 华南理工大学博士论文. 2008. p111。

❷ 朱小雷，吴硕贤.《使用后评价对建筑设计的影响及其对我国的意义》.《建筑学报》. 2002. 5。

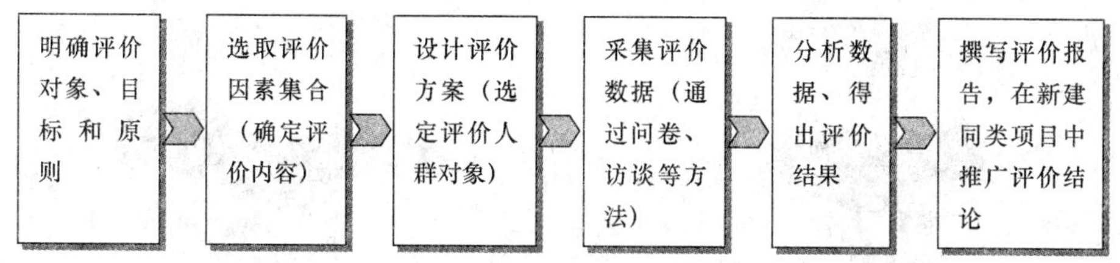

图 6-7　POE 方法的具体步骤

资料来源：参考《使用后评价对建筑设计的影响及其对我国的意义》绘制

因为不适应口岸的迅猛发展而出现了人车拥堵、流线混杂等问题，纷纷接受了（或即将接受）整改。对这些问题的提出、分析与归纳，其实也可视作使用后评价，只不过其时 POE 的概念还没有被明确提出、具体方法还没有被系统地执行。展望今后的口岸建筑设计工作，如果能够有意识地对运营环节投入 POE，必将更好地发现潜在的问题以及新的使用需求，为改进当前的设计提出科学的论证意见。

2. 后续整改设计

POE 的作用是分析问题、评判问题，而解决（进入运营环节后出现的）问题则须通过后续整改设计来完成。

例如前文曾分别介绍深圳罗湖口岸（及火车站地区）的两次整体改造设计。在第一次整体改造尚未完成之时，口岸地段就因为交通负荷的急剧增长超出预期而拥堵不堪；深圳地铁一号线选择罗湖口岸为端点站更是改变了原有的设计前提；于是在充分论证之后，又开始了结合地铁第二次整体改造。完成设计之后，一边运营、一边改造，总共历时 8 年方告完成。可见，对于口岸建筑这种作用特殊、持久且充满变化的对象，是无法断言设计终点的，运营环节的后续整改设计其实也是口岸建筑设计不可或缺的组成部分。

另如深圳西部通道的深圳湾口岸。由于当前沿江高速公路还在建设、南山区也尚在发展之中，建成之初的深圳湾口岸通行量还不可能达到设计值。目前深圳湾口岸的联检楼仅启用了一半，其他配套口岸建筑也并未全部一次建成。留待今后通关量增长起来再调整改建、全部建完启用。为此，建设方与设计方签订了 12 年的修改与维修设计的合同，保证口岸建设能够随着实际需求的发展与时俱进。这样的转变其实正是建筑过程观意识增强的结果。

与深圳湾口岸联检大楼“一次建成、分批投入运营”的策略不同，在珠澳拱北口岸中澳门一方的关闸检查站中，采用了扇形单元母题式的平面构图，较好地兼顾了扩建前后的整体效果（图 6-8）。这说明在口岸的建筑及场地设计中考虑弹性设计的可能、为今后需求增长保留扩建余地，也是一种可供参考的选择。

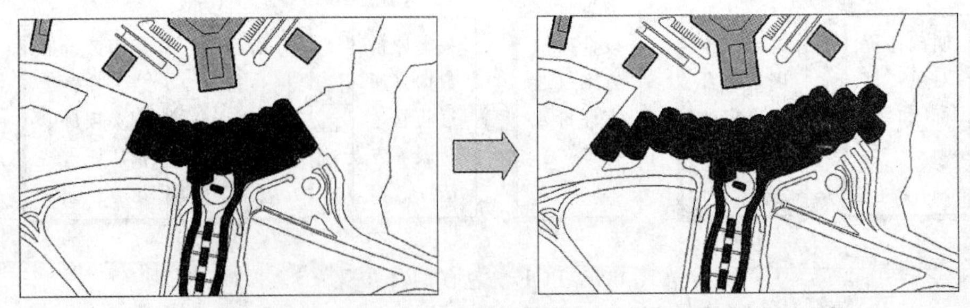

图 6-8　拱北口岸澳门关闸检查站改扩建前后对比示意图

资料来源：作者绘制

6.3　口岸建筑设计方法策略建构

之前分析了珠三角陆路口岸建筑在各个时期的发展历程，然后又指出了当前口岸建筑设计面临的难题与应对策略。以此为基础，本节内容将对口岸建筑设计的方法与策略进行系统的整理与归纳与建构。作为本文的研究成果之一，可为今后类似项目的设计实践提供参考。

6.3.1　口岸管制区外围规划设计

1. 选址

关于陆路口岸的规划选址的设计要点如下：

1）首先要从地理条件出发，分析口岸拟定用地的地形地势，分析该选址的位置与境外联系的条件；

2）“城市的实体地域会沿着它对外联系的方向而延伸”，❶ 口岸的建设选址会影响到城市的生长发展。因此口岸选址应从其所连接的城市（群）腹地总体发展规划出发，进行定性策划以明确口岸的功能定位与承担分工；

3）在明确了口岸的定位与分工后，就可以通过定量策划确定口岸的近、远期通关规模，从而划定适当的用地大小范围。

4）要充分论证该口岸的选址对于其所连接的陆路交通干线的影响。特别是过境货运交通，必须预见其可能对城市交通与环境产生的负面影响。配合交通干线建设、在口岸选址上作出恰当的决策会有助于减少这种负面影响。

2. 交通衔接

伴随开放需求而逐年增长的口岸通关量，给口岸的交通集散带来了巨大的负荷，如处理不当容易造成各类人车流的混杂与拥堵，这不但会影响口岸的运行，还会给周边城市的交通与环境带来负面影响。因此无论对于内陆直通式口岸还是边界陆路口岸，保证各类交通衔接的畅通都是规划设计最核心

---

❶ 周一星.《城市地理学》. 商务印书馆. 2003. p150。

的问题。

对于口岸境外方向的交通衔接，主要方式包括步行通道、公路（客货）车道、轨道通道。须注意既要在三维空间上、又要在交通规则上（比如内地与港澳的左右行驶规则差异）实现连接通道的合理对接。

对于口岸境内方向的交通衔接，包含市内与长途交通两方面需要考虑。市内集散交通主要通过公交、的士、地铁、步行、自驾几种方式；长途集散交通主要通过国道、高速公路、城际轻轨、铁路几种方式。规划设计中，需要与城市交通规划部门同步配合，对各类集散交通进行“管道化”的统筹考虑与设计，力求各行其道、井井有条。

3. 口岸外围地块的城市设计

口岸作为出入境交通枢纽的功能含义及其作为国门与窗口的精神含义，使得口岸连同其外围城市地块成为一类特殊的城市入口空间（有时甚至能成为重要的城市历史景点），需要运用地段级城市设计的思想方法。具体而言，这方面城市设计需要关注的设计要点有如下几方面：

1）从周边的城市与自然环境条件出发，分析口岸建筑群体与单体设计的先决利弊条件，为具体设计工作的展开提供参考导则；

2）控制、指引口岸外围地块聚集出现的商业、酒店业、房地产业等，使其与口岸协调发展。对于经济要素，既要充分开发利用，又要适当加以控制；

3）在梳理各类交通流的基础上，须尤其关注步行空间体系（步行带、人流集散广场等）的设计，包括路径设计以及沿途配套的服务体系、景观体系、标识体系等方面内容；

4）城市设计中，既要考虑地理气候、城市规模、交通流量、出行习惯等地区性因素，又要结合时代发展适应交通方式、信息交流方式、管理方式、现代生活方式的种种变化。以“地域性、时代性、文化性”为先导，力求更好地完成城市入口空间设计。

6.3.2 口岸管制区内部规划设计

下面以功能最为齐全的客货运综合口岸为代表，概括分析口岸管制区内部规划的设计要点。

1. 规划参数指标的定量策划

通过建筑策划的方法，对各类规划参数指标进行科学量化。具体有：1）各类接驳车场用地规模；2）货检场地的查验通道数；3）各类查验建筑规模及车场用地规模；……。

2. 功能分区设计

口岸管制区内部有旅检区、货检区之分，而旅检区与货检区又各有出、入境区之分。部分大型综合口岸还规划有管理区。在对各功能分区的地块划分中，还需要综合考虑口岸的用地地形条件以及交通衔接条件。

3. 交通流线设计

口岸管制区内部的交通流线设计，必须以“客货分流”、“人车分流”、“出入分流”作为设计准则。对构成口岸通关流的步行客流、巴士车客流、（自驾）小车流、集装箱货柜车流等，须精心设计其接受通关查验程序的往返路径，杜绝出现不同流线之间的交叉干扰。

需要特别强调指出的是，口岸查验管理部门的工作流线也是交通流线设计的内容之一，无论是旅检区还是货检区，都必须设计穿梭于其中的工作部门车道，供口岸工作人员往返岗位以及巡视之用，工作车道不能与通关车流通道共用，但可考虑与消防车道结合。

4. 货检区场地设计

货检区的场地，主要由车辆通道、车场及查验闸口构成。配合货检查验的通关流程，衍生出扣（查）车场、候检缓冲区、空车道、遣返车道等内容（图 6-9）。

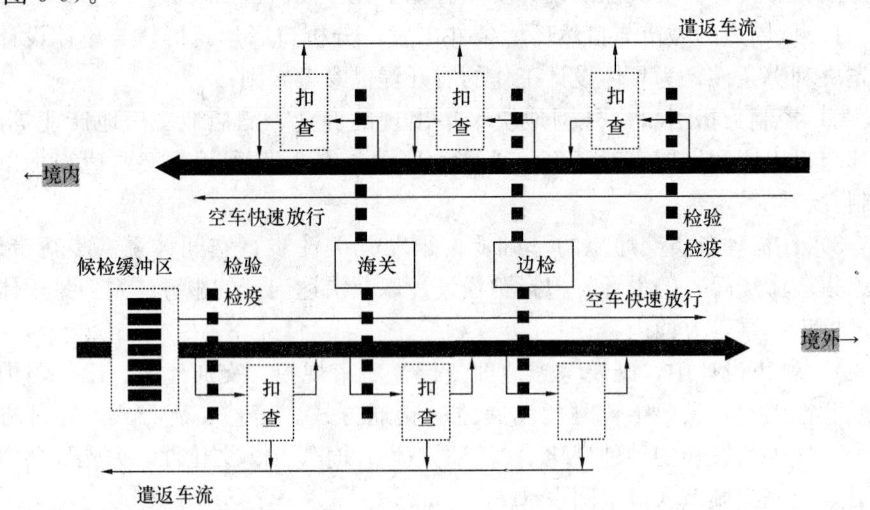

图 6-9　货检区场地功能原理分析图

资料来源：作者自绘

6.3.3　联检楼建筑单体设计

对于珠三角各大陆路口岸而言，针对旅检通关的联检大楼都是其最为显著重要的建筑元素（相对于其他的配套建筑如海关办公楼、报关楼等），这是因为在口岸通关的人流、物流、资金流、信息流之中，人的流动最为重要——人最具能动性，是资金、信息、技术、文化等的载体，是交流与发展的重要动力。以下就是对联检大楼建筑设计要点的整理归纳：

1. 建筑设计参数指标的确定

合理评估口岸旅检通关客流量及其细分的种类和各自所占比例。因为就珠三角陆路口岸而言，不同种类的通关客流接受查验的程序和效率是不同的。比如持回乡证的港澳旅客10s之内可以通关，而内地及其他国家地区的持护照旅客，则需36s方能完成通关；又如自驾两地牌小车的旅客可以人车同时通关，而乘旅游巴士的旅客则须先下车、人车分别查验通关后再返回车上，多出两次交通换乘……

通过定量策划，能够对通关客流进行合理预测与评估，从而在查验通道闸口数量和候检查验大厅面积等方面得出合理的设计参数指标，为设计提供参数依据。

2. 建筑功能布局设计

口岸建筑的平面功能布局上，主要需考虑如下几方面内容：

1）出、入境查验大厅及相关通道。

为了快速安全地疏导频繁密集的通关人流，出、入境查验大厅应尽可能设置在旅检大楼的底层，一般为左右对称布局，若用地紧张也可以上下叠放。出入境查验大厅的平面流线设计必须尽可能导向明确，并与边境线的内外指向大致相若；流线行程应直接顺畅，尽量减少前进途中的变向幅度，不宜迂回曲折，不宜采用弧线、折线等容易影响前进方向感的流线形式。此外，在前进路线上应尽可能减少竖向的升降，即使有竖向分层和高差不可避免，也应该优先采用缓坡道而不是台阶（同理自动坡道优于自动扶梯），这样既有助于密集人流平稳安全通行，又能方便旅客拉杆箱的拖行。

2）各类内部工作用房及相关设备设施用房。

其一为布置在出、入境查验大厅现场的功能用房。具体包括海关、边检部门的隔离查验室、现场监控室、隔离审查室等，此外还有配套的医务室、保安室等。设计注意既要做到有效布控，方便口岸工作人员监测病毒携带者以及拦截走私、贩毒等不法通关者，同时又尽可能减少对主导交通流向畅通性的影响。

其二为与出入境查验大厅隔离而设的功能用房。具体包括各部门工作人员的更衣室、宿舍、食堂、休息活动室、停车库以及设备机房等。这部分功能用房可以脱离联检楼独立建设，也可结合与联检楼中。

3）配套的商业、服务用房。

配套的商业、服务用房则主要包括免税店、兑币店、公共洗手间等。都是旨在为通关人流提供更多便利。公共洗手间的布置有必要特别强调——由于高峰时段口岸通关候检时间会比较长，旅客在出、入境查验大厅的通关前后都有可能有上洗手间的需求，因此在联检楼的公共大厅部分至少需配备四处洗手间（图6-10）。

3. 建筑内部空间设计

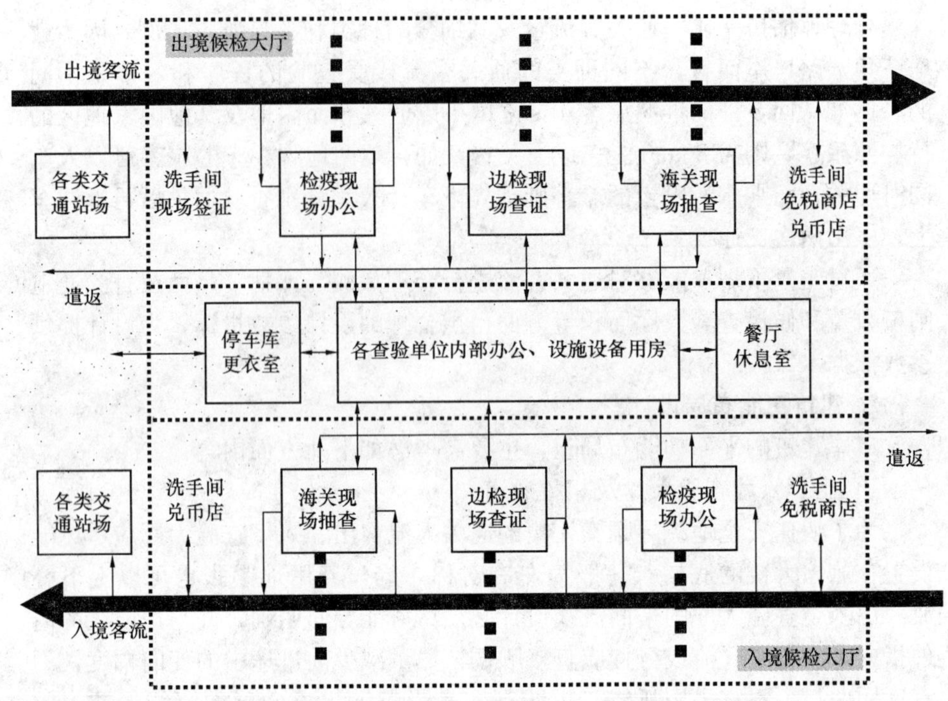

图 6-10　联检楼建筑功能原理分析图

资料来源：作者自绘

前文总结了不同时期联检楼的建筑空间特点，指出了联检楼查验大厅内部空间向开敞高拔转变、呈现由抑（戒、防）到扬（开、明）的发展趋势。笔者认为对于珠三角陆路口岸而言，这既是必然的发展趋势，又应当作为口岸内部空间设计的要点。原因包括：1）在日趋紧密的合作融合之下，粤港澳之间的人员往来需求更趋频繁、寻常，在意识上需要变“行政管制”为“行政服务”。因此内部空间更需要关注通关者的使用感受。2）建造技术和建设资金实力提高的支持。3）开敞高拔的大厅空间，视线开敞通透，有利于明确的指向，方便密集人流的快进快出。4）开敞高拔的大厅空间，有利于空气流通，可以更好适应珠三角地区潮湿炎热的气候。

另外关于联检楼内部空间的设计还有三处细节需要补充：

其一是标识指引系统，笔者认为应该将联检大厅内部的各种指示标识统一设计，既整齐统一又区分明确，还有助于室内空间效果；

其二是室内装修，务必同步考虑各类监控设备及专业仪器的摆放形式以及相关强弱电管线的布置要求。

其三是建材设备选择细节，由于口岸作为大型人流集散空间的使用性质，日常运转中对建材及设备损耗极大，如：侧墙、地面、扶梯、电梯、卫生盥洗设备等。因此，在这一类材料及设备的选型上，当力求节省投资的科学性与客观性，争取保证各种材料及设备的合理寿命。

4. 建筑外观造型设计

珠三角这些陆路口岸的联检楼，是祖国大陆的门户，是归国华侨、出境回国人员及海外人士进入大陆的第一空间，在空间地图与心理地图上都有着非比寻常的坐标意义。其外在形体的立面造型与内部空间的风格取向，都关乎国体，因此无论采取何种风格思路，都必须对这一点予以恰当、合适地把握。

前文总结对比了不同时期联检楼的建筑外观造型，指出兴盛时期的口岸建筑造型与之前时期相比，已不再拘泥于中国传统形式，体现出更为放开的趋势。这其实也反映了近年我国的建筑风潮——口岸建筑既是城市、地区、国家的门户，又是服务大众的交通集散枢纽，其作用与意义越来越凸显，也越来越引起领导与民众更多的关注，得到了政府与口岸建设部门更高的重视，吸引了建筑设计工作者们更大的探索兴趣。新口岸建筑的涌现适逢全球化背景下的经济与城市建设飞速发展时期，在其方案招标阶段还引入了国际竞标形式，一批建筑佳作正是在这样的激烈竞争之下涌现（图 6-11）。

图 6-11　深圳湾口岸、福田口岸联检楼方案设计效果图

资料来源：深圳市院、北京市院深圳分院提供

最新建成的联检楼，纷纷摒弃了“关楼式”的传统思维定势，向交通站场的建筑造型语言体系靠拢——这更真实地反映了口岸建筑作为交通枢纽的功能本质。但是在告别了之前的模式之后，我们还应注意避免进入另一种模式化、符号化的趋同。近年我国一些交通枢纽建筑忽视地域、忽视文化的趋势已经开始受到学界的置疑。

“在这种貌似与时代同步的象征性背后，城市入口空间的地区特色正在迷失，它们已经无法担当城市标志物的重任，而幻化成全球化城市网络中的一个节点”。❶ 展望今后的口岸建筑设计，笔者认为在与时俱进的同时，重新发掘地域、文化和历史涵义应成为值得倡导的方向。关于这种方向的建筑指导思想，我们可以从何镜堂院士提出的“两观、三性”创作观念中得到指导——“两观”即“整体观、可持续发展观”，“三性”即时代性、地域性、

❶ 陈剑宇.《城市入口空间形态的地域主义解读》.《城市建筑》.2007.7.p31。

文化性，是为提倡采用一种整体综合的观念看待地方建筑设计。

6.4 口岸建筑发展前景展望及针对建议

6.4.1 珠三角陆路口岸建筑发展前景

长期以来，我国口岸事业的发展主要集中于几个沿海发达地区，呈不平衡态势。沿海重点口岸的通关压力越来越大，进出口货运量、出入境人员数量前 10 位的口岸货物和人员的通行量分别占到全国的 60%和 98%，[1] 珠江三角洲更是因为香港、澳门的因素成为口岸发展最迅速、最密集的地区。在与时俱进需求促使下，珠三角的口岸建设事业会有广阔的发展前景与空间。下面对一些酝酿之中的陆路口岸工程概况加以介绍，并结合笔者的思考提出针对性建议。

一、穗港直通口岸的展望

从 1911 年至今，广九直通车已经走过了将近一个世纪的岁月里程。穗港直通口岸也即将迎来一个全新的发展时期。

目前，针对广州东铁路客站面临的交通流线交叉混杂、步行系统不完善等问题，正在酝酿新一轮的调整与改造，其方案设计正在进行之中。

而位于番禺（钟村）石壁，目前在建的广州铁路新客站[2]将成为珠三角城际快速轨道交通网络的中心，并将成为中国未来四个铁路主枢纽之一。[3] 以之为中心向东南延伸即广深港新客运专线，向西南延伸即广珠城际轻轨线。其中的广深港新客运专线，将成为继广九铁路之后的又一条穗港直通干线——从广州铁路新客站出发，经东莞到达深圳龙华新客运站，[4] 然后由皇岗进入香港，穿越新界、抵达九龙。

广深港新客运专线的建设将开辟穗港直通口岸的新局面。作为新穗港直通干线上的枢纽，在广州铁路新客站与深圳龙华新客运站都将配套建设“穗—港”、“深—港”内陆直通式轨道交通口岸。这两项交通干线枢纽工程中，

---

[1] 盘美昌.《口岸发展的新趋势、新问题与新举措》. 2006。

[2] 广州（石壁）铁路新客运站：于 2003 年确定立项，是铁道部 2020 年计划中的全国四大客运中心之一。新客运站建成后，将主要承担武广客运专线、广珠城际铁路及广深城际铁路始发终到旅客列车作业。在广东省《珠江三角洲城际快速轨道交通线网规划》中，该客运站将成为珠三角轨道交通网络的中心，其定位为现代化综合交通主枢纽，实现铁路干线客运专线、城际轨道、地下铁路、公路等交通方式紧密衔接，实现零距离或短距离换乘。新火车站的建立还将是广州实现城市南移最重要的砝码。

[3] 《41 亿建亚洲最大的广州新火车站选址在番禺石壁》.《信息时报》. 2003. 11. 12。

[4] 深圳龙华新铁路客运站：深圳新客站是“北京－武汉－广州－深圳－香港客运专线”及“杭州－宁波－福州－深圳客运专线（远期预留至茂名）”两条国家铁路的交汇点。是全国重要的区域性铁路客运枢纽、具有口岸功能的特大型铁路车站和深圳市最重要的陆上交通门户。将大大加强深圳对外铁路客运交通能力和对外的辐射力。

区分出入境口岸的功能流线与一般国内旅运功能流线，将是需要认真分析与解决的问题。此前广九直通车口岸的先行经验可以为之提供借鉴（图 6-12）。

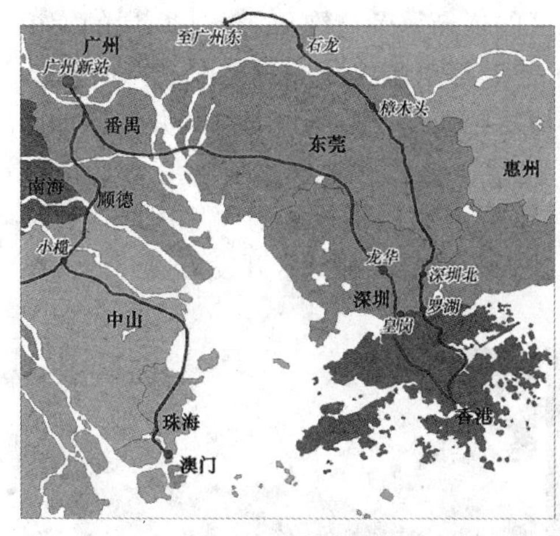

（右为广九线，左中为广深港、广珠线）

图 6-12　广州新客运站及其相关线路图

资料来源：作者自绘，《南方日报》2005

二、深港口岸的展望及建议

1. 展望对象之一：深圳罗湖口岸

目前罗湖口岸及火车站地区的地段改造业已完成，在改善环境、疏导各类交通流和提高效率上取得了显著的成效。经历 20 多年的繁重负荷，罗湖口岸联检楼内部功能已是面目全非，一直没变的建筑外观则显得简陋残破。为了进一步提升口岸形象，目前已在动议要对这栋建筑进行立面改造。

针对建议：罗湖口岸见证了深圳经济特区的改革风云，见证了罗湖商业中心区从起步到繁荣。以其承载的诸多历史记忆而入选了“深圳改革开放十大历史建筑”，成为城区、乃至城市中的地标建筑，是人们心理地图当中的一个显著坐标。笔者的观点是应当把罗湖口岸联检楼的立面改造作为一个重要的设计命题来对待，慎重地斟酌与商榷。切不可通过所谓“穿衣戴帽”来简单翻新，亦不可彻底改头换面而导致其地标记忆的割断。具体来说，笔者认为有几方面原则须在设计中贯彻：1）在大的形式风格与色调上必须延续原联检楼的“中式”设计意图；2）要让“中式”的建筑风格在更先进的建造技术支持下得到更纯粹、更富新意的发挥；3）应当紧扣其作为“一国两制”下的“门户”及“纽带”涵义，并结合珠江三角洲所属的岭南地域文化特点，在时代性与地域性之间寻求改造设计的合适切入点；4）还应当就此机会对“外挂”在联检楼上的简陋步行交通廊道一起整改，并将其形式纳入到联检楼立面设计考虑之中。

2. 展望对象之二：深圳皇岗口岸

皇岗口岸的旅检区正在进行全盘改造，联检大楼将从“管进管出”改造为只负责“入境”，其改造计划中也包含了立面改造，这与罗湖口岸情况有些类似。此外随着皇岗口岸所处福田区的逐渐繁荣与饱和，出入口岸的货柜车流引发的影响城市交通与环境的问题也越来越突出（图 6-13）。对于此，目前已有人提出可以将皇岗口岸的过境货柜车的货检场地北移，并在深圳市北郊外围兴建具有接驳、装卸、加工包装、修理和轮候出境等综合功能的“物流中心”，再通过专用道路出入境。❶ 现有皇岗货检区的大片用地在置换之后的开发建设能释放更高的土地效益，还能与河套地区开发形成一河两岸对景。

图 6-13　出入皇岗口岸的货柜车流在福田区的城市道路上行驶

资料来源：作者现场拍摄。

针对建议：将皇岗口岸货检区北移的设想有着显而易见的好处，但是笔者对其可行性持保留态度。事实上造成过境交通影响城市环境交通问题的根源乃是深圳特区紧贴深港边界“一线”的城市选址。由于内陆公路交通“管道化”的难以控制，要将公路口岸调整为“内陆直通式”，远没有铁路口岸那么简单。所以，当繁华城区和口岸都集中于深港边界的边缘，相互间的干扰影响也就在所难免了。同样的道理也适用于西部通道，作为最超前、最先进的深港公路口岸，深圳湾口岸的货检场地仍然是与旅检区一起位于临近海湾的边缘，今后当南山区的城市建设成熟与饱和后，口岸的过境交通影响城市问题可能会越发凸现。同理，西部通道为深圳侧接线地下隧道工程耗费了巨资，其实正是出于这种远景考虑。

3. 展望对象之三：落马洲河套地区的配套口岸

近年，皇岗口岸东南侧 96ha 的河套地区开发也已经被提上日程。目前已提出跨境工业区、金融发展区、文化产业园区、商住旅游区、自由贸易区、会展中心区、大学城区等方案和建议。不管最终采纳哪一种方案，关键

---

❶ 盘美昌 .《塑造深圳口岸形象面临的问题与对策》.《特区理论与实践》. 1999. 9. p29。

在于能否在河套地区实现人员、资金、货物的自由流运问题。这更是一个涉及香港和内地的法律问题，有待中央在政策等层面予以支持。如果获中央批准，并获全国人大通过对深圳河套地区实行“联合管辖、共同开发”的立法，必将为深港经济合作和深港边界地区开发注入新的活力，打造深港两地新的增长极。届时，河套地区、皇岗口岸区、福田开发区地块将共同构成深港边境合作的繁荣地带。

针对建议：按计划，河套地区将成为深港往来合作的新突破口，大陆人由深圳出入、香港人由新界出入都不需要签证。[1] 这对于深港口岸格局而言意味着增加了一个过渡连接地带，必然会带来一些相应的变化。笔者的建议是可直接在河套靠近深圳一侧和靠近香港一侧各设一个特殊的小型口岸，分别行使“管出不管进”的职能（图 6-14）。至于穿越河套地区的跨境交通流主要通过旁边的皇岗及福田口岸，在河套地区开发中则不予考虑。

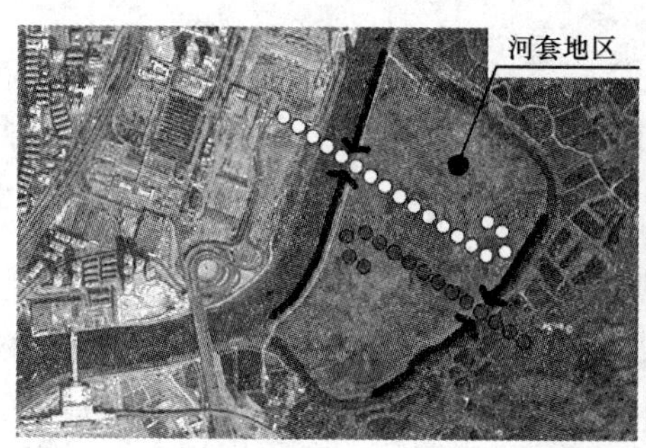

图 6-14　皇岗河套地区现状总图、照片及开发后的口岸设置分析

资料来源：结合 googleearth 图片改绘，http：//news. sznews. com/content/2008-04/07/content _ 1957191. htm

4. 展望对象之四：深圳福田口岸

由于最初的可行性研究过于理想化的考虑，福田口岸基本仅以地铁作为集散交通方式，导致其建成之后分担皇岗口岸客流的效果不够理想。目前正在研讨如何在福田口岸与皇岗口岸旅检区之间建立起便捷的交通联系，实现两者之间的旅客联运，大大增强疏运应变能力。

针对建议：目前已有两个解决设想，一是考虑将地铁四号线向皇岗口岸方向再延伸加建一站；二是结合车港城改造工程，辟出一条穿越众楼盘的步行联系通道（地下通道或高架人行廊道）。笔者认为首选应当是通过建设地下通道将两者联系，具体的路线方案如图 6-15 所示，其步行距离分别约为

---

[1] 参见 http：//news. sznews. com/content/2008-04/07/content _ 1957191. htm，《河套，深港合作新的突破口》. 深圳新闻网 . 2008. 4. 7。

400m 和 600m，由福田口岸分别通往皇岗口岸的旅检出境和旅检入境部分。

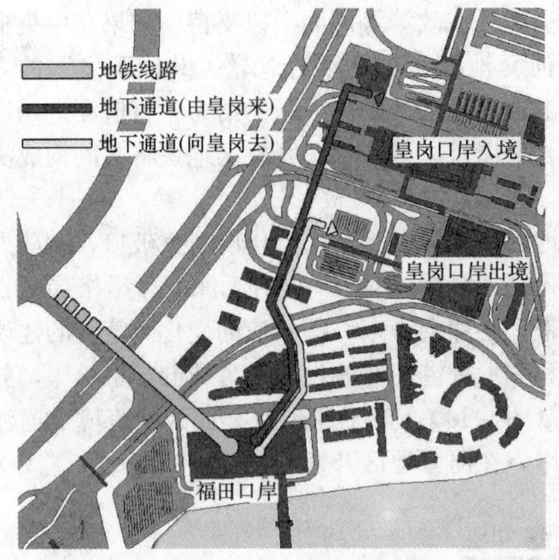

通过建设地下通道实现联系，由福田口岸分别通往皇岗口岸的旅检出境和旅检入境部分，其步行距离分别约为 400m 和 600m。

图 6-15　福田与皇岗口岸地下联系通道示意图
资料来源：作者自绘

展望对象之五：文锦渡口岸与莲塘口岸。

文锦渡口岸位于深港边界东部，曾经是深港之间惟一的公路口岸，在皇岗口岸和西部通道出现之后，文锦渡口岸已经下降到"东进东出"子战略格局层面，受限于沿河路与深圳河之间的狭窄用地，正面临着改造转型。目前已经明确将文锦渡口岸改造为以客运为主的口岸，其原有大部分货运功能将转移至附近的莲塘货物起运点，并在此新建莲塘货运口岸。目前两处口岸工程的前期可行性研究报告都已完成，新文锦渡口岸的建筑及场地的方案设计也正在进行之中（图 6-16）。

图 6-16　文锦渡口岸现状总图与改造设计模型照片
资料来源：googleearth，深圳市口岸办公室提供

三、“深港同城化”议题下的深港口岸前景分析

深港口岸发展如此引人关注，充分说明深港之间联系的作用与重要性。尤其对于深圳而言，正是依托着靠近香港的通道地位优势，在经济建设与城市建设上都取得了巨大的成就。自改革开放设市至今，深圳与香港之间经济落差在一步步缩小。[1] 甚至，在香港方面都已形成一定的触动与压力，开始意识到自己“原先作为一个主中心的支配地位已经受到挑战，并且由于中国内地的繁荣而褪色”，“必须以极为有限的时间来适应新的地缘格局。”[2]

在改革开放以来的30年间，深港关系先后经历了“取代式”、“融合式”、“后院式”、“互补式”的演变历程。当前以深圳和香港为核心的“深港都市圈”已经成为珠三角城市群“三核”之中的重要一极。在这种背景下，关于“深港同城化”的“一都两区、双子城”等模式的讨论再度成为热点话题。[3]

事实上，“同城化”在国际上并不乏先例。比如匈牙利的首都布达佩斯，就是由布达和佩斯两座城市渐渐发展连为一体的。“在一定意义上，深港一体化就是国际化。”[4] 近年来，深港之间的协同合作确实在各个领域逐渐加强。基础设施方面，香港资本已经接手了深圳的公交、水务、燃气和部分地铁线路，甚至港口机场也很大部分依靠港资。深港两地还在产业上有所分工，比如香港以服务业为主，深圳以制造业和为制造业直接服务的第三产业为主；香港的集装箱物流主攻高端客户，深圳则主攻中低端客户。深港之间垂直分工的经济合作、港资的投向和转移、共同的基础设施建设以及深港在（港口）岸线利用、环境保护及水资源利用等方面的共同利益，使得深圳与香港在空间上初步形成了“双城结构”。[5] 近两年，深圳地铁与香港轻铁联通，两地的公交收费联网也在讨论之中，2008年推出了“深港飞”业务——以跨境巴士连接深港两地机场，同年开始针对深圳牌照车辆试行限量开通两地牌业务，2009年又针对深圳居民推出不限次数的签证业务，……。点点滴滴，似乎预示着两地的生活同城化趋势。

---

[1] 参见：金心异.《深港一体化如何推进?》.《十字路口的深圳》.2004.p27。文中做出这样的对比：1979年深圳设市时，全市的经济总量只有1.96亿元人民币，而香港是1117.54亿港元，香港是深圳的500倍，两者对比，简直可以用“微不足道”来形容深圳；到1989年深圳的GDP达到了115.66亿元，而香港则是5238.6亿港元，30倍，差距有所缩小，但是在香港面前深圳仍然那么渺小；1999年深圳达到了1650亿元，而香港同时期为13000多亿港元，深圳居然已经成长到了香港的1/8左右，虽然仍然无法与香港相提并论，但是这种速度还是足以令香港人震惊。2003年深圳的GDP达到了2850亿，已接近香港的1/4，而且近年深圳经济总量仍然在以一成半到两成左右的速度成长。

[2] 古儒朗，林海华，廖维武.《“香港制造”不再，“中国制造”长存——我们可能未来的构想》.《世界建筑》.2007.10.p129。

[3] 其实“深港同城化”议题的出现已有时日，不过此前的积极与热情一直只是来自深圳方面。

[4] 语出国务院发展研究中心名誉主任、深圳脑库CDI的创建者马洪。

[5] 张勇强.《城市空间发展自组织研究——深圳为例》.东南大学博士论文.2003.p81。

但是，关于“深港同城化”，却存在很多疑问，首当其冲的问题就是“同城化”与深港“一线”之间的矛盾。笔者认为“一线”沿途深港口岸在较长时期内仍将继续发挥作用，理由正是来自政治、经济、行为等社会空间要素：

1）在深圳的特区与非特区之间有“二线”隔离，而在香港与深圳之间则由（具有省界与国界双重性质的）“一线”隔离并设关。“二线”的产生动机是改革之初的“实验”考虑，“一线”的设置则是稳定与长治久安的需要。而深港同城化的真正实现，必须以这两条隔离界线的淡出为前提。随着改革开放进程的全面推进，如今的二线隔离带，已逐渐完成其“实验”使命。可是关于“二线”的撤关问题，却成为事关深圳角色转化过程的持续争议话题。❶ 取消作用早已淡化的二线尚且在争论之中，就更何况深港之间的一线了。在“一国两制”政策背景下，香港作为特别行政区将保持原有的资本主义制度和生活方式50年不变，这在政治前提上决定了深港口岸的继续存在在相当一段时期内不可能被动摇。

2）虽然在CEPA实施以后，就发展趋势而言，香港与大陆之间的人流、物流、资金流、信息流的流通会越来越顺畅，但是香港作为独立的关税区，拥有独立的财政体系和货币金融制度，而且不需要向中央上缴税收。深圳却是完全不同的，这样两城市的经济一体化是无法真正实现的。

3）生活一体化方面，香港人可以自由来往深圳，❷ 深圳人却不能自由往来香港。深港旅检口岸中，针对大陆和港澳台通行者分设有不同的旅检通道闸口，虽然大陆游客的港澳自由行已开通，却仍实行有期限的签证政策。如果放开政策允许大陆人自由来往香港，那么香港有限的空间和高度发展的平衡稳定现状将如何面对这样的冲击？如果只是让深圳户口居民享受自由出入香港的特权，那么毫无疑问会使深圳户口和身份证的含金量激增，其结果恐怕就会是二线和特区边防证制度的“复出”，甚至会导致相关腐败的出现。在其他“软件”方面，香港的报纸、电视、媒体不可能自由进入深圳，两地的医疗、社保体系也不可能接轨……。在这些前提下，必须承认生活一体化只能是空谈。

4）深圳与香港在面对整个中国大陆的开放程度也是不同的。珠江三角

---

❶ 从城市发展来看，撤关无疑可以解决深圳城市发展的瓶颈问题。“关内关外两重天”，总面积2000多平方公里的深圳，充分城市化仍然集中于300多平方公里的关内。地方政府觉得关内的城市开发已没有潜力，必须向关外扩展，市民则觉得二线对关内外的交通与沟通造成了许多不便和成本抬高。然而撤关却是一个政治课题，其决定权不在地方而是在中央和军方。二线关的存废事实上意味着特区的存废，拆除铁丝网很简单，但是要不要最终取消特区呢？（注：改革之后很长一段时期内中国在全国范围实行33%的税率，而对经济特区实行15%的优惠政策。）

❷ 香港居民持持返乡证可随时免签进入大陆。至2007年6月，国际上给予香港特别行政区护照持有人免签证待遇的国家和地区数目已达134个，持香港护照在一定程度上意味着能够享受国际公民的出入境便利。

洲地区的高度城市化与广东省其他地区、华中南和西南等省区形成强烈的反差，那些地区庞大的农村剩余劳动力很自然要流向深圳、广州等珠三角城市。这些城市的竞争力在很大程度上也依靠这样一个规模庞大的迁移人口，他们或者作为剩余的劳动大军来压抑就业人口的工资水平，从而维持较低的劳动成本，或者作为“有效需求”的居民形成对深圳各种产业（生活性服务业、房地产业、市内交通业甚至旅游业）的需求拉动。相对于深圳等珠三角城市的开放动态，香港则表现为高度成熟发展的稳定静态。而事实上除了一国两制下的港澳特别行政区，我国国内任何一个城市或行政区都不可能使用政府强制的手段，如在劳动力市场上打击“非法”劳工、在边境上防范“非法”移民，来控制迁移人口的数量和质量，以维护本地居民的就业岗位和社会福利水平。[1] 深港的这种开放程度的不同决定了它们之间要真正实现互相开放还需时日。

综上所述，实现“深港同城化”尚为一个理想，只能是一个渐进的过程。深港之间的隔离界线和口岸疏通管制还将保持相当长的时间，未来深港口岸作为大型跨境基础设施，将对深圳、香港以及整个珠三角的稳定繁荣起到持续的积极作用。

四、珠澳口岸的展望及建议

如前文5.2.3部分介绍，不同于深圳模式（指每个时期的城市生长发展都与深港口岸紧密关联），珠海长期致力于“西区开发”战略，既导致耗费巨资建设的西部港口、机场等大型基础设施的投资效益低下，又导致湾仔、横琴地区的城市化长期滞后。城市功能难以实现合理布局，城市运转压力无法合理分流。意识到了这一问题，并且在昌盛大桥与横琴大桥建成的硬件支持下，珠海近年提出了建设“环澳门城市带”的目标与设想，终于将珠澳沿线“拱北－湾仔－横琴”口岸的联动建设纳入到城市发展的决策之中，具体表现就是对口岸建设资金投入的加大。当前拱北口岸的改扩建工程已经开始，并预计于2009年澳门回归十周年庆典之时完成。横琴口岸的改扩建方案设计也正在进行之中。

笔者认为，拱北与横琴口岸改扩建工程的方案设计，应该更多地考虑与目前在建的“广珠城际轻轨”项目的配合。广珠城际轻轨进入珠海后正是以拱北、横琴口岸为其终点站，将能改善两口岸的协同运营和集疏运通达效果，成为拉动“环澳门城市带”建设的一个新契机，甚至能促成“珠澳都市圈”的进一步完善成型。但是目前为止，拱北、横琴两口岸的改扩建方案都是在广珠城际轻轨终点站的具体方案尚未落实的情况下完成的。如何完成轻

---

[1] 参见社论：《深港一体化应从珠三角着眼》.《南方都市报》.2007.7.28 。该社论中指出“香港不同于深圳，缺乏一个不断循环的人口生态体系”。

轨站与联检楼的步行交通连接？路线怎么组织？形式怎么处理？如何估量轻轨站将给联检楼通关流量带来的影响？……如果在不能确切解答这些问题的情况下匆匆进行改扩建，显然在方法程序上是不科学的，可能会导致今后面临反复整改。

五、港珠澳大桥配套口岸建设的展望及建议

珠海与深圳口岸发展差距之根源，在于澳门的经济与口岸地位不及香港。而意在与香港产生陆路联系的港珠澳大桥计划将给珠海乃至整个珠澳都市圈发展带来机遇，同时将催生“珠一港”这一新口岸类型，使珠海的口岸格局产生重大变化。

当前“港珠澳大桥”计划再度被热议，据报道称 2010 年前将会动工。[1]数十公里长，横跨珠江入海口的港珠澳大桥建设将使珠海在珠三角城市群中的交通地位从末梢变为枢纽，有助于珠海突破其一直以来的发展困境。港珠澳大桥更重要的意义在于它能够在珠三角城市群的“三极”之间形成由“C”变“O”形的环形交通走廊。香港方面对此也持积极态度，因为大桥能使其陆路交通与京珠高速公路和沿海高速公路相接，从而大大缩短与武汉和广西等腹地的经济距离。香港物流服务若能全面覆盖珠三角西部，海、空港口岸将分别增加 30%和 35%的额外货源。[2]

但是，“港珠澳大桥”计划讨论了 20 多年，前后经历了十几轮方案，各方意见争执不下。在此期间，长三角的杭州湾大桥[3]已于 2008 年建成通车，两者效率形成鲜明对比。

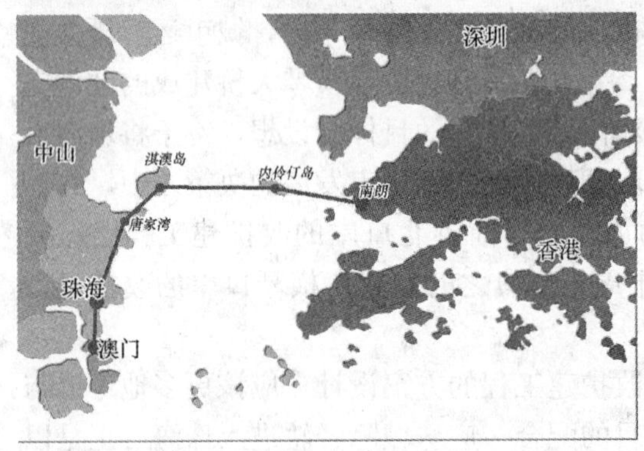

伶仃洋大桥的路线是从香港南朗出发，途经内伶仃岛和淇澳岛，由唐家湾登陆珠海。这是连接珠三角东西岸线最捷近的路线，而且途经两处岛屿，便于施工，比较靠内的位置对珠江口航道的影响也较小。

图 6-17　伶仃洋大桥方案路线图

关于港珠澳大桥的讨论最早可追溯到 20 世纪 80 年代珠海方面提出的伶仃洋

---

[1] 陈良军．《预计港珠澳大桥今年 12 月动工》．《南方都市报》．2009. 2. 14。

[2] 金心异等．《港珠澳大桥单双 Y 之争与深圳战略利益》．《十字路口的深圳》．2004. p168。

[3] 杭州湾跨海大桥连接杭州湾南岸的宁波慈溪和北岸的嘉兴平湖，使宁波到上海的路程缩短 120km。大桥全长 36km，投资 118 亿元。

大桥方案——用跨海公路桥连接珠海与香港的设想（图 6-17）。但这一方案因为澳门方面的反对而被否决——因为按照这个方案的话从香港到澳门就必须经过珠海，这意味着沿途要经过“香港－珠海”和“珠海－澳门”两处口岸的四道查验。

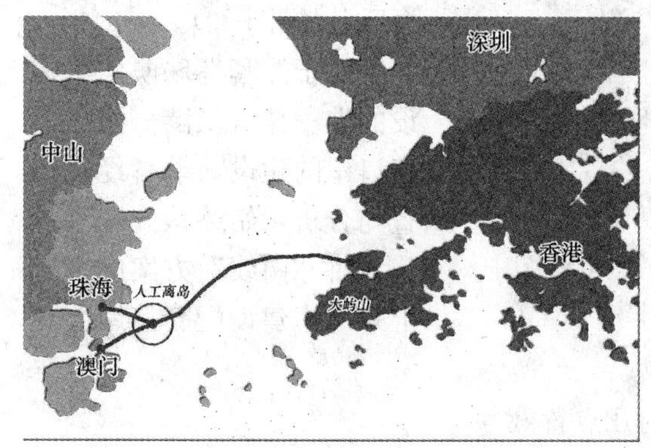

在胡应湘提出的“Y”形方案中，大桥从香港大屿山西侧大澳出发，跨越珠江主航道及内伶仃洋后，经人工填海区分两路，分别抵珠海和澳门，全长 30km，行车时间不超过半小时。

图 6-18　港珠澳大桥“中线”方案路线图

在港珠澳大桥的诸多讨论设想中，比较广为人知的是胡应湘于 2001 年 5 月提出的粤港澳大桥“Y”形方案（图 6-18）。目前经各方协调已经基本确定采用的“中线方案”就是在其基础上发展而来的，在此方案中，港珠澳大桥的走向将从香港大屿山出发，至拱北附近登陆珠海和澳门。而在港珠澳大桥登陆珠海和澳门之前就必然经过配套建设的通关查验口岸，其具体的设计与构想如下：

1）首先大致明确的一点是将在拱北口岸的东侧海域填筑人工离岛，❶“香港－珠海”、“香港－澳门”口岸都集中在这个离岛上建设，一南一北分为两区。

2）港珠澳大桥自香港大屿山一路向西而来，在接近人工离岛时，分叉为“Y”形，分别衔接离岛的南北两区，❷ 通过口岸之后，公路桥便分别通向珠海和澳门境内。而关于香港方面的口岸，是否和深圳的西部通道一样，以“一地两检”的形式集成到离岛之中来，目前还在可研论证之中。果真如此的话，将首创“一地三检”的口岸通关查验模式。

3）离岛南北两区的口岸，都是兼有人流和物流的综合性口岸。口岸的场地规模、建筑规模、通关规模，将结合港珠澳大桥的通行能力和口岸双方之间往来的需求进行总体考虑和科学论证。同时还将针对旅检和货检的场地规划要求、

---

❶ 珠江口西岸线的浅海条件，为这项大型填海工程提供了可能性。

❷ 由于“香港－珠海”的通关需求量将会更大，因此，“港－珠”口岸将比“港－澳”口岸占据更多的用地（超过 2/3）。

图 6-19 港珠澳大桥配套口岸方案策划总图
资料来源：珠海市口岸局提供

建筑设计要求以及通关的流线流程分别进行详细的设计。数量、规模巨大的口岸工程项目将会出现在这片人工填海区上（图 6-19）。

对于配套港珠澳大桥建设的港－珠（及港－澳）公路口岸的建设，笔者经过调查与分析，始终认为在港珠澳大桥“南线”方案的基础上来考虑建设配套口岸会更合理。其原因如下：

1. 对港珠澳大桥中线方案的几点置疑

1）由于珠、澳双方靠近拱北口岸的区域都是高度发展的密集城区，没有能够容纳新口岸的土地与空间。因此需要通过人工填海得出一个离岛来建设口岸。且不谈巨大的工程耗资，我们确实需要慎重考虑这种做法对珠江口西岸线的地表水流、海洋生态、航道条件将会造成的巨大影响，以及这种影响将带来的相关后果。

2）可以预见在珠海与澳门之间，极有可能会为人工填海区的具体位置发生分歧。无论是珠海情侣路还是澳门友谊大桥，都是两个城市引以为豪的城市风光亮点。这个亮点离不开东侧一望无际海面的宽阔视野。在拱北东侧，填筑一个人工离岛，并在其之上建设繁忙喧嚣的通关口岸，不能不考虑其对自然景观造成的影响。

3）无论珠海拱北香洲还是澳门半岛，都是高度发展、几近饱和的老城区，交通负荷已经不轻。港珠澳大桥带来的巨大跨境交通流，将会加大集疏运压力，对珠海及澳门相应区域带来一系列的城市交通与环境难题。

2. 对港珠澳大桥南线方案的优点概括

至今仍有不少业内人士坚持认为港珠澳大桥的走向应该采用“南线”方案——即大桥从香港大屿山出发，途经桂山群岛，分别至澳门路凼岛和珠海横琴岛登陆❶（图 6-20）。

1）珠澳大桥的最大动机在于建立起香港与西岸线珠澳都市圈的快捷公路联系，形成对珠海和澳门的辐射拉动作用。珠海和澳门最希望发展，同时也最具有发展空间潜力的就是横琴新区和澳凼新城。因此港珠澳大桥的“南线”方案对于珠海和澳门而言，既有利于城市新区的发展，又能缓解中心城

---

❶ 参见：黄冶白.《关于“十一五”期间，珠海建设高品位城市的若干思考》.2006。

区的交通负荷，从而克服与避免“马太效应”造成不均衡问题的继续扩大。❶

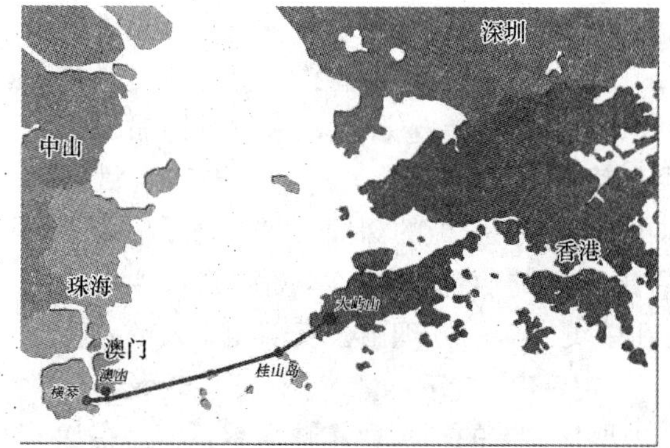

港珠澳大桥“南线”方案从香港大屿山出发，途经桂山岛，至澳门路凼岛和珠海横琴岛登陆。

图 6-20　港珠澳大桥“南线”方案路线图

资料来源：作者绘制

2）横琴新区和澳凼新城都有充足的土地储备，在大桥登陆前的终端建设配套口岸的用地问题比较容易得到解决，不需要填筑人工离岛。这样既能节省建设资金与时间，又大大减少对环境的负面影响。

3）港珠澳大桥“南线”方案的路程更短，而且途经桂山岛、三角岛，有利于施工，也有利于开发建设大桥的配套中途服务区。

因为珠海湾仔、横琴地区的城市化长期滞后，而且横琴距离珠海市区过于偏远，导致香港方面认为“南线方案”会增加通行成本、影响大桥的投资回报，最终从决策上弃“南线”方案而取“中线”方案。趁目前港珠澳大桥尚未动工，笔者于此再次呼吁各方决策者对此慎重三思，作出最优选择。

六、另一种可能前景——重归寂静型口岸

事物的发展总是存在多样性与复杂性。在展望珠三角口岸建筑及其地段的诸多发展前景的同时，还应该认识到并非所有的口岸都会朝更新、更大的方向发展，有的口岸会在时光流逝中淡出历史舞台——这其实是另一种不可忽视的可能前景。

目前已有的典型例子就是深圳盐田区的沙头角中英街口岸。

中英街形成于清朝时期，原名“鹭鸪径”，是由梧桐山流向大鹏湾的小河河床淤积而成。1898 年，《拓展香港界址专条》签订后，英国政府将其东翼管辖范围推进到了沙头角，并以中英街为界将沙头角一分为二，东侧为华

❶　马太效应：源于《圣经·新约》的“马太福音”第二十五章：“凡有的，还要加给他叫他多余；没有的，连他所有的也要夺过来。”1968 年，美国科学史研究者罗伯特·莫顿（Robert K. Merton）提出这个术语用以概括一种社会心理现象，此术语后为经济学界所借用，即：任何个体、群体或地区，一旦在某一个方面（如金钱、名誉、地位等）获得成功和进步，就会产生一种积累优势，就会有更多的机会取得更大的成功和进步。

界沙头角，西侧为英（港）界沙头角，故名“中英街”。

改革开放、深圳成立经济特区后，中英街以其一边属于深圳、一边属于香港的特殊历史渊源与景观，成为远近闻名的购物胜地，并因实行免税政策成为“特区中的特区”。20 世纪 80 年代，中英街刮起了席卷全国的“黄金热”，黄金饰品成为中外游客到中英街购物的首选目标，除黄金饰品外，中英街的食品、日常用品等对比沙头镇外，亦显得物美价廉。琳琅满目的商品，吸引了大量游客来此观光购物。虽然在小街的深圳一侧有牌子标明“不准越界”，但是游客仍然可以到香港一侧的店铺购物。大陆游客（沙头角居民除外）要进入中英街，必须先在中英街口岸办理由公安部门签发的“特许通行证”。

随着 1997 年香港回归祖国，内地与香港的经济合作越来越紧密。在加入 WTO 和签署 CEPA 后，大陆地区的开放程度日益提高；港澳自由行的开通使大陆游客去香港旅游购物变得非常方便，失去优势的中英街褪去了往昔的神奇色彩，不再繁华熙攘，转变为一个承载着诸多历史回忆的旅游景点。（图 6-21）就在此地，近年来诞生了两个关系口岸主题的小型建筑佳作。

图 6-21　不再人潮涌动、重归寂静的中英街

资料来源：引自《香港十年》

2001 年，由建筑师杨文焱设计的深圳沙头角中英街口岸联检楼，在中英街东北端出入口处落成。联检楼作为出入这条特殊街区的行政管制门户，是游客们进入中英街之前办理“特许通行证”之处。

联检楼为 3 层框架＋轻钢结构，建筑面积仅为 3000m²。设计综合分析了场地的特点，归纳出两个主要的物理走向：车行道路方向与楼前广场方向。依楼前广场方向设置一巨形雕塑式的立体国旗，作为统摄整个混乱场地各种关系的中心，并象征国门与回归；围绕国旗布置分为两部分的椭圆形联检大厅，象征分离的主题由国旗统一为一体。依车行道路方向设计一撞入椭圆体量的具有西洋建筑意味的方形办公体量，象征外来力量的冲击。同时在楼前广场方向向着国旗设计进关人流的梯形大台阶，梯形的斜边是由中英街方向加入的第三条方向线，与办公体量、联检大厅体量一同围绕国旗象征来自各个方向力量的碰撞、交汇、融合，从而完成中英街特定地点的建筑表达[1]（图 6-22）。

图 6-22 深圳沙头角中英街口岸联检楼实景照片

资料来源：http://www.szjs.com.cn/admin/prof_view_picture.asp?id=8&picid=41

2002 年 3 月 18 日，为了纪念 100 年前晚清政府割让最后一块土地给英国的勘界日，深圳市政府决定将每年的这一天定为中英街警世日，并决定在此立一警世钟亭以示纪念，并以此将中英街这个见证了百年沧桑的历史街区打造为深圳的爱国主义教育基地。建筑师余加接受委托完成了这个小型建筑艺术品的方案设计。

钟亭的方案设计选择了“中国结”这一传统具象概念，并将其转化为抽象的建筑语言。方案采用 500mm 厚的钢筋混凝土体块，沿 1 号租界界碑轴线，两端向中心方向平铺、直立（高 5.5m）、转折交汇于顶部连成一个整体（隐喻“分离—融合”与“一国两制”）。警世钟为传统造型青铜钟，亭子的现代造型和素混凝土表面与其形成一种对比，使得建筑体量产生强大的张力与向心力，混凝土体块的一侧表面采用等宽黑色花岗岩由下至上然后再至下满铺，并以宋体字样浅刻镏金，文案的内容是当年中英双方签定的不平等条约的内容概要和其他相关历史条件之记载，使观众能够很快从这些文字中获取历史信息，花岗岩的分格以铜条嵌缝与文字、图案一起成为建筑中可观赏的细节[2]（图 6-23）。

一个小型建筑，一个建筑小品，在这两个工程中，体现出建筑师对空间形体、材料细部以及施工工艺等所倾注的精心考虑，体现出建筑师对这类特殊主题建筑的全新思考与尝试。同理，若我们将目光放到更远的 40 年后，当“一国两制”完成它 50 年的历史使命，若大陆与港澳之间的行政沟鸿最终被抹去，我们又可以通过怎样的一些建筑行为来记载与纪念当前我们正经历的这段特殊历史？

---

[1] 参见介绍此方案的网页：http://www.szjs.com.cn/admin/prof_view_picture.asp?id=8&picid=41。

[2] 余加.《深圳沙头角中英街警世亭设计》.《世界建筑》.2004.01.p88。

图 6-23　深圳沙头角中英街警世钟亭

资料来源：余加．《深圳沙头角中英街警世亭设计》．《世界建筑》．2004.01.p88

6.4.2　其他地区口岸建筑展望

本文关于珠三角口岸建筑发展及设计的研究，首先对于今后珠三角口岸的新建或改建工程具有现实参考意义价值。并且，由于珠三角的口岸发展对于全国来说具有超前性与试点性，所以本文的研究对于我国其他沿海沿边的开放门户地区来说，也具有一定的借鉴价值：

1. 粤港澳口岸的先行成功经验将会对台海两岸的往来互通进程产生积极作用与影响

港澳回归后，通过“一国两制”口岸与祖国大陆之间建立起稳定秩序与紧密联系。十年来的双赢合作证明了“一国两制”政策的无比正确性。但回顾“一国两制”之初衷，乃是针对台海局势、为实现两岸和平统一而提出。至几十年后的 2008 年 12 月 15 日，海峡两岸之间的海运直航、空运直航、直接通邮终于正式启动，进入“大三通”时代，两岸向着正式结束敌对状态的方向迈出了历史性的一步。❶ 我们可以设想口岸将会在两岸人流、货流、信息流往来中起到的作用，也可以预见在福建东南沿海城市口岸工程建设的出现与兴起。届时，珠三角这些“一国两制”口岸的既有经验必将会起到非常积极的作用。

2. 与港澳之间联系口岸的建设及运行将对我国其他周边地区的口岸发展建设提供参考借鉴

事实上在我国，口岸发展活跃的城市有两类：一类密集于东部、南部沿海区域，这些沿海经济发达城市基本都是口岸城市，比如长江三角洲的上

❶ 参见：《大三通构筑两岸新关系》．《21 世纪经济报道》．2008.12.16。

海、宁波和珠江三角洲的广州、深圳、珠海；另一类分布于东北及西南与周边邻国接壤处，是边境贸易活跃的口岸城市，比如东北的绥芬河、满洲里，西南广西的东兴、凭祥，以及西北新疆的喀什等（图 6-24）。这些城市的口岸通关行为频繁活跃、城市的结构与形态受其影响深，同时外向型经济或通道型经济在其经济总量中占有较大比重。尤其在后一类城市，边贸业或旅游业已经成为其经济支柱，作为出境通道的陆路口岸工程发展建设也同样非常值得关注。珠三角口岸建设先行经验将为研究这些口岸提供参考和借鉴。

内蒙古满洲里口岸（中俄边境）

吉林图们口岸（中朝边境）

黑龙江绥芬河口岸（中俄边境）

图 6-24　我国其他沿边口岸举例组照

资料来源：引自《中国口岸概览》

6.4.3　口岸建筑设计实践案例分析

笔者确定本论文的选题起源于友谊关口岸工程的设计实践。在论文筹备与写作期间，这项工程实践也得以付诸实施。理论与实践的结合，既助推了笔者的研究工作，又佐证了论文的研究意义。下面就分几点概括介绍这个项目。

一、项目背景

笔者参与的这项工程为地处中国与越南边境的友谊关口岸。该口岸位于我国西南边陲的一个小城——凭祥市，在这座小城的南郊，坐落着天下九大名关之一——友谊关。友谊关是广西最著名的历史文物景点之一，其知名度甚至远远超过了凭祥这个城市。“友谊关口岸”，正是因天下名关景点而得名。

作为中越边境的南疆国门，这里曾经几度弥漫炮火硝烟，如今却成为著名的历史景区和人车川流的国家一类口岸。近 10 余年来，中越两国的睦邻友好关系的恢复使得两国之间的联系与合作日益频繁，在高速发展的经济和日渐兴旺的边贸业、旅游业的带动下，友谊关口岸的通关需求迅速膨胀，已成为连接中越两国最大、最快捷的陆路口岸。原有的通关配套用房及设施在规模、档次和种类上都已经跟不上口岸发展的需求，南疆第一关的知名度价值也未能得到充分的发挥（图 6-25）。

2004 年，笔者参与到友谊关新口岸联检楼的项目中，在联检楼方案确定之后，又参与到整个友谊关历史口岸地段的改造设计中。该工程的委托设

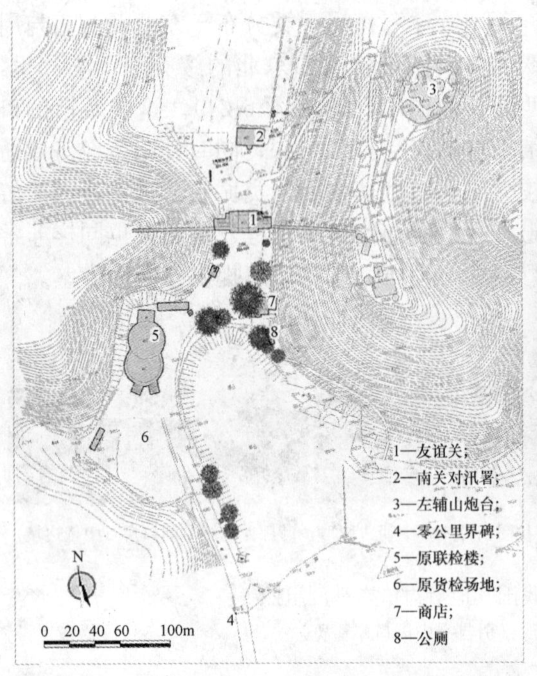

图 6-25　友谊关关楼照片及友谊关口岸地段改造前原状总图

资料来源：作者自绘及现场拍摄

计单位为凭祥市政府、市口岸办公室；该工程的整个周期则历时 3 年：2006 年初，友谊关新联检楼交付使用；2006 年中，友谊关验货场启用；2007 年初，友谊关广场竣工验收。至此，整个友谊关历史口岸地段的改造大体完成。在保护文物古迹、保护环境的前提下，大大改善了历史地段的风貌与口岸的通关环境。在漫长的设计及实施过程中，我们也一直坚持紧扣历史口岸地段的“保护、更新”原则。

二、口岸地段内的要素分析

针对项目的自身特点，我们从历史、环境、交通三方面来分析其设计要素。

1. 历史要素

1）友谊关关楼：前身是清代的镇南关，因抗击法国侵略者的镇南关大捷而威震中外。镇南关毁于抗日战争期间，建国后重建关楼并命名为“睦南关”。1965 年，经国务院批准改名为“友谊关”，并由陈毅元帅（时任国务院副总理兼外交部长）题写关名。友谊关关楼上段为三层楼阁，四面檐廊，开有圆拱棂窗，下段为石砌城墙，开有拱形城门。经历了边境数十年的风风雨雨，友谊关关楼经岁月侵蚀、已经洗净铅华，石砌城墙也因战事而弹痕累累，展现出苍劲的气魄。作为地段的核心，关楼成为整个地段改造设计的

“坐标原点”。

2）左、右辅山：友谊关关楼雄踞于左、右辅山之间的山隘口险要位置，“关两旁筑城墙百余丈，如巨蟒分联两山之麓，气势磅礴”。❶ 左、右辅山是当年冯子材将军率领清朝官兵奋勇抗击侵略者的战场，山顶上还保留着镇南关炮台遗址，是旅游景点和爱国主义教育基地。

3）南关对汛署：透过友谊关城墙门拱北望，对景为一栋保留完好的法式风格建筑，楼高两层，黄墙红瓦，四面环廊，拱形门窗，柱头浮雕，造型细腻精致。此楼建于清代，时为南关对汛署。❷ 法式的建筑风格是受邻国越南（当时为法殖地）的影响。

4）零公里界碑：位于中越两国国道交接处，象征着国境线，界碑的南北两侧为两国边防军警分别把守，吸引着游人的好奇目光，是地段内的标志景点（图 6-26）。

友谊关历史口岸地段既是历史文物景区又是爱国主义教育基地。

友谊关城墙上的弹痕

透过城墙拱门看南关对汛署

登山城墙

左辅山炮台

国境线零公里界碑

图 6-26　历史要素组照

资料来源：作者现场拍摄

2. 环境要素

友谊关所属地段为喀斯特地貌，群山连绵、山势险峻、绿树葱茸。关楼处于山隘口高地，地势向南北两侧渐低，登高至关楼，可以远眺中越两国境内。特殊的地势决定了友谊关的磅礴气势。

---

❶ 词句描写的是友谊关关楼两侧登山城墙的景色。凭祥市志编委会.《凭祥市志·地理篇》.《凭祥市志》. 中山大学出版社. 1993。

❷ 对讯署：清代边境管理机构设置的名称。位于友谊关北侧的南关对讯署直到解放前都还在正常使用中，当时，外事人员或商民出入关口均在这里签证、交税。

从友谊关拱形城门北望，对景为一棵参天古榕，根部分开为二，上部合抱而一，被称为“友谊树”，是中越友好合作的象征，姿态优美的榕树以城墙拱门为框，形成一幅图画。地段内的古树不少，包括榕树、白玉兰、木棉树等。我们将每一棵古树的树种、树冠直径及根系范围❶都实测并标注于地形图上，并结合考虑于整体环境设计之中（图 6-27）。

3. 交通要素

近年来中越恢复了睦邻友好关系，距越南首府河内仅 160km 的友谊关成为我国通往越南乃至东南亚的最大、最便捷的陆路通道。中国的机动车配件、家电、日用品等在越南颇受欢迎，越南则向中国出口水果、粮食、红木工艺品等。2006 年连接南宁至友谊关的南友高速公路❷顺利开通，大大增强了贸易运送能力。从南宁直达友谊关，高速公路穿过左辅山下的隧道接驳越南零一号国道。边防检查、检验检疫、海关缉私等部门对交通流线提出的要求成为设计中必须统筹考虑的要素（图 6-28）。

古榕成为拱门对景

环境整改结合原有古树

友谊关高速公路隧道口

图 6-27　环境要素照片　　　　图 6-28　交通要素照片

资料来源：作者拍摄

三、地段整体设计

从友谊关向南至零公里界碑的 400 余米路段，是改造设计的重点范围，总占地面积约 $24000m^2$。整个路段的地势由南向北渐高，设计中因地制宜，在友谊关和新联检楼之前整出开阔平地布置广场，两个广场地势一高一低、尺度一小一大，以零公里界碑为起点，沿两段宽阔的大台阶经过两个广场最终到达友谊关前，借助地形高差形成庄严的空间序列，友谊关关楼成为空间序列的终点与制高点，更显气势雄伟。两个广场在石材选择及铺装方式上分别

❶ 根据广西园林部门专业人员介绍：榕树、白玉兰之类的树种，其树冠覆盖范围与根系在地下的延伸范围是基本一致的。因此，在本项目的施工过程中，土方开挖不得进入树冠在地面上的投影区域。

❷ 南宁至友谊关高速公路是国家规划的“五纵七横”国道主干线衡阳至昆明公路的重要组成部分，是中国通往越南乃至东南亚地区最便捷的陆路国际大通道，被誉为“南疆国门第一路”。公路起于南宁吴圩，接南宁机场高速公路，经扶绥、崇左、宁明、凭祥，终于友谊关，接越南 1 号公路，全长 179.2km，是广西第一条沥青混凝土路面高速公路，工程总投资 37 亿。工程建成通车后，从南宁至友谊关的行车时间仅为两小时，是原来的一半，从南宁到越南首都河内仅需 5h。

采用深色错缝与浅色对缝处理，与新旧建筑都能协调一体(图 6-29、图 6-30)。

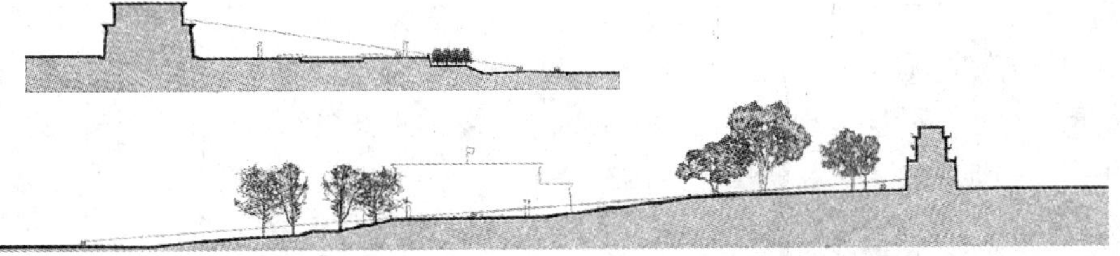

图 6-29　友谊关历史口岸地段整体环境设计与地形结合的竖向分析图

资料来源：作者自绘

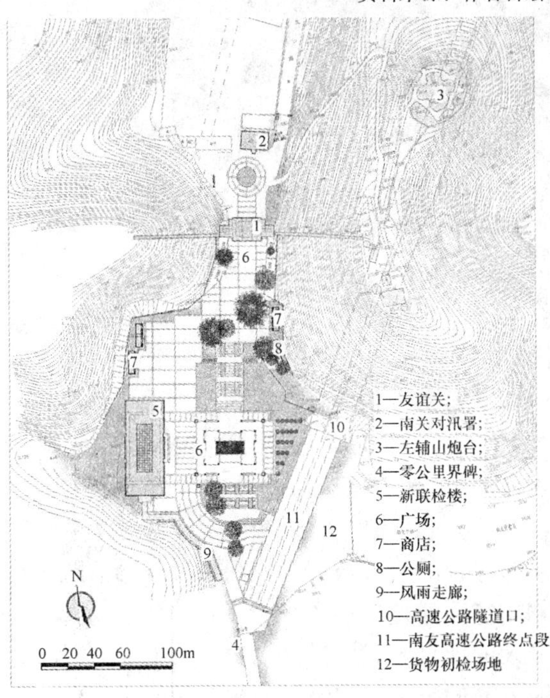

鸟瞰日景

鸟瞰夜景

图 6-30　友谊关口岸地段改造后总图及鸟瞰实景照片

资料来源：作者拍摄及自绘

四、联检楼建筑单体设计

作为文物遗址，友谊关是心理意识层面的“国门”，已经不再是行为意义层面的“关卡”。新联检楼将容纳通关管理人员及设备、服务通关人流，满足不断增强的通关需求、改善友谊关口岸的通关条件。

基于“保护更新”的指导思想，新建联检楼之于地段的整体风貌，当改善而非颠覆。因此，我们慎重控制了建筑的选址及体量，最终确定于友谊关关楼西南侧（原货检场地）建设新联检楼，这里地势低、位置偏、离友谊关较远；建筑的尺度处理适度而不追求宏大。两方面都体现出对友谊关核心地位的尊重与谦让。

新联检楼傍山而建，楼高两层，建筑面积近 5000m^2，下层大空间为联检大厅，上层单间为部门办公用房。方正的建筑平面让功能流线简洁畅通、指向明确，符合现代口岸的功能需求；庄重而具民族韵味的建筑造型与友谊关关楼体现出良好的呼应关系；浅黄色花岗岩外墙塑造了刚强、硬朗、挺拔的形象，建筑尺度虽小却同样展现出泱泱大国的风范；屋顶观光层的飘架则以其轻灵契合了南疆的地域特色。在崇山峻岭的衬映下、在楼前广场的烘托下，新联检楼成为友谊关历史地段中的新景点，提升了历史地段的整体形象（图 6-31）。

图 6-31　新建联检楼建成实景室内外组照

资料来源：作者拍摄

五、建成回顾思考

如果运用社会空间视角下的四大要素方法来分析友谊关口岸，会看到各要素之间也呈现着同样的逻辑关系。在 20～30 年前，中越关系敌对、紧张时期，作为战争前沿，政治因素成为主导，友谊关完全就是个军事要塞。随着中越相继实行改革开放、以经济建设为中心，并逐渐恢复了睦邻关系，友谊关在作为历史文化景区的同时，口岸的经济与行为空间要素开始活跃，这就推动了口岸建筑及其地段的物质空间建设。

对于这个规模虽小却意义非凡的项目，我们倾注了很多心血，有对设计本身的思索，还有在说服、沟通方面的努力。在设计及施工跟进过程中，主要有以下几点经验与体会：

首先，我们借鉴运用了珠三角口岸建筑及其地段建设中的一些既有经验，比如如何处理客货分区与流线流程、如何改善等候通关环境等；

然后，我们清醒地分析了这项口岸工程共性之外的个性，比如它既是口岸地段又是历史文物景区，又如口岸的连接双方完全为两个国家，而且中国经济实力高于越南为双边关系中的强势区域等；

最后，我们也体会到了在现有国情与口岸机构体制下，设计口岸工程中的不易与无奈。所幸我们坚持的保护、更新的主导思想得到了认同与支持，这让一切的错综复杂逐渐被理顺。项目的竣工效果得到了业主及各级领导的肯定与好评，地段的整体形象大为改善，国门的庄严气氛得到升华。尽管如此，仍需承认由于一些设计上的疏忽与许多设计意图得不到贯彻，最后在口岸建筑及其地段的功能方面的确暴露出了不少问题，例如通关人数在平时和节假日高峰期时会有很大的起伏，联检楼内的通关等候的座位数量在弹性设置上考虑不够；因为协调沟通各部门不够到位的问题，给某些专业设备的后期安装带来了困难，……

6.5 本章小结

继完成对珠三角陆路口岸建筑整个当代发展历程的分析之后，本章又展望了口岸建筑的发展前景及应对设计策略。首先指出了当前口岸建筑发展之下的设计难点及与之应对的具体策略，并顺势建构了口岸建筑设计的方法策略；然后展望了珠三角口岸建筑发展前景的具体内容，并从设计角度逐一对应提出了针对建议；最后还展望了其他地区口岸发展的前景，并通过工程实践来例证了口岸建筑设计方法的应用前景。

结语

正如本文开篇所言，无论是改革开放三十年来的建设成就，还是港澳回归十年来的双赢共进局面，珠江三角洲陆路口岸的开放与建设事业都与之息息相关。随着粤港澳之间合作融合的逐步加深，人员往来以及商品和生产要素跨境流通的需求都在不断扩张，并一步步推进着口岸这个跨境基础设施的发展。回顾口岸建筑发展的初始时期与发展时期，建设步伐总是落后于区内跨境人流、物流、资金流和信息流发展的实际需要，缺乏长远意识与超前性，[❶]因此而导致出现了一系列的问题。当前时值港澳回归十周年庆典之际，各陆路口岸建设正经历着一个前所未有的高峰。并且我国又已明确随后几年将加大基础设施建设的投入力度，可以预见，连同公路桥、快速铁路等陆路交通干线工程，珠江三角洲的口岸建筑会在相当长一段时期内持续兴盛发展。

本文的研究，从数年前的选题、到正式展开各项工作、再到最终汇聚成文，可谓适逢其时。论文研究既与时代发展紧密结合，又与历史和当前中国国情紧密结合，具有充分的现实意义。

论文的创造性成果主要有如下三点：

1. 本文选择研究“口岸建筑”——这个此前尚无系统研究却具有相当意义与影响的建筑事物与现象，旨在填补建筑学专业领域的学术空白。论文内容沿时间线索展开，以改革开放和港澳回归为时间节点，将口岸建筑的发展历程划分为初始、发展、兴盛三段时期，分别进行了详细的研究。通过大量的资料查找收集与调研观摩访谈，并加以整理、归纳、分析、对比，系统

---

❶ 陈广汉.《粤港澳经济关系走向研究》. 广东人民出版社. 2006. p68。

地掌握，并呈现了珠江三角洲陆路口岸建筑的发展情况。文中翔实的案例资料及其解析，能够为今后与口岸建筑相关的实践与理论研究提供直观的参考依据，改变了此前仅能通过少量的散布工程个案报导来获取了解的局面。

2. 在本文针对初始、发展、兴盛这三段时期的分别论述之中，运用了社会空间视角钻石模型的分析方法。通过联系对比政治、经济、行为、物质这四方面的社会空间要素，挖掘了珠三角口岸建筑发展之现象背后的深层社会原因。各个时期的社会空间要素决定着口岸中的功能行为，进而决定了口岸的设计与建造。这种将视野扩展到社会空间要素的研究方法与路线，加强了论文的思考深度与理论高度。

3. 在论文对各时期口岸建筑发展的研究之中，还结合贯穿了对口岸建筑设计的分析，具体涉及规划选址、场地设计连同建筑设计等各项内容。以此为基础，论文继而分析了当前口岸建筑发展之下的设计难点及其对应的设计策略，并尝试创建了口岸建筑设计的方法策略体系，以供今后的口岸建筑设计实践参考。另外，论文还结合口岸建筑的具体发展前景，从设计角度提出了针对性的观点和建议，具有较强的实际操作意义。

本论文的研究可视作对于口岸建筑这个领域之系统、全面研究的开端。可以肯定的是，随着口岸建筑的进一步发展，还将会有更多新的相关研究成果出现。仅就珠三角陆路口岸而言，将香港、澳门方面的通关口岸也纳入进行双边对比研究，其实就是一种扩展研究的方向和思路。总之通过本文的研究工作，能够为后续的研究提供诸多支持，并对今后的口岸发展与建设产生积极影响。

附　　录

附录1　珠江三角洲主要陆路口岸发展大事记

一、与珠三角口岸发展相关的重大事件（自近代起）

1840年6月，英国舰队进犯广州，第一次鸦片战争爆发。

1842年8月，战败的清政府被迫与英国签订《南京条约》，将香港岛割让给英国，并开放东南沿海五口，实行“五口通商”，广州港从此失去了外贸垄断地位。

1856年10月，第二次鸦片战争爆发，清政府被迫又将九龙半岛割让给英国殖民者。

1858年，五口通商大臣由两广总督兼任改为由两江总督兼任，驻扎上海。标志着外贸中心由广州向上海转移的完成。

1887年，清政府根据《管理香港洋药事宜章程》在香港设立九龙关，专司稽征鸦片税厘和查缉走私事宜。

1887年（光绪十三年），葡萄牙取得在澳门的永驻权和管理权。

1898年，清政府与英国政府签订了《拓展香港界址专条》，同意将九龙半岛北部直至深圳河的土地及附近岛屿和海域（今香港新界）租借给英国，租期99年。深圳河自此成为深港界河。

1898年（光绪二十四年），英、法又分别“租借”香港新界和广州湾。

1911年，辛亥革命，推翻清王朝，宣告了中国封建社会的结束。

1938年，驻港英军向日军投降，香港沦陷，随后的几年时期内，九龙关被日“粤海关联络事务所”取代。

1945年，日本投降，九龙关恢复办公。

1949年，新中国成立，毛泽东决定不解放香港。

1949年，中国人民解放军接管了文锦渡关卡和罗湖关卡。

1950年，九龙关改名为“中华人民共和国九龙海关”。

1957年，从这一年起，在广州每年春秋举行两次中国出口商品交易会（即广交会）。

1978年，中国共产党十一届三中全会确定了解放思想、实事求是、团结一致向前看的指导方针，作出了把工作重点转移到经济建设上来和实行改革开放的决策。

1980年，全国人大通过和颁布了《广东省经济特区条例》，正式公布在深圳、珠海、汕头三市分别划出一定区域，设置经济特区。

1982年，邓小平在会见英国首相撒切尔夫人时提出以“一国两制”来解决香港问题，撒切尔夫人称此为“最有天才的构想”。

1983年，为了能通过旅游让珠三角的内地居民有更多机会赴港澳探亲，也为国家增加外汇收入，广东开始办理“港澳游”业务。

1984年，历时两年17轮的谈判结束，签署关于香港问题的《中英联合声明》，明确香港在99年租借期满后（即1997年）主权回归中国。

1985年底，中央政府放宽吸引外资的政策，香港资本大举进入珠三角，拉开了珠江东岸地区加工工业发展的序幕，珠江三角洲与香港“前店后厂”的加工贸易模式初步形成。

1987年，中葡通过友好谈判，签署了关于澳门问题的《中葡联合声明》。确定中国政府于1999年对澳门恢复行使主权，中葡两国之间的历史遗留问题得到圆满解决。

1992年3月，邓小平南巡视察了深圳、珠海、顺德等地，并发表了著名的“南巡讲话”，在广东及全国掀起了改革开放的新高潮。

1995年，香港主要制造业已有大约80%以上的工厂或加工工序转移到了广东，其中转移到珠三角的占了94%。

1997年7月1日，香港回归祖国，中华人民共和国驻港部队官兵、车辆分别通过皇岗、文锦渡、沙头角口岸进驻香港。是日起，“九龙海关”正式改名为“中华人民共和国深圳海关”。

1997年，在深圳的陆路口岸货物通道对车辆和载运货物的查验任务，由边检移交海关，在全国率先实行“边检管人、海关管物”的监管查验模式。

1999年12月20日，对澳门恢复行使主权，澳门回归祖国。

2002年，香港与中国内地的贸易额占香港贸易总额的42%，香港转口贸易的90%与中国内地有关。同时中国内地与香港的贸易也占中国内地贸易总量的11.2%，香港成为中国内地第三大贸易伙伴。

2003年6月29日，香港特别行政区与内地签署CEPA。根据CEPA的要求，从2004年1月1日起，内地对273个税目的原产香港商品取消关税和非关税壁垒，对其他原产香港商品不迟于2006年1月1日实施零关税。

2003年8月20日，港澳游“自由行”在深圳启动，2万人提前领表。

2005年底，香港迪斯尼乐园开业，内地是其最主要的客源市场。

2007年7月，香港回归十周年，“一国两制”运行十周年，港澳及祖国大陆的发展成就充分证明其无比正确性。

二、广九直通车口岸发展大事记

1911年10月，广九（广州—香港九龙）铁路全线建成通车。根据《广九铁路工作协定》，九龙关在九龙车站设立关厂。

1950年代起，九广铁路因政治动荡而中断。

1979年4月，中断近30年的穗港直通车（即广九直通车）恢复通车，时任港督麦理浩主持剪彩。

1996年，广州东站的车站站房建成投入使用，广九直通车的始发站随即由流花火车站东移至此（每日各有一趟班车从肇庆、佛山始发）。

1999年6月，广州地铁一号线开通，广九直通车所在的广州东站成为地铁一号线终点站。

2003年11月，广州决定在番禺石壁建设大型高速铁路车站，计划以此连接广珠高铁和穗港高铁，此举将建起穗港之间新的铁路客运通道。

三、深港罗湖口岸发展大事记

1911年广九铁路通车时，横跨深圳河两界修建了一座木质铁路桥（詹天佑任工程顾问），桥的中间即为中英分界线。

1940年代初，日军占领广州、深圳，又在罗湖桥头与驻港英军对峙。

1949年10月，中国人民解放军宝深军事管制委员会接管了罗湖口岸关卡，大陆与香港双方随即互相封锁边界。

1950年7月被罗湖口岸被中央人民政府批准开放。

1951年公安部发布的《关于管理往来港澳旅客的规定》，往来香港的旅客持公安机关签发的通行证可由罗湖口岸出入境（主要针对侨胞返乡探亲）。

1950年代中期，铁路桥与人行桥分开，步行桥上还搭起了顶棚以遮风挡雨。

1960年代起，“三趟快车”每天都经过罗湖桥进入香港，被誉为保证香港供应的“生命线”。

1970年代，罗湖口岸兴建起了3层高的联检楼，通关查验功能转入联检楼内。

1985年，罗湖口岸新联检大楼建成投入使用。大楼的建设经费由著名华侨胡应湘出资。

1988年，罗湖口岸联检楼对面的亚洲大酒店建成。

1988年10月，全国第一套边防查验计算机验证系统在罗湖口岸率先启用。

1991年，罗湖口岸地段内的深圳火车站建成，京九铁路以其为南端末站。

1991年，联检楼旁边供停车用的交通楼建成。

1992年，罗湖口岸地段内的罗湖商业城建成，其每平方米15万元的售价创下了当时中国内地商铺物业的最高售价纪录。

1990年代中期，深港过境旅客达到4090万人次/年，整个罗湖口岸地段内高峰时期的总人流量能达到31000人次/小时。在庞杂的功能需求面前，罗湖口岸地段整体环境第一次改造开始。

1996年，京九铁路全线开通，深圳火车站客流激增。

1999年，罗湖口岸地段内的日总客流量达到30万人次，高峰日达到45万人次。拥堵严重，口岸地段的现实环境品质下降严重。

2001年，深圳地铁一号线开工，罗湖口岸地段被确定为东端终点站。

2001年底，（结合地铁的）罗湖口岸地段第二次整体改造开始。

2003年9月29日，百年罗湖铁路桥整体拆迁。

2004年，罗湖口岸地段第二次整体改造完成。

2005年，罗湖口岸联检大楼入选为“深圳改革开放十大历史性建筑”。

2006年，改造完成的罗湖口岸地段运行良好，获得了年度城市土地学会（Urban Land Institute）亚太区卓越奖。

四、深港文锦渡口岸发展大事记

1938年3月，（广东省与香港之间的）省港公路通车，九龙关在边境路口设立文锦渡分卡。

1949年10月，中国人民解放军宝深军事管制委员会接管了文锦渡口岸关卡，大陆与香港双方随即互相封锁边界。

1950年，省港公路停运。1950年，公路局规定，香港汽车无内地牌照不准入境，经文锦渡进出境的汽车运输因而自是日起停止，进出口货物需雇工搬运过境。

1979年，文锦渡口岸重新开放，正式成为国家一类口岸。

1989年皇岗口岸开放后，文锦渡作为深港公路客货运联系通道的地位开始下降。

1997年7月1日，中华人民共和国驻港部队官兵、车辆一路通过文锦渡口岸进驻香港。

2006年，文锦渡口岸改造的可行性研究完成。以后文锦渡口岸将以客流为主，其货运功能将分流至莲塘货运口岸。

五、深港皇岗口岸（及福田口岸）发展大事记

1982年4月，深圳与香港两地政府达成了开辟皇岗－落马洲过境通道的协议。

1985年，皇岗口岸破土动工。

1987年，在著名华侨胡应湘的提议与积极促动下，经广东省及国务院批准，广、深、珠高速公路正式破土动工，工程奠基，胡应湘在深圳铲了第一锹土。

1989年12月，在连接深港的皇岗—落马洲公路大桥建成之后，皇岗口岸经国务院批准对外开放，首先开通了货运通关部分。

1991年8月，皇岗口岸旅检大楼及与之配套的公交车站场等建成投入使用，口岸客运通关部分开通。

1994 年，皇岗口岸部分货运通道实行 24 小时通关验放。

1994 年，广深段高速公路（广深一号线）全线竣工。从广州环城高速的东北翼起始，经东莞，穿越深圳市区，到达福田区的皇岗口岸结束，与落马洲大桥接驳。

1999 年，结合深圳地铁四号线工程计划，开始讨论兴建皇岗地铁口岸工程，主要分担散客客流。

2000 年，皇岗口岸通关客流量达到 8000 万人次。

2001 年 12 月 1 日起延长罗湖、皇岗口岸的通关时间。

2003 年 1 月 27 日零时，皇岗口岸终于实行 24 小时通关，成为全国惟一一个全天候通关口岸，实现了深港之间的人流物流全天候不间断交流和往来。

2003 年，兴建皇岗—落马洲口岸第二公路桥。

2003 年 10 月 8 日起，允许持有文锦渡、沙头角口岸两地牌的私家车、公务车和商务车在零时至 6：30 时从皇岗口岸出入境。

CEPA 签署后，从 2004 年 1 月 1 日起，273 类几千种香港产品进入内地实行零关税，深港两地货物贸易量大幅上升。这对深圳口岸的通关能力和通关效率、通关环境提出了新的要求。1 月 6 日，CEPA 实施后，首批零关税港货报关成功，经皇岗口岸入境。

2007 年 3 月，皇岗口岸旅检区的整体改造开始，将启用闲置多年的车港城。

2007 年底，深圳地铁与香港九广铁路实现接驳，皇岗地铁口岸建成投入使用，并命名为“福田口岸”。

六、深港西部通道发展大事记

2002 年，深港深圳湾公路口岸工程的可行性研究完成。

2003 年 8 月 28 日，深港西部通道工程正式动工，国务院副总理曾培炎为工程奠基。

2003 年，深圳湾口岸旅检大楼方案招标完成，确定了建筑设计方案。

2006 年 10 月，十届全国人大常委会二十四次会议上，特别表决通过了《关于授权香港特别行政区对深圳湾口岸港方口岸区实施管辖的决定》。

2007 年 4 月香港立法会通过了《深圳湾口岸区港方管理条例》。

2007 年 7 月 1 日，香港回归十周年纪念日的当天，西部通道（深圳湾口岸）开通。首次采用了“一地两检”的通关验放模式。

七、珠澳拱北口岸发展大事记

1849 年，长期占据澳门岛的葡萄牙人借中葡签订《北京条约》之机在拱北和澳门之间建筑城墙设置拱门闸口，闸口北面称为上关闸，南为下关闸。

1887年（光绪十三年），清政府在拱北设置关口，并以当时该地区的标志性建筑拱桥的"拱"字和著名地点北岭的"北"字定名为拱北关（口岸）。

1980年珠海经济特区成立，拱北口岸随即开通，此后一直是中国旅客流量第二大口岸。

1991年，拱北口岸旅、货检验场地的迁移新建工程开始设计，1992年动工，1994年土建封顶，1998年开始安装设备，1999年6月建成。

1996年，广珠公路通车，从广州起始先后经过中山和顺德市区，到达珠海香洲区后经明珠路、粤海路抵达珠海拱北口岸。

1999年10月，拱北口岸新联检大楼启用。

1999年至2006年，拱北口岸的通关客流从3000万人次大幅攀升到7650万人次。

2008年，拱北口岸全年旅客通关量超过了8000万人次，保持我国旅客流量第二大口岸地位。

2008年，为迎接澳门回归十周年庆典，开始讨论拱北口岸的改扩建工程。

附录2　深圳陆路口岸数据统计表

深港公路口岸历年日均出入境车流量统计表（1991～2005）

单位：辆/日　**附表2-1**

年份	文锦渡口岸	沙头角口岸	皇岗口岸	合　计	年增长
1991	9181	1933	4136	15250	14.5%
1992	8894	1855	6178	16927	11.0%
1993	8622	1736	8256	18614	9.7%
1994	8634	1794	9805	20232	8.7%
1995	9294	2062	11934	23290	15.1%
1996	8892	2134	12272	23297	0.3%
1997	8398	2148	13746	24292	4.0%
1998	6888	2002	17954	26845	10.5%
1999	7198	2342	18815	27655	3.0%
2000	7662	2351	20992	30676	11.2%
2001	7067	2174	21917	31158	1.3%
2002	7719	2324	24194	34236	9.9%
2003	7781	2348	26476	36604	6.9%
2004	7562	2238	29375	39174	8.0%
2005	7460	2352	30811	40623	3.7%

资料来源：深圳市政府口岸办公室提供。

深港陆路口岸历年日均出入境客流量统计表（1991～2005）

单位：人次/日　**附表 2-2**

年份	文锦渡口岸	沙头角口岸	皇岗口岸	罗湖口岸	合　计	年增长
1991	2650	2141	930	86016	91737	18.4%
1992	2250	2154	1908	100962	107274	16.9%
1993	2756	2004	3114	103027	110902	3.1%
1994	2639	2262	4113	111007	120020	8.2%
1995	2789	2333	6846	117244	129213	7.7%
1996	3100	2504	8872	130336	144812	12.4%
1997	3030	2720	13533	153001	172285	18.6%
1998	2885	4017	20255	180406	233740	20.5%
1999	3824	3250	24956	209524	241554	16.4%
2000	4121	3329	30138	234767	271183	12.6%
2001	3493	4131	35028	241726	284104	4.5%
2002	3979	5229	47834	258287	315329	11.0%
2003	5902	5434	72621	228618	312576	−0.9%
2004	8443	6271	109035	245187	368936	19.1%
2005	8997	7025	130375	248626	402573	9.1%

资料来源：深圳市政府口岸办公室提供。

深圳陆路口岸 2008 年 1～10 月流量情况表　**附表 2-3**

类	别	入　境	出　境	合　计	日　均	去年同期	同　比
旅客人次	罗湖	37501952	36893543	74395495	243920	78678888	−5.4%
	皇岗	16717558	19167296	34884854	114377	44092564	−20.9%
	文锦渡	907550	881342	1788892	5865	2494480	−28.3%
	沙头角	1219874	1129443	2349317	7703	2623757	−10.5%
	深圳湾	5601767	5526325	11128092	36486	2931939	
	福田	7386553	7395615	14782168	48466	2549114	
	合计	69335254	69993564	139328818	456816	133370742	4.5%
车辆辆次	皇岗	4171950	4430119	8602069	28204	9385013	−8.3%
	文锦渡	888300	911109	1799409	5900	2146753	−16.2%
	沙头角	421866	378625	800491	2625	829036	−3.4%
	深圳湾	1009133	765676	1774809	5819	319895	
	合　计	6491249	6485529	12976778	42547	12680697	2.3%

资料来源：深圳市政府口岸办公室提供。

附录3　调研过程中与口岸工程设计人员的访谈实录

一、关于深圳罗湖口岸的访谈

采访者：作者，简称 W（Writer）；

受访者：方煜，中国城市规划设计研究院深圳分院，主任规划师，简称 D（Designer）。

采访时间：2008 年 3 月。

W：……，罗湖口岸联检楼 2005 年入选了“深圳改革开放十大历史性建筑”。这栋楼见证了深圳这个城市的生长发展历史。口岸的发展与城市生长之间存在着什么关系？想就这个问题听听您的见解。

D：对于深圳这个城市的生长发展，从我个人观点来讲，看看深圳所谓的城市奇迹，你如果放在一个城市的层面上看，绝对是难以置信、难以理解的，的确它是不可复制的。但是你如果把它放在香港的边上、一个地区，那么对于香港的总量来说它这个级别的发展其实并不稀奇。香港有这个需求，然后内地也有这个空间（有大量的劳动力、资金），于是在空间结构上形成了一种“漏斗”的效应。深圳城市和口岸之间有什么关系？假如不考虑一国两制问题，你可以理解为一个强大的中心（指香港）和其外围一圈“卫星城镇”（指深圳特区的各组团），但是同时你可以发现深圳的这个集合是做不大的，为什么呢？也是因为离香港太近了，在金融产业方面面临着很大的竞争。所以深圳是限于本身的聚集效益会形成带形城市结构，同时我们也可以想像为什么像上海、北京想做这种组团式城市结构、改变同心圆结构很困难。

W：确实此前规划学界的基调是称赞深圳这种带形结构、批判北京这类同心圆摊大饼式的。是不是可以这样说，我们不应该用同一的标准来评价不同城市的结构，城市的结构往往是在适应城市发展自身需要的过程中形成的。

D：……，其实我们看到现在的语调已经比较客观——“深港共建国际大都会”。站在一个区域经济的角度去看的话，对于所有的现象都可以解释。中国内地的全方位开放，使得深圳由过去作为“经济特区”的过分高傲到前几年的民间流传的“深圳你被谁抛弃”，剧烈的反差就好比一个家里本来独宠的好孩子，突然有了一堆弟弟妹妹（上海等城市的跟进开放）后的失宠与失落。从远景来看，深圳不具备一个像上海、北京那样作为独立中心城市的条件，现在提出要“配合、服务香港”，这才是真实地反映了深圳的城市发展动力源，我们可以来看看深港之间的每一个主要口岸都对应、并决定着一个城市组团……。

W：对！深圳的罗湖区对应罗湖口岸、福田区对应皇岗口岸、现在兴起的南山区对应西部通道。

D：深圳最早的发展大概就这么三个“点”：沙头角（中英街）、蛇口水路口岸、罗湖口岸，尤其是罗湖口岸对应的罗湖区这一片最繁华。当时深圳全镇也就三四万人，最早的都市发展全都是在国贸及人民南商务区这一块儿。此后的皇岗口岸则是在确定发展福田中心区以后发展起来的，其实福田中心区到现在我们都不敢说它实现目标，罗湖区也好福田区也好，它们都提出依托口岸发展经济，尤其是服务业，这些都得围绕着联系深港的口岸这个核心来。…… 香港回归之前对罗湖口岸及火车站地区的那次改造，没用几年就废掉了，到后期完全堵死了，每个小时有6000来辆的士车进出，你想想这是什么样一个概念？早期深圳有60%的的士车都涌到这里来了，这反映了人的活动强度和人群所能支付的消费强度，为什么的士车不到别的地方去？那时的深圳别的地方分布多是些打工仔，交通消费客源不集中。口岸两侧的巨大经济落差及体制差异，就像巨人带小孩一样，“哗哗”就起来。深圳是一个连接出来的城市，是依托香港这个中心而诞生出来的。现在深圳的组团城市特征正在慢慢消失，就像你说的现在深圳自己也做大了，福田和罗湖的档次上去。慢慢地，单中心的趋势在增强，早期分组团的均衡趋势被取代。从经济的角度来说只有一个真理，那就是集聚集聚再集聚，除非人为刻意控制，联系成片将是必然趋势。

W：这也是符合经济距离最小化的原理在起作用吧。

D：从我个人的观点来理解深港的口岸，从香港的角度叫郊区化，从大陆和深圳的角度叫门户。而广西、北方、甚至同为经济特区的珠海就不具备这样（依托国际大都市）的特点，珠海为什么没有像深圳这样发展成为成功的口岸城市？为什么会成为珠三角经济总量倒数第一的城市？因为澳门不能和香港比拟啊！首先一个方面，澳门城市规模和经济规模小；第二，产业的结构不一样，澳门是以博彩业为主，口岸功能发展先天就“营养不良”。甚至你看现在大陆的港澳游旅行团，都是从香港直接去澳门，然后从珠海匆匆而过回去，即便是坐飞机也不去珠海机场，而是跑去广州机场。

W：……，想问一下在这个改造项目中，对罗湖口岸联检楼做了哪些调整？

D：其实在罗湖口岸，最早是没有这栋联检楼的，最早就一个罗湖桥，更早的话可以追溯到“五口通商”了，……。

W：是的。罗湖桥与广交会，是一直对外保持联系的两个窗口，文化大革命期间都不例外。

D：现在的罗湖口岸联检楼，当时是胡应湘出钱盖的。当时这个大楼的改造，其实是把里面全部换了，机房改了，通关闸口全部都改了，都改成电磁式的（就像过地铁口一样），都是为了提高通关量，当时改造它的时候，把它的地下室全部打通，现在通关从－1层过去，原来那个通道的位置是整个大楼的空调机房，我们把空调机房迁到旁边的专门的设备楼里去。使通关规模得到了很大的拓展。说起打通地下室，当初还出现过惊魂一刻：施工过程中，工人们不小心挖断了一根电缆，结果荷枪实弹的边防部队冲过来把工人全抓走了。那根军用电缆是直通北京，涉及国防的。为什么会这样？由于历史原因，这栋大楼内部是经过多次改造，里面乱七八糟的，有些变化根本看不到，也没有图纸可查，当然这种带有机密色彩的，有图纸也不会给你看。只能是根据现场情况决定施工方案。

W：2002年我来深圳时，先到的深圳火车站，去年又是到先来到罗湖口岸及火车站。这几年时间的前后一对比，感觉这个地段的改造还真是挺成功的。

D：我们现在把这个项目选送上海世博会，为可持续发展、集约化设计提供了一个很好的例证。罗湖口岸平均每天有一个中等城市的人口40万（最高峰60万）通关，还有火车站这样一个功能，内地与深圳之间的联系，平时也有30万人集散，整个地区一年下来有1.2～1.5个亿的人次在此集散。这是一个非常饱和的数字，按规划，如果人次还有增加就得通过增加口岸数量来解决了。比如随着地铁四号线的完成而投入使用的福田口岸。但是现在出入境主要还是在罗湖口岸，轨地铁道交通也很方便了，CEPA签订后，现在已经形成了双向进出（大陆开放自由行为前提）的趋势，一到黄金周、圣诞等假期，都会有大量国内游客前去香港。

W：罗湖口岸地段集中了口岸、火车站、地铁站、长途汽车站等等，这么多元素集中在一起，对于工程推进过程会不会产生什么难题？

D：建设管理部门的机制是个大问题。口岸集中多种工作部门的建筑功能决定了其中会夹杂很多因素。由深圳市政府（口岸办）来主导其实是空谈的，这里面所有关系都是垂直的，边防、海关、火车站（交通部）、地铁等，在改造的时候，必然牵扯到这些人的利益。比如火车站，就是一个普遍性的改造难题，广州火车站为什么那么难治理，也就是这个原因，他一句什么“我站前30m之内如何如何”之类，就能让整个工程停下来。深圳火车站方面开始也是很不配合，结果是后来上面把火车站长都给撤换掉了。当时市委书记陪中央领导下来视察，结果看到火车站周围全是些桑拿、卖表什么的，原属于交通的空间全让商业给占用了，还喊着空间不够用，就命令铁道部换站长。此后火车站方面就十分配合，许多问题迎刃而解。……，地铁施工在这项工程中起到了很重要的助推作用。设计当中很多方面是完全靠地铁工程推动的，深圳市委最后只有这样做，你接不接上？反正我给你做好了摆这，根本没有协商余地，要么根据我的标准实施，要么不能实施。市政府牵头（市建设指挥部，市长亲自负责），实施单位交给地铁公司，地下三层建完之后，上面这块跟市政府要求，整个场地改造、交通改造都有地铁公司一并搞定。谁都怕影响到地铁的按时通车，签了军令状的，这样行政效率会高很多。

W：……，请介绍一下口岸地段景观设计方面的特色。

D：在景观上，是请了 EDSA（景观）和 KAMMAT（负责装饰视觉效果）这两个国际级景观公司。其实什么东西都是众口难调的，当时我们坚持这项工程要按一个逻辑下来，从规划角度来说是百分之百实施了，整个逻辑必须是清晰一体的，每个细节或许都有更好的选择，但放到一起也许不是个东西。

W：……，这项工程最大的成功之处应该是在于其对交通流线的整改吧？

D：整个交通改造的目标是实现了零距离、管道化，所有的各类交通都综合在地下人行空间中，现在整个地区，24 小时的管理人员只有 17 个人。关于引导流线的标识系统，在设计之初还有分颜色的设想，比如所有绿色都是口岸的，黄色都是服务的，蓝线都是铁路的。但是还是在各部门通不过去："我们有我们的标准，不能改"。另外，这项工程处理交通流线还有一个难点——那就是施工过程中还要保证通关功能，每天几十万人的通行，每天不能出事，春节等时期还要停工并进行特殊处理。

W：……，是啊，一边在繁忙运行之中，一边要改造施工，确实难度不小。

D：……，这个项目的过程非常漫长，我跟这个项目前后有 8 年时间。这种工程，你要从经济回报效率上来说肯定是不行了，不过从干一件事儿上来说就很有意思。

（其余略去）

二、关于深圳湾口岸的访谈

采访者：作者，简称 W（Writer）；

受访者：许红燕，深圳市建筑设计研究院主任建筑师，简称 D（Designer）。

采访时间：2007 年 9 月。

W：……，希望能大致了解一下深圳湾口岸联检大楼建筑设计方案的构思及中标经过。

D：方案投标那是在 4 年前了，在西部通道口岸建筑设计的招标会上，我们的方案主要是以其简洁通畅的特点赢得了大多数评审的投票。旅检大楼是整个西部通道项目中最主体、最有标志性的建筑，其主导地位应得到充分体现。建筑造型上，旅检大楼沿南北向线形切割，形体富有动态，其中心区域采用起翘、舒展的漏空飘板覆盖三层屋顶花园，并向南北两向延伸，其产生的力度与飘逸，既符合交通建筑便捷顺畅的特性，又与周边海滨的优美自然环境相呼应。

W：4年时间，的确是漫长的工程周期，个中体会应该感触很多。

D：是的，能够参与这么特殊的一项工程，对设计师来说是非常难得的。中标那一刻非常兴奋，完全没有料到日后会如此艰苦。我们这个项目先后有近百人加入到设计团队之中，他们中有刚大学毕业的小伙子、也有年过六旬的老先生，有我们院的工程师、也有香港的设计顾问，大家一起协同作战，花了4年的时间，才将设想付诸实施。这4年时间，许多人有了改变，说句不怕笑话的，连结婚的人也多了起来。

W：您先前提到过香港的设计顾问？

D：是这样，整个西部通道口岸的所有大小建筑单体，包括香港部分的建筑单体都是由我们院统一设计的。由于深港双方存在许多方法或程序上的差距，我们需要通过咨询来自香港的5个设计顾问公司才能顺利完成深港双方各部门的协调沟通工作。每天都有大量的协调工作，工作量是普通口岸的几倍。我们不仅要向西通办，深方的边检、海关、国检等部门了解需求，还要和香港多个部门进行沟通，包括建筑署、入境事务处、香港海关、警务处、渔农署、卫生署、机电工程署、路政署。环节的复杂性远远超过想象。由于港方部分建筑采用英标，我们也是边干边学。即便是一个最简单的岗亭设计，首先由设计者完成后通过香港顾问公司交给香港建筑署提意见，之后港方将意见以函件的形式发给西通办同时抄送给设计单位，设计者们修改完成后通过香港聘请的顾问公司转送给港方，确认后再正式提交西通办。函件的往来已成为西通口岸设计中最频繁的活动，一直持续到施工阶段。

W：我之前了解到在西部通道将全面采用智能化通关查验设备，这方面是不是会增加设计难度？

D：顺应当今信息社会的发展，这个项目中采用了高科技手段，为通关的公众提供一个快捷便利舒适的智能化、数字化的口岸。主要就是工程后期与施工单位的配合中增加了难度。施工配合中的重头戏就是智能化的设计，确实要多付出很多精力。普通工程的施工配合只占总体工作量的5％，而深圳湾口岸的施工配合过程消耗了超过30％的精力。

W：西部通道是第一个实行“一地两检”的口岸。深港两部分口岸集中于同一栋建筑中，这对具体设计会不会有什么影响？

D：我需要说明的是，所谓的“一地两检”，只是指深港双方通关程序集中于同一个地点，深港双方口岸查验部门还是各自独立运行的，并没有实现信息联网。也就是无论货检还是旅检，通关所必须经过的深方及港方的查验程序一个手续环节也没少。当然，深港双方集中于一地工作，还是会对具体设计有一定影响。举个例子，比如平面的防火分区问题，深港各自区域就是按照各自不同的防火规范来做的。深圳这边按多层建筑算是5000m^2一个防火分区，而香港那边在加自动喷淋后是20000m^2，区别还是挺大的，显然香港那一方的建筑室内效果就会好处理些。说到消防，还有一点，联检大楼的首层采用了部分下沉的做法，这样使得建筑功能实体的总高度没有超过24m，在满足内部空间需求的同时又达到了多层防火规范的要求。

W：作为一个新投入运营、规模空前的口岸，深圳湾口岸在近期内势必会面临运力过剩的问题吧？

D：西部通道通关能力的设计值是每日58000辆货柜车、14000辆小客车、60000人的通行能力。由于现在南山区还没完全发展起来，西部通道显得距离深圳市区有些远，这影响了通关分流作用的发挥。不过现在从国外通过香港回大陆的人们已经是更愿意选择走蛇口、南山方向了，原因就是深圳湾口岸采用的是“一地两检”模式，每个人通关可以少排一次队，有时能节省超过30分钟的时间。旅行团的话还能少上下车一次，效率当然高了不少。

W：有没有分期建设上的考虑？

D：这个项目在施工上是一步到位了，已经考虑了远期可能的增长量。虽然没有分期建设计划，但却采用了分层投入使用的办法。现在的深圳湾口岸旅检大楼，只启用了首层，东边一半是香港来深圳，西边一半是深圳去香港。这其实是一个临时状态。以后，通关人数增长起来了，就可以启用二层，按照设计原本的功能布置——首层为香港来深圳的通关查验大厅，二层是深圳去香港。当然这些改动调整是需要我们设计部门继续跟进的。对这个项目我们院已经签订了为期12年的保修期修改设计的合同。

D：对了有一点我建议你去关注一下，就是目前关于“一地三检”的讨论。是的“一地两检”是深圳湾口岸的最大特点之一，现在的牵涉到粤港澳一体化的港珠澳大桥工程中，正在讨论实行“一地三检”通关模式的具体方案。好像中规院正在针对这个做前期的可研，你可以去关注一下。

（其余略去）

三、关于深圳福田口岸的访谈

采访者：作者，简称W（Writer）；

受访者：蔡克，北京市建筑设计研究院深圳分院副院长，简称D（Designer）。

采访时间：2007年12月。

W：……，方便安排去现场拍一些实景照片么？

D：福田口岸现在已经投入运行通关了，再去拍照的话就特别不方便了，各个部门都已经进驻进去。他们才不管你是谁，一概不允许摄影，连我们设计单位去都只能拍公共大厅部分。

W：……，请介绍下在这项工程中，地铁站与口岸是如何结合在一起的。

D：福田口岸以前其实就是叫做“深圳皇岗地铁口岸”的。实际上在这个项目中，地铁与口岸是两回事，分属于不同部门管辖，只是为了交通方便，将这两部分联合在一起，放入一栋建筑中。主要还是通过竖向功能划分来区分的：也就是说地下是地铁站，地面是开放公共交通，以上是口岸。

W：同是庆祝香港回归十周年庆典过程，能把福田口岸和西部通道作一下对比么？

D：从通关模式上讲，福田口岸与西部通道的“一地两检”是完全不同的。而且建设过程也不一样，当时修建之前是深港双方于某年签订了一个协议，但双方约定同时完工投入使用（虽然香港先开工、深圳后开工）。中间的空中廊桥把两侧的两栋口岸建筑连接起来，这边是大陆的关，那边是香港的关，双方各建设各的。

W：我感觉在选址上，两者就有很大区别。西部通道规模更大、位置更偏远，福田口岸则是位于城市繁华街区的，我现场感觉福田口岸虽然处于闹市区，对城市环境负面影响较少，没有交通建筑常有的混乱与不安，地面层还是开敞可以随意进去的，没有戒备森严感，地铁和口岸共用这么一个门厅，这个概念挺好。另外我还注意到建筑的幕墙和铝合金构件的一些隐藏的类似遮阳板构件，是不是在考虑地域气候的建筑节能方面也有所考虑？

D：当初设计的时候，确实也考虑了节能规范。但从根本上说这栋建筑其实还是两层皮——就是一个玻璃房子，外面加了一层带有渐变装饰的铝板和铝条。

W：那么在消防设计上有没有什么特殊之处？

D：有，当时因为空间比较大，室内净高比较高，同时总高度又受到了24m的消防约束。这栋建筑地面就三层，但其总高度还是超了24m。为了解决消防问题，我们采取的办法是把南端沿河的消防车道抬高，并和消防局解释沟通，才得以通过。实际上这栋建筑是超了高的，尤其是北端。事实上，全国的一些大空间建筑如会展中心、机场车站等，都会面对同样的超消防规范问题，又想验收通过，又想超规范，这时候就要进行性能化设计报告——就是通过一些专门的实验和技术研究来证明我们突破规范而采取的技术措施是安全的，然后要请消防局来检验，以性能化报告为依据，来证明虽然超规范，但采取的研究和措施被证明是安全有效的，可以投入使用。实际上全国的大空间建筑都很难按照 24m 限高来做。

W：那么作为主要设计者之一，您感觉这栋建筑现在的运行效果如何？

D：其实目前我自己都还没有从福田口岸走去香港那边过。以前福田区有一个皇岗口岸，但是容量慢慢跟不上发展的需求，节假日、还有很多香港人来这边上班，通关特别不方便，而且还有大量货车，是客货混运口岸，据说以后，福田口岸将只走客流，皇岗只走货车，把客流分流过来。

W：我也做过一个小型边境口岸工程，投入运行后据反映高峰期根本不够用，逢黄金周排队等候的通关人数多达 5000，不时会有人排队中暑晕倒。请问福田口岸中是如何应对这种可能的？

D：所有交通建筑肯定都会存在这类问题的。比如机场、火车站，平时没能充分利用，高峰期时又会不够用。福田口岸是整个二层从深圳到香港、整个三层是从香港到深圳。目前来看肯定是超前比较多了，以后会发生什么变化还有待观察吧。

W：……，能举例介绍下从投标方案都最终实施有那些调整么？

D：投标方案是我们北京院与德国欧博迈亚合作完成的。中标之后，由我们深圳分院完成施工跟进。原则上来说是非常忠实于原方案的，基本上能不改的，我们都不会去改。有一个非常明显的改动，就是投标时外立面采用的是金色铝板方案，后来修改成现在灰色的铝板，颜色更加沉稳，各方也更能接受。

W：……，功能组织上有没有遇到什么难点？

D：最大的难点就是协调各部门的工作。这一栋建筑里面涉及到十几个单位和部门的不同使用功能，好多部门都是直属中央的，口岸办只能协调，不能管。每次开会讨论平面功能的时候就是十几个单位在那里吵，混乱不堪。其实福田口岸这个建筑从构思大想法来说是挺不错的方案，简洁，功能组织也比较合理。但是到了后面装修等环节，出了许多遗憾。举个例子吧，海关、武警、检验检疫等各个部门都有自己的标识系统，他们都说其标识系统是哪个哪个中央领导人给他们定的，颜色、字体、尺寸不能改。最后整个大空间里，标识系统没有一个经过设计的统一的调子，最后就是蓝的、绿的、红的，五花八门，没法看了。而且在意见征集与沟通上难度也很大，土建都基本竣工了，海关等各个部门才进来，对口岸办说我的弱电、强电、安检、保密有什么要求，这时候才提出来，我们在施工图环节就只能改、只能凑了。其实对这个问题我们设计单位是有所预见的，一早就同口岸办提出过，是不是把各部门的弱电等要求提前给我们，我们好在施工图过程统筹考虑？他们非常认同，却说："提得很好，但是我们做不到"。这是一个体制问题。不管你在设计方法与程序上提出什么样的建议，哪怕是假设这个楼再建一遍，还会是这个德性。

W：那么，工程推进上有没有遇到什么难点？

D：内耗与折腾。表面看起来，我们这一边比香港那一边动工晚，却又能够同时竣工，他们比我们建这个楼的时间多一倍，看上去很不错。但其实我们这个项目从策划开始到设计和施工，花的时间非常长，之前的内耗和折腾太厉害。所以到了最后真正留给施工的时间最多也就一年，太赶了！最后只能说大的感觉还可以，里面的很多细节存在问题很多。而且在这个工程中间还出过一次问题，口岸部门的一些领导被"双规"，后来连这个项目的主管负责人都被关了起来。工程的整个过程——和地铁、和德国设计公司的配合，整个过程只有他最清楚。直接给后面的工程推进带来了很多附加的麻烦。最后是深圳口岸办不做甲方了，由深圳公路署接管这个项目。这其实也是学香港，由政府的一个代建单位出面，只是代建，负责管理，很多权利没有，它只负责两点：一、按时完成；二、控制经费不能超标，实现这两点就算完成任务了。

D：说了挺多，我也想问一下你研究的具体对象是什么？其实单就口岸建筑里面就已经有太多东西可说。

W：我的研究应该是不限于口岸建筑单体的层面。单研究建筑的话，推广价值会有问题，毕竟这类建筑盖一栋少一栋。我是想立足于珠三角都市圈这样一个层面，从都市圈的角度出发来对城市之间的关联来分析通关内容，如货运、贸易、节假日探亲等。这些构成了通关的功能内容，可能最终会是一个策划问题、在这方面寻找意义。如果把珠三角城市看成一个脉络网络的话，在一国两制的背景下，口岸就是节点、必须经过的节点。当然以后，当大陆这一方足够富强的话，也这个节点也就不再有存在的意义了，当然，现在是不能没有的。

D：正是，刚才我也有些话没敢说，口岸建筑这个东西，只能说是特定时期的一种现象，它也许都不能算作是一个建筑类型。只是说在这个年代，需要有这个节点、这种管制，也许以后真的是不需要了。

W：是的。比如现在的欧盟各国之间，完全自由往来，并不存在什么口岸查验签证的。

D：就好像以前来深圳要边防证，但是现在是不需要了。我还看过一种观点，就是说为什么香港治安那么好，而深圳、广州、东莞等城市的治安这么难？有犯罪前科的人根本就不能被签证，保证了香港的完好封闭，而珠三角城市则对全国开放的，中国的贫穷落后地方不被大体带起来，珠三角城市在这方面永远受累的，香港受到口岸的保护就没有这种困扰。

W：从这种意义来说，更需要口岸管制功能的是香港而不是大陆一方。

D：提到深圳的边检证制度，也有一些可说。进出深圳特区现在虽然不需要办理边防证了，但是“二线”仍然一直存在着。为什么会推迟滞后？恐怕也是因为涉及到社会体制和一些部门的自身经济利益原因而招致的阻力吧。

W：……，能再介绍下设计中对地铁、通关等各类交通人流的考虑么？

D：我个人觉得这个项目之所以会把地铁与口岸合为一个建筑，关键原因还是因为没有地。当然乘坐地铁前去口岸通关确实会很方便，全程室内交通。但是目前为之，主要的通关人流其实还是从别的方向开车或走过来，而不是搭乘地铁而来。反而是因为地铁的进来，招致工程中多出了很多复杂的问题，本来是不会这么复杂的。地铁的那一部分除了要满足建筑规范，还要满足地铁自己的规范。同时满足两套规范，通风、消防、人员疏散通道计算宽度等都不一样，混在一起，到最后就只能通过性能化设计研究报告来协调。这里说回到消防问题，多层建筑防火规范是 $5000m^2$ 一个防火分区，高层规范则是 $2000m^2$ 一个。其实要满足 $5000m^2$ 都是很难的，你不可能说在一个大空间里加很多防火卷帘，这样其实反而会影响人流与视线，本来一个畅通的大空间，人进出是很安全的，你给它加上防火卷帘、排烟设施、机房等，反而给它堵得不顺畅、有安全隐患了……。总之这里面可写的实在太多了。

W：那么您怎么看待福田口岸目前的分流效果？

D：在当前这个时间段，这种体制之下，虽然罗湖口岸那边非常拥挤混乱，但是短期内要超过那边是不可能的，因为和火车站在一起的交通原因，罗湖口岸仍将是最主要的客货流口岸通道。

W：……，有没有其他细节问题，比如洗手间的设计？

D：说起公厕当初围绕一个问题争论了很久。在福田口岸，首层里面原本有一个厕所，从交通流向与人员使用的需要来看，得有这么个厕所。但是口岸办坚决要把它取消，理由是不安全，“你们不知道，里面可能会有犯罪、吸毒、毒品交易等”，但我们觉得取消了厕所根本不够用了。最后我们坚持没出修改通知，由他们自己改了。

（其余略去）

参 考 文 献

[1] 中华人民共和国国家统计局官方网站[OL]. http://www. stats. gov. cn.

[2] 中国口岸协会. 中国口岸与改革开放[C]. 北京：中国海关出版社，2002.

[3] 中国口岸协会官方网站[OL]. http://www. caop. org. cn/.

[4] 于国政. 中国边境贸易地理[M]. 北京：中国商务出版社，2005.

[5] 王任祥. 现代港口物流管理[M]. 上海：同济大学出版社，2007.

[6] 李庚，连红. 世界口岸历史演变与当代发展特征[J]. 北京经济辽望，1996. 4.

[7] 广东省计划委员会珠江三角洲经济区规划办公室. 珠江三角洲经济区规划研究[C]. 广州：广东经济出版社，1995.

[8] 广东省建设厅. 珠江三角洲城镇群协调发展规划(2004—2020)[C]. 北京：中国建筑工业出版社，2005.

[9] 恩格斯. 反杜林论[M]. 北京：人民出版社，1970.

[10] 吴良镛. 广义建筑学[M]. 北京：清华大学出版社，1989.

[11] 何镜堂. 当代中国建筑师——何镜堂[M]. 北京：中国建筑工业出版社，2000.

[12] Mark. Gottdiener，Ray. Hutchison. The New Urban Sociology[M]. MeGraw-Hill Companies. 2000.

[13] Harvey. David. Social Justice and the City[M]. Oxford. 1973.

[14] 梁启超. 世界史上广东之位置. 经典大家为广东说了什么[C]. 广州：广东人民出版社，2006.

[15] 陆元鼎. 岭南人文·性格·建筑[M]. 北京：中国建筑工业出版社，2005.

[16] 燕果. 珠江三角洲建筑二十年[D]. 华南理工大学博士论文，1999.

[17] 周毅刚. 明清时期珠江三角洲的城镇发展及其形态研究[D]. 华南理工大学博士论文，2004.

[18] 许自力. 流域水系景观规划研究[D]. 华南理工大学博士论文，2008

[19] 王荣武，梁松. 广东海洋经济[M]. 广州：广东人民出版社，1998.

[20] 曾昭璇，黄伟峰. 广东自然地理[M]. 广州：广东人民出版社，1998.

[21] 李平日. 珠江三角洲一万年环境演变[M]. 北京：北京海洋出版社，1991.

[22] 宋欣. 海上丝路影响下的古代广州城市建设和建筑发展. 华南理工大学博士论文[D]，2007.

[23] 香港市政局. 珠江风貌一澳门、广州及香港[M]，1996.

[24] 香港市政局. 十八及十九世纪中国沿海商埠风貌[M]，1996.

[25] 澳门市政厅. 昔日乡情[M]，1996.

[26] 曾昭璇. 广州十三行商馆区的历史地理. 广州十三行沧桑[C]. 广州：广东省地图出版社，2002.

[27] 周霞. 广州城市形态演进[D]. 华南理工大学博士论文，1999.

[28] 陈孟东. 香港填海造地对城市发展的影响[J]. 世界建筑，2007. 12.

[29] 张在元. 香港——一国两制城市体系[J]. 建筑学报，2007. 12.

[30] 吴松弟．中国百年经济拼图：港口城市及其腹地与中国现代化[M]．广州：山东画报出版社，2006.
[31] 张洪祥．近代中国通商口岸与租界．天津：天津人民出版社，1993.
[32] 邓开颂，陆晓敏．粤港澳近代关系史[M]．广州：广东人民出版社，1991.
[33] 政协广州市荔湾区第十届政协委员会．荔湾明珠[M]．北京：中国文联出版公司，1998.
[34] 邓端本．广州港史(古代部分)．海洋出版社，1986.
[35] 程浩．广州港史(近代部分)．海洋出版社，1986.
[36] 刘萍．近代中国的新式码头[M]．北京：人民文学出版社，2006.
[37] 王瑞芳．近代中国的新式交通[M]．北京：人民文学出版社，2006.
[38] 周一星．城市地理学[M]．北京：商务印书馆，2003.
[39] 顾朝林．中国城市地理[M]．北京：商务印书馆，1999.
[40] 朱照宏，杨东援，吴兵．城市群交通规划[M]．上海：同济大学出版社，2007.
[41] 熊国平．当代中国城市形态演变[M]．北京：中国建筑工业出版社，2006.
[42] 梅伟霞．珠江三角洲城市群的演进与整合[A]．2005
[43] 张天怀．中国外贸港口与航线[M]．对外经济贸易大学出版社，2005.
[44] 董镇国．中国南海中心城市：广州的崛起[M]．广州：广东经济出版社，2007.
[45] 陈广汉．粤港澳经济关系走向研究[M]．广州：广东人民出版社，2006.
[46] 何博传．珠三角与长三角优略论．经典大家为广东说了什么[C]．广州：广东人民出版社，2006.
[47] 广东省档案馆官方主页[OL]．http：//www．da．gd．gov．cn.
[48] 中华人民共和国广州海关主页，http：//guangzhou．customs．gov．cn.
[49] (广州)东站地区信息网[OL]．http：//dzdq．thnet．gov．cn.
[50] 深圳市博物馆官方主页[OL]．http：//www．shenzhenmuseum．com.
[51] 深圳市人民政府口岸办公室．http：//www．szka．gov．cn/.
[52] 本书编委会．深圳口岸百年沧桑 1900～2000[G]．2000.
[53] 深圳市人民政府口岸办公室[G]．深圳口岸，1998.
[54] 网络文献．走过深圳百年故事[A]．
http：//www．szonline．net/Channel/content/2007/200706/20070629/31078．html.
[55] 深圳文化之窗——深圳口岸展现国门风采[N]．2008．09．09.
http：//www．szwen．gov．cn/whlt/whlt．asp? gate=1.
[56] 易中天．读城记．经典大家为广东说了什么[C]．广州：广东人民出版社，2006.
[57] 傅高义．广东起飞的特点．经典大家为广东说了什么[C]．广州：广东人民出版社，2006.
[58] 封小云．澳门的经济发展与周边地区因素．回归后的澳门发展与粤澳关系研究[C]．香港：香港汉典文化出版公司，2003.
[59] 黄鸿钊．澳门与珠三角的经济合作展望．回归后的澳门发展与粤澳关系研究[C]．香港：香港汉典文化出版公司，2003.
[60] 冯邦彦．新时期粤澳经济合作的回顾、反思与前瞻．回归后的澳门发展与粤澳关

系研究[C]. 香港：香港汉典文化出版公司，2003.
[61] 广州市番禺区档案馆主页[OL]. http：//www. pyda. gov. cn/dangan/
[62] “黄金通道”系粤港——广九直通车 25 年载客 4500 万[OL]. http：//news. sohu. com/2004/04/28/54/news219975409. shtml
[63] 丛书编委会. 当代中国建筑师－郭怡昌. 北京：中国建筑工业出版社，1997.
[64] 段进. 城市空间发展论[M]. 北京：江苏科学技术出版社，2006.
[65] 张勇强. 城市空间发展自组织研究——深圳为例[D]. 东南大学博士论文. 2003.
[66] 金心异. 被自豪感和挫折感拉锯式折磨的珠海[N]. 南方都市报，2008. 9. 17.
[67] 黄冶白. 关于“十一五”期间，珠海建设高品位城市的若干思考[A]. 珠海市“十一五”规划征文奖. 2006.
[68] 中国城市规划设计研究院，珠海市规划设计研究院. 珠海市城市总体规划(2001－2020)[P]. 1998.
[69] 唐筱光，赵毅. 中国口岸概览[M]. 经济管理出版社，1992.
[70] 陈世民. 时代空间[M]. 北京：中国建筑工业出版社，1996.
[71] 中国城市规划设计研究院深圳咨询中心. 深圳罗湖口岸车站广场规划[J]. 城市规划，1988. 5.
[72] 中国城市规划设计研究院深圳咨询中心. 深圳皇岗口岸联检站总平面设计[J]. 城市规划，1988. 5.
[73] 皇岗路明起禁行货柜车货柜车改由广深高速出入[N]. 南方都市报，2006. 9. 15.
[74] 李罗力，郭万达，丁四保. 透视：深港发展与大珠江三角洲融合(中国脑库研究报告 2004/2005). 北京：中国经济出版社，2005.
[75] 粤港拟推短期两地私家车牌一年内在深圳试行[N]. 中国新闻网. 2008. 11. 29 http：//news. qq. com/a/20081129/001558. htm.
[76] 珠海市口岸局. 珠海市口岸概览[G]，2007.
[77] 珠海市口岸局. 拱北口岸出入境边防检查指南[R]，2007
[78] 邱建中. 珠海拱北口岸联检大楼空调设计[J]. 暖通空调. 2002. 2.
[79] 孙文波，梁蜜勤. 珠海市口岸广场结构初步设计简介[J]. 广州建筑，1999. 3.
[80] 李允鉌. 华夏意匠[M]. 天津：天津大学出版社，2005.
[81] 王建国. 城市设计[M]. 上海：东南大学出版社，1999.
[82] 田银生，刘韶军. 建筑设计与城市空间[M]. 天津：天津大学出版社，2000.
[83] 邹德侬. 中国建筑史图说：现代卷. 北京：中国建筑工业出版社，2001.
[84] 胡振国. 深港合作新趋势[M]. 北京：中国经济出版社，2005.
[85] AFUP，廖维武. 基础设施——都市之原动力[J]. 世界建筑，2007. 10.
[86] 古儒朗，林海华. 扩展的地域——珠江三角洲的城市运动[J]. 世界建筑，2007. 10.
[87] 古儒朗，林海华，廖维武. “香港制造”不再，“中国制造”长存——我们可能未来的构想[J]. 世界建筑，2007. 10.
[88] 易峥，阎小培. 樟木头镇模式：香港跨境人口流动与粤港澳区域一体化. 热带地

理，2002. 12.
[89] 中央电视台专题摄制组. 香港十年[R]. 上海科学技术文献出版社，2007.
[90] 刷卡按指纹八秒跨深港[N]. 南方都市报，2005. 6. 17.
[91] 广州市城市规划局. 南沙地区发展规划[P]，2004.
[92] 以水迎天——广州南沙客运港[J]. 现代装饰，2006. 1.
[93] 老亨，金心异，我为伊狂. 深圳港的大跃进. 十字路口的深圳——英特虎深圳报告 2004[C]. 北京：中国时代经济出版社，2004.
[94] 梁伟浩. 深圳工业发展及口岸运输问题[J]. 科技导报，1996. 4.
[95] 中国城市规划设计研究院深圳分院. 深圳罗湖口岸及火车站地区综合规划[P]，2007.
[96] SWA Group . 罗湖口岸火车站[J]. 景观设计，2007. 9. 20.
[97] 叶伟华. 深圳城市设计运作机制研究[D]. 华南理工大学博士论文，2007.
[98] 王扬. 当代岭南建筑创作趋势研究——模式分析与适应性设计探索[D]. 华南理工大学博士论文，2003.
[99] 吕爱民. 应变建筑观的建构[D]. 东南大学博士论文，2001.
[10] 韩冬青，冯金龙. 城市建筑一体化设计[M]. 上海：东南大学出版社，1999.
[101] 钟华颖. 城市建筑一体化设计中的交通换乘体系[D]. 东南大学硕士论文. 2003
[102] 王文卿. 城市地下空间规划与设计[M]. 上海：东南大学出版社，2000.
[103] 盘美昌. 塑造深圳口岸城市形象面临的问题与对策[J]. 特区理论与实践，1999. 9.
[104] 盘美昌. 加强深港合作的几点启示[R]，2008.
[105] 香港王董建筑师事务有限公司. 香港落马洲管制站. 香港建筑师协会 2004 年年奖[C]，2004.
[106] 深圳市人民政府口岸办公室. 深圳口岸有关情况[R]，2008.
[107] 深圳市人民政府口岸办公室. 深圳口岸通关指南[R]，2006.
[108] 国内最长市政隧道完工(深港西部通道深圳侧接线工程)[N]. 2006. 8. 29 http：//www. ycwb. com/misc/2006-08/29/content_1194944. htm.
[109] 黄骏. 地铁站域公共空间整体性研究[D]. 华南理工大学博士论文. 2008
[110] 深圳市地铁有限公司. 福田口岸设计招标标书[P]，1999.
[111] 米俊仁，蔡克，朱江等. 逻辑的真实与手法的灵动——深圳福田口岸[J]. 建筑创作，2008. 4.
[112] OBERMEYER. 深圳地铁皇岗站及口岸联检楼[J]. 世界建筑导报，2003. 5.
[113] 配套设施仍未完善 福田口岸日均通关量仅罗湖口岸一成[N]. 南方网. 2007. 9. 20 http：//www. southcn. com/news/dishi/shenzhen/shizheng/content/2007-09/20/content_4248330. htm.
[114] 胡仁茂. 大空间建筑设计研究[D]. 同济大学博士论文，2006.
[115] 余加. 深圳沙头角中英街警世亭设计[J]. 世界建筑，2004. 1.
[116] 横琴岛总体规划获省府审议通过将打造四大主导功能[N]. 南方日报，2006. 12. 1. http：//www. southcn. com/news/gdnews/sd/200612010035. htm.

[117] 庄惟敏．建筑策划导论[M]．中国水利水电出版社，2000
[118] 郭卫宏．基于系统观的建筑创作实践研究[D]．华南理工大学博士论文，2008.
[119] 朱小雷，吴硕贤．使用后评价对建筑设计的影响及其对我国的意义，建筑学报 2002．5.
[120] 朱小雷．建成环境主观评价方法研究．华南理工大学博士论文，2003.
[121] 深圳市城市规划设计研究院．深圳文锦渡口岸旅检场地改造可行性研究(2006～2020)[P]，2006.
[122] 陈剑宇．城市入口空间形态的地域主义解读[J]．城市建筑，2007．7.
[123] 盘美昌．口岸发展的新趋势、新问题与新举措[R]，2007.
[124] 河套，深港合作新的突破口[N]．深圳新闻网，2008．4．7. http：//news. sznews. com/content/2008-04/07/content_1957191. htm.
[125] 金心异．深港一体化如何推进？十字路口的深圳(因特虎深圳报告 2004)[C]．中国时代经济出版社，2004.
[126] 深港一体化应从珠三角着眼[N]．南方都市报，2007．7．28.
[127] 陈良军．预计港珠澳大桥今年 12 月动工[N]．南方都市报，2009．2．14.
[128] 金心异等．港珠澳大桥单双 Y 之争与深圳战略利益．十字路口的深圳(因特虎深圳报告 2004)[C]．2004.
[129] 大三通构筑两岸新关系[N]．21 世纪经济报道，2008．12．16. http：//finance. sina. com. cn/roll/20081216/02275639203. shtml
[130] 凭祥市志编委会．凭祥市志．广州：中山大学出版社，1993.
[131] 涂劲鹏．历史口岸地段的保护与更新——中越边境友谊关历史地段整体设计[J]．建筑学报．2007．12.
[132] 黄旭成．广西对越边贸口岸的空间分析[J]．世界地理研究．2001．6.

后　记

此书的完成与出版离不开许许多多关心我、鼓励我、支持我的人。

最想衷心感谢的是恩师何镜堂院士和师母李绮霞老师给予我的悉心关怀！六年间正是在先生指导引领下，学生才一步步踏入了专业深造之门。无论工作、学习还是科研，先生永远都是才思敏捷、活力四射，这样的言传身教必会让学生受益终生；先生慷慨、乐观、谦虚、务实的行事风格更是让我崇敬而感动。学生会载着感恩之心继续努力，踏踏实实做事做人，但求不负恩师期望。

感谢我的学长，设计院的郭卫宏书记。几年来，得到了他所给予的许多机会和悉心指导，使我初步完成了从一名学生向一名建筑师的转变。此书的写作也得到了他的倾心相助，这些至关重要的帮助让我满怀感激。

感谢吴庆洲、林兆璋、肖大威、陆琦、孟建民、王鲁民教授以及三位匿名评审教授在繁忙工作中拨冗对本文的评阅。这些鼓励、批评与建议之中的真知灼见让我在学术研究方面获益良多。特别要感谢刘业教授，她清晰的思路与扎实的治学功底，曾多次帮助我坚定信念，走出徘徊与迷茫。

感谢蒋涛、陈识丰、梅策迎、李晋、梁海岫、梁志超、陈文东、郑少鹏、黄沛宁、黄骏、熊伟、邢君、刘源等众多学友的沟通、交流与鼓励。

感谢调研过程中提供帮助给我的许多人，特别是深圳口岸办的盘美昌副主任、珠海口岸局的邹桦科长、广西凭祥口岸办的谭政飞主任，他们的鼎力相助使我获得了至关重要的论据支持。感谢深圳市设计院的许红燕主任和同学王昕、黄朝杰；感谢北京市建筑设计研究院的蔡克总建筑师和师姐许洁；感谢中国城市规划设计研究院的王明昌院长、方煜主任；感谢深圳市城市规划设计研究院的王富海院长。作为前辈或同行，他们无私地提供给我许多资料与经验心得。

感谢爸爸、妈妈、姐姐对我至真至深的爱；感谢岳父、岳母的挂念与默默支持；感谢妻子和女儿芷墨，她们是我快乐的缘因与动力的源泉。

数年磨砺，堪称人生当中一段意义非凡的旅程，而我将珍藏诸多回忆，去迎接新的开始。

2011年9月华南